社会調査のための

確率・統計

山川 栄樹 著

電気書院

まえがき

総務省統計局のホームページには，日本の人口，住宅，家計，物価，労働，科学技術，企業活動などに関するさまざまな統計調査の結果が掲載されている．また，気象庁のホームページを見ると，全国の約 1300 箇所に設置された地域気象観測システム（アメダス）において 10 分ごとに観測された気温，風向・風速，日照時間，降水量などの観測データをほぼリアルタイムに，また，最大で過去 35 年程度さかのぼって知ることができる．情報通信技術が発達したおかげで，私たちは大量のデータを比較的容易に収集できるようになったが，それらのデータにいかに多くのことを語らせることができるかは，確率論や統計学の知識の多寡にかかっていると言っても過言ではない．

本書は，大学の初年次において，確率論および統計学の基礎的事項をひと通り学ぶための自習書あるいは教科書として使用することを目的としている．また，一般社団法人社会調査協会が認定する社会調査士資格のカリキュラムにおける「社会調査に必要な統計学に関する科目（D 科目）」の教科書としても利用できる内容を備えている．社会調査士資格は，心理学や社会学を学ぶ学生が多く取得すると考えられるため，微積分の知識がなくても読み進めることができるように，確率密度関数に対する積分計算は付録の一部に記述するにとどめている．その一方で，検定統計量の数学的構造を理論的に解析することによってそれが従う確率分布の特徴を明らかにし，断片的な知識になりがちな推測統計の手法を有機的に理解できるように努めている．本書は全体で 16 章から成り，つぎのような構成になっている．前半の第 1 章から第 7 章は確率論であり，場合の数と確率の基本性質を概観したあと，条件付確率とベイズの定理を学び，最後に反復試行の確率と二項分布の性質について考える．第 8 章では，正規分布とそれから派生する χ^2 分布，F 分布，t 分布について学び，確率論から統計学への橋渡しをする．後半の第 9 章から第 16 章は統計学であり，統計データの整理方法と基本統計量を概観したあと，量的データの関連性を分析する手法である相関分析と回帰分析について考え，最後に，区間推定や仮説検定など，実用上重要な推測統計の手法についてやや詳しく学ぶ．

確率論は，試行の結果が偶然性によってのみ決まるという仮定の上に構築された純粋に数学的な世界である．推測統計学も，全体の姿を見通すことのできない母集団においた仮定の上に展開される議論が，現実のデータをよく説明できるかを調べるという意味では同様な性質をもつ学問である．確率論と統計学は，いずれもいくつかの基本的な定義あるいは公理の上にそれらから導出される定理の体系を築きあげるという数学本来の姿をよく反映した学問であるが，高等学校までの数学において，公式を使って計算することだけを訓練してきた学生にとっては，むずかしく感じることが多いようである．本書では，数値を代入すればすぐに答えが出るような安易な方法を教えることはせず，理論的な裏付けを常に確認しながら議論を展開するように心がけている．本文中あるいは付録にあげた性質の証明も飛ばさずに読みながら，理解を深めていただきたい．また，各章の章末には演習問題をつけるとともに，全体の約 1/4 のページ数を割いてその解答例を掲載している．読者はこれらの問題を 1 つひとつ解きながら，内容を確実に理解するように努めてほしい．

本書の作成にあたっては，多くの方々のお世話になった．関西大学社会安全学部で，筆者とともに数学の授業を担当した関西大学社会安全学部の川口寿裕教授，兵庫県立大学経営研究科の藤江哲也教授，北海道教育大学教育学部（函館校）の青木昌雄講師には，本書の内容や演習問題についてさまざまなコメントをいただいた．この場を借りて，心より感謝したい．また，本書の出版を勧めて下さった関西大学社会安全学部長の小澤守教授にも深く感謝する．最後に，電気書院編集部の近藤知之さんには，本書の企画から出版に至るまでのさまざまな作業を進めていただいた．末筆ながら，深く謝意を表したい．

2014 年 9 月 26 日
山川　栄樹

目次

第1章　はじめに

サイコロを振ったり，硬貨を投げたりする場合のように，結果が偶然に左右される行動において，特定の結果の起こりやすさを数値の大小で評価したい場合に用いる指標として，**確率** (probability) がある．確率の基礎的な考え方は，17 世紀中ごろにフランスの貴族ド・メレ (Chevalier de Méré) が友人の数学者パスカル (Blaise Pascal) に送ったつぎのような手紙が発端になって構築されたといわれている．

> 「1 個のサイコロを 4 回投げて 1 回でも 6 の目が出れば自分の勝ち」という賭けには勝てたのに，「2 個のサイコロを 24 回投げて 1 回でも 2 個とも 6 の目が出れば自分の勝ち」という賭けに負けたのはなぜなのか？

メレは，1 個のサイコロを投げて 6 の目が出る可能性は $\dfrac{1}{6}$ だから，

前者の賭けで自分が勝つ可能性は　$\dfrac{1}{6} \times 4 = \dfrac{2}{3}$,

後者の賭けで自分が勝つ可能性も　$\dfrac{1}{6} \times \dfrac{1}{6} \times 24 = \dfrac{2}{3}$

で同じと考えたのである．これに対してパスカルは，6 の目が出ない可能性から考えて

前者の賭けで自分が勝つ可能性は　$1 - \left(1 - \dfrac{1}{6}\right)^4 \approx 0.52$,

後者の賭けで自分が勝つ可能性は　$1 - \left\{1 - \left(\dfrac{1}{6}\right)^2\right\}^{24} \approx 0.49$

と評価しなければならないことを明らかにする．

一般に，サイコロを振る場合のように，結果が偶然に左右される行動を**試行** (trial) といい，試行によって起こり得る 1 つひとつの結果を**根源事象** (elementary event) という．また，根源事象全体の集合を**標本空間** (sample space) といい，記号 Ω で表す[1]．一方，「偶数の目が出る」のように標本空間の中で注目する結果（根源事象）の集まりを**事象** (event) という．19 世紀はじめに，フランスの数学者ラプラス (Pierre Simon Laplace) によって確立された古典的確率論では，標本空間を構成する根源事象が「同等に起こりやすい」とき，ある事象 E の起きる確率 $P(E)$ を式

$$P(E) = \frac{\text{事象 } E \text{ を構成する根源事象の数}}{\text{標本空間 } \Omega \text{ に含まれる根源事象の総数}}$$

で定義する．したがって，試行によって起こり得るすべての結果が「同等に起こりやすい」ならば，注目する事象の「場合の数」を正しく数えることによって，事象の確率を計算することができる．

現実には，上の定義で確率を求めることが困難な場合も少なくない．たとえば，

円の周上に無作為に選んだ 3 点を結んでできる三角形が鋭角三角形になる確率

を求めようとしても，円の周上には無数に点があるため，何をもって「同等に起こりやすい」とするかによって得られる確率が異なる値になる可能性がある．そこで，20 世紀のロシアの数学者コルモゴルフ (Andrey Nikolaevich Kolmogorov) は，確率 $P(E)$ を

$$P(E) = \text{標本空間 } \Omega \text{ の大きさを 1 とした場合の事象 } E \text{ の表す集合の大きさ}$$

[1] Ω はギリシャ文字の大文字で「オメガ」と読む．

と考え，関数 P が満たすべきいくつかの性質を**公理** (axiom) として与える公理論的確率論を展開した．

本書では，場合の数の求め方を学んだあと，確率が満たすべきさまざまな性質について考える．

【例】 赤球 3 個と白球 2 個がはいった袋から無作為に 1 球取り出したとき，赤球である確率はいくらか．

起こり得る場合として，

赤球が取り出される，白球が取り出される

の 2 通りの結果が考えられるが，これらの「起こりやすさ」は同等ではない．赤球に a, b, c という名前をつけ，白球に d, e という名前をつければ，標本空間 Ω と赤球が取り出される事象 E はそれぞれ

$$\Omega = \{\mathrm{a, b, c, d, e}\}, \quad E = \{\mathrm{a, b, c}\}$$

である．よって，求める確率は $P(E) = \dfrac{3}{5}$ である．□

起こり得る結果が多岐にわたる場合は，図や表を用いると理解しやすい．

【例】 みかけ上まったく区別のできない 2 枚の硬貨を投げたとき，2 枚とも裏になる確率はいくらか．

2 枚の硬貨は区別できないので，

2 枚とも表，表裏 1 枚ずつ，2 枚とも裏

の 3 通りの結果が起こり得るが，これら 3 つの場合の「起こりやすさ」は同等でない．一方，硬貨 1 枚ごとに考えると，表が出る場合と裏が出る場合の「起こりやすさ」は同等と考えてよい．みかけ上区別できなくても別な硬貨であることは間違いないのだから，2 枚の硬貨に a, b という名前をつけ，右のような表を作ると，(i), (ii), (iii), (iv) の 4 通りの場合があり，これらの場合の起こりやすさは同等であると考えられる．2 枚とも裏になるのは (iv) の場合だけであるから，求める確率は $\dfrac{1}{4}$ である．□

		b	
		表	裏
a	表	(i)	(ii)
	裏	(iii)	(iv)

【例】 1 から 5 までの数字の書かれたカードが 1 枚ずつある．これらのカードをよく混ぜて無作為に 2 枚のカードを同時にひくとき，書かれた数字の和が 7 以上になる確率はいくらか．

左右の手で同時に 1 枚ずつ（異なる）カードをひくことにすると，標本空間 Ω は右の表の「—」を除く 20 個の欄に対応する場合になり，それらの「起こりやすさ」は同等であると考えられる．

一方，書かれた数字の和が 7 以上になる事象を E とすると，集合 E の要素は右の表の「○」印の欄に対応する 8 つの場合である．よって，求める確率は $\dfrac{8}{20} = \dfrac{2}{5}$ である．□

		右手				
		1	2	3	4	5
左手	1	—	×	×	×	×
	2	×	—	×	×	○
	3	×	×	—	○	○
	4	×	×	○	—	○
	5	×	○	○	○	—

演習問題

1. 3 枚の硬貨を同時に投げるとき，表が 1 枚，裏が 2 枚出る確率はいくらか.
2. 2 個のサイコロを同時に投げるとき，目の和が 5 以下になる確率はいくらか.
3. 3 個のサイコロを同時に投げるとき，目の和が 12 になる確率はいくらか.
4. 赤球 2 個と白球 3 個がはいった袋から無作為に 1 個の球を取り出す操作を 2 回続けて行う．そのとき，1 個目が白球で，2 個目が赤球である確率はいくらか.
5. 赤球 2 個と白球 3 個がはいった袋から無作為に 2 個の球を同時に取り出す．そのとき，赤球と白球が 1 個ずつ取り出される確率はいくらか.

第2章　場合の数

古典的な意味での確率を計算するには，標本空間の大きさと，注目する結果が起きる場合が何通りあるかを正確に数えあげる必要がある．この章では，複数の事がらが複雑にからみあって発生する事象において，その場合の数を数える方法を学ぶ．

2.1　和の法則

【性質】 事がら A の起きる場合が ℓ 通り，事がら B の起きる場合が m 通りあり，これらは**同時に起きない**ものとする．そのとき，A または B が起きるという事象 E の場合の数は $\ell + m$ である．□

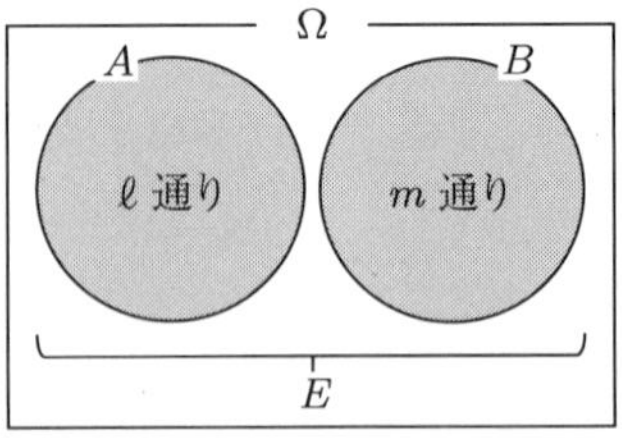

【例】 あるプランターにチューリップとクロッカスの球根を植えたい．このプランターに植えられる球根の数が合計 3 個以内であるとき，何通りの植え方があるか．

チューリップの球根を x 個，クロッカスの球根を y 個植える場合を (x, y) で表現する．そのとき，

合計 1 個の球根を植える場合：$(0,1)$, $(1,0)$ の 2 通り，
合計 2 個の球根を植える場合：$(0,2)$, $(1,1)$, $(2,0)$ の 3 通り，
合計 3 個の球根を植える場合：$(0,3)$, $(1,2)$, $(2,1)$, $(3,0)$ の 4 通り

であり，これらの事がらは同時に起きないから，球根の植え方は全部で $2+3+4=9$ 通りある．□

【性質】 事がら A の起きる場合が ℓ 通り，事がら B の起きる場合が m 通り，A と B が**同時に起きる場合**が n 通りあるとする．そのとき，A または B が起きる事象 E の場合の数は $\ell + m - n$ である．□

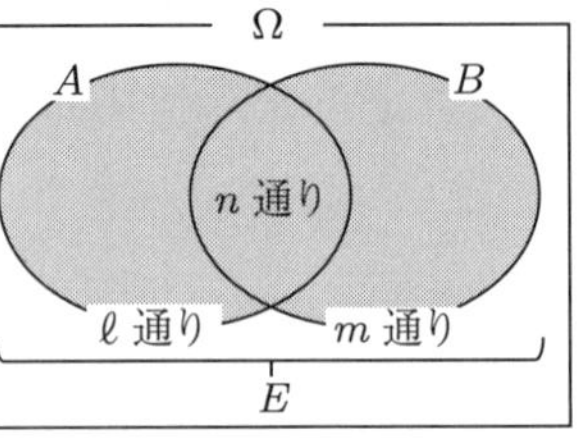

【例】 100 以下の自然数のうち，2 または 5 の倍数はいくつあるか．

2 の倍数は $100 \div 2 = 50$ 個，5 の倍数は $100 \div 5 = 20$ 個，2 と 5 の双方の倍数，すなわち，10 の倍数は $100 \div 10 = 10$ 個ある．よって，2 または 5 の倍数は $50 + 20 - 10 = 60$ 個ある．□

2.2　積の法則

【性質】 事がら A の起きる場合が ℓ 通りあり，**そのそれぞれに対して**事がら B の起こり方が m 通りあるとき，事がら A と B の双方が起きるという事象 E の場合の数は $\ell \times m$ である．□

【例】 A 市から B 市へは 3 社の鉄道路線が，B 市から C 市へは 2 社の鉄道路線がある．A 市から B 市を経由して C 市へ鉄道を乗り継いで行く方法は何通りあるか．

A 市から B 市へ鉄道で行く 3 通りの方法のそれぞれに対して，B 市から C 市へ鉄道で行く方法が 2 通り存在するから，A 市から B 市を経由して C 市へ鉄道を乗り継いで行く方法は，全部で $3 \times 2 = 6$ 通りある．□

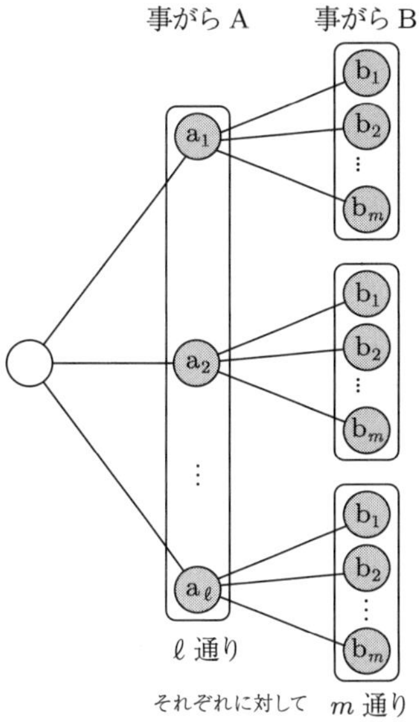

【例】 400 の約数はいくつあるか.

400 の素因数分解は $400 = 2^4 \times 5^2$ である．よって，400 は $2^0 = 1, 2^1 = 2, 2^2 = 4, 2^3 = 8, 2^4 = 16$ という 5 通りの数で割り切ることができ，その商はさらに $5^0 = 1, 5^1 = 5, 5^2 = 25$ という 3 通りの数で割り切ることができる．よって，400 の約数は（1 と 400 を含めて）$(4+1) \times (2+1) = 15$ 個ある．□

【例】 各桁の数字が 0, 1, 2, 3, 4 のいずれかであるような 3 桁の偶数はいくつあるか.

一の位に使える数字は 0, 2, 4 の 3 通り，そのそれぞれの場合に対して，十の位に使える数字が 0, 1, 2, 3, 4 の 5 通りある．さらに，これらのそれぞれの場合に対して，百の位に使える数字が 1, 2, 3, 4 の 4 通りあるから，求める 3 桁の偶数は $3 \times 5 \times 4 = 60$ 個ある．□

2.3 順列

n 種類のものから r 個を取り出す場合の並べ方の数は，取り出す順序を考えるか否か，同じ種類のものを複数取り出すことを認めるか否かによって結果が変化する．n 種類のものから r 個を取り出す際に，同じ種類のものは 1 個しか取り出さないとした場合の並べ方，別な言い方をすれば，異なる n 個のものから r 個を取り出す場合の並べ方を**順列** (permutation) といい，その総数を ${}_nP_r$ と書く．取り出す r 個のうち，最初の 1 個は n 種類のどれでも選ぶことができるが，2 個目は 1 個目に選んだものを除く $n-1$ 種類のいずれかから選択しなければならない．以下同様にして，最後の r 個目はそれまでの $r-1$ 個で選んだものを除く $n-r+1$ 種類のいずれかから選択しなければならないから，${}_nP_r = n \times (n-1) \times \cdots \times (n-r+1)$ である．以上をまとめると，つぎの性質を得る．

【性質】 異なる n 個のものから r 個を取り出す順列の総数は，次式で与えられる．

$${}_nP_r = n \times (n-1) \times \cdots \times (n-r+1) = \frac{n!}{(n-r)!}$$

ここで，$n! = n \times (n-1) \times \cdots \times 1$ は n の**階乗** (factorial) とよばれる．なお，$0! = 1$ と定める．□

【例】 会員数 20 人の同好会で，会長，副会長，会計を 1 人ずつ選ぶ方法は何通りあるか.

異なる 20 人から 3 人を選ぶ順列になるので，${}_{20}P_3 = 20 \times 19 \times 18 = 6840$ 通りである．□

【例】 男性 3 人と女性 3 人を，両端が女性になるように 1 列に並べる方法は何通りあるか.

両端にくる女性の選び方は，異なる 3 人の女性から 2 人を選ぶ順列になるから，${}_3P_2 = 3 \times 2 = 6$ 通りである．そのそれぞれに対して，残りの男女 4 人を 1 列に並べる方法が ${}_4P_4 = 4 \times 3 \times 2 \times 1 = 24$ 通りある．よって，並べ方は全部で $6 \times 24 = 144$ 通りある．□

【例】 1 から 5 までの数字の書かれたカードが 1 枚ずつある．これらのカードをよく混ぜて無作為に並べたとき，1 枚目が 1 のカードで 5 枚目が 5 のカードになる確率はいくらか．

標本空間は，異なる 5 枚のカードすべてを 1 列に並べる順列になるから，その総数は ${}_5P_5$ である．一方，1 枚目が 1 で 5 枚目が 5 のカードになる場合の数は，残り 3 枚のカードすべてを 1 列に並べる順列になるから ${}_3P_3$ である．よって，求める確率は $\dfrac{{}_3P_3}{{}_5P_5} = \dfrac{1}{5 \times 4} = \dfrac{1}{20}$ である．□

n 種類のものから r 個を取り出す際に，同じ種類のものを複数個取り出せるとした場合の並べ方を**重複順列** (repeated permutation) という[1)]．取り出す r 個のいずれも，n 種類のものの中からどれでも好きなものを選ぶことができることに注意すると，つぎの性質が成り立つ．

【性質】 同じ種類のものを重複して選ぶことができるとき，n 種類のものから r 個を取り出す場合の並べ方は $n \times n \times \cdots \times n = n^r$ 通りある．□

【例】 4 人でじゃんけんをするとき，各人の手の出し方は何通りあるか．

4 人ともグー，チョキ，パーの 3 通りの手を出せるから，(4 人を区別すれば) $3^4 = 81$ 通りの手の出し方がある．□

【例】 3 人でじゃんけんを 1 回だけするとき，1 人だけが負ける確率はいくらか..

3 人でじゃんけんをするときの手の出し方は，$3^3 = 27$ 通りある．一方，3 人のそれぞれについて，グーを出して 1 人負けする場合，チョキを出して 1 人負けする場合，パーを出して 1 人負けする場合があるから，1 人だけが負ける場合は $3 \times 3 = 9$ 通りある．よって，求める確率は $\dfrac{9}{27} = \dfrac{1}{3}$ である．□

n 個のものすべてを 1 列に並べる順列の総数は，${}_nP_n = n!$ である．1 列に並べる n 個のものの中に見分けのつかないものが 2 個含まれていれば，それら 2 個のものの並び順を入れ換えた $2! = 2$ 通りの並びは区別できないため，実質的な並べ方の数は $n!$ の半分になる．同様に，見分けのつかないものが 3 個含まれていれば，それら 3 個のものの並び順を入れ換えた $3! = 6$ 通りの並びは区別できないため，実質的な並べ方の数は $n!$ を 6 で割った数になる．このように，1 列に並べるものの中に見分けのつかないものが含まれている場合の実質的な並べ方の数は，すべてを区別できるとして計算した並べ方の数を，見分けのつかないものだけの並べ方の数で割った値になる．よって，一般につぎの性質が成り立つ．

【性質】 1 種類目のものが n_1 個，2 種類目のものが n_2 個，$\ldots, m$ 種類目のものが n_m 個あるとき，これらを 1 列に並べる場合の実質的な並べ方は，$\dfrac{(n_1 + n_2 + \cdots + n_m)!}{n_1! \times n_2! \times \cdots \times n_m!}$ 通りある．□

【例】 数字の 1 を 1 個，数字の 2 を 2 個，数字の 3 を 3 個使って作れる 6 桁の数はいくつあるか．

1 個の 1，2 個の 2，3 個の 3 の並べ方の数だから，$\dfrac{(1+2+3)!}{1! \times 2! \times 3!} = \dfrac{6 \times 5 \times 4}{2 \times 1} = 60$ 個である．□

【例】 9 チームと試合をして，4 勝 3 敗 2 引分になる場合は何通りあるか．

勝 4 個，敗 3 個，引分 2 個の並べ方は，$\dfrac{(4+3+2)!}{4! \times 3! \times 2!} = \dfrac{9 \times 8 \times 7 \times 6 \times 5}{3 \times 2 \times 2} = 1260$ 通りある．□

---

1) n 種類のものの中に，1 個も取り出されないものがあってもよい．

2.4 組合せ

n 種類のものから r 個を取り出すとき，何が取り出されたかだけを問題にして，取り出す順序や取り出したものの並べ方を考慮しない場合の取り出し方を**組合せ** (combination) とよび，その総数を $_nC_r$ と書く．組合せの総数 $_nC_r$ は，取り出す順序や並べ方を考慮した順列の総数 $_nP_r$ の中で，取り出した r 個のものの $r!$ 通りの並べ方を同一視したものであるから，$_nC_r = {_nP_r}/r!$ である．よって，つぎの性質が成り立つ．

【性質】 異なる n 個のものから並べ方を気にせずに r 個を取り出す組合せの総数は，式

$$_nC_r = \frac{_nP_r}{r!} = \frac{n \times (n-1) \times \cdots \times (n-r+1)}{r \times (r-1) \times \cdots \times 1} = \frac{n!}{r!\,(n-r)!}$$

で与えられる．なお，$0! = 1$ より，$_nC_0 = {_nC_n} = 1$ である．□

組合せの総数 $_nC_r$ は，異なる n 個のものを，r 個と $n-r$ 個の 2 組に分ける方法の数とみなすこともできる．このことに注意すると，つぎの性質が成り立つ．

【性質】 $_nC_{n-r} = {_nC_r}$ が成り立つ．

（証明）$_nC_{n-r} = \dfrac{n!}{(n-r)!\,\{n-(n-r)\}!} = \dfrac{n!}{(n-r)!\,r!} = {_nC_r}$ より明らかである．□

この性質より，$r > \dfrac{n}{2}$ ならば $_nC_r$ を $_nC_{n-r}$ により計算する方が簡単であることがわかる．

【例】 会員数 20 人の同好会で，役員を 3 人選ぶ方法は何通りあるか．

異なる 20 人から 3 人を選ぶ組合せになるので，$_{20}C_3 = \dfrac{20 \times 19 \times 18}{3 \times 2 \times 1} = 1140$ 通りである．□

【例】 サイコロを 5 回投げるとき，1 の目と 6 の目が 2 回ずつ出る場合は何通りあるか．

異なる 5 回の試行から，1 の目が出る 2 回の試行を選ぶ組合せは $_5C_2$ 通りある．また，残り 3 回の試行から，6 の目が出る 2 回の試行を選ぶ組合せは $_3C_2 = {_3C_1}$ 通りある．よって，1 の目と 6 の目が 2 回ずつ出る場合は，$_5C_2 \times {_3C_1} = \dfrac{5 \times 4 \times 3}{2 \times 1} = 30$ 通りある．□

【例】 赤球 6 個と白球 4 個がはいった袋から無作為に 5 個の球を同時に取り出すとき，赤球 3 個と白球 2 個が取り出される確率はいくらか．

6 個の赤球と 4 個の白球は，それぞれ互いに区別できるものとする．そのとき，標本空間に含まれる根源事象の数は，10 個の異なる球から 5 個を取り出す組合せの総数になるから $_{10}C_5$ である．

一方，赤球 3 個と白球 2 個が取り出される事象を E とする．6 個の赤球から 3 個を選ぶ組合せは $_6C_3$ 通りあり，そのそれぞれに対して，4 個の白球から 2 個を選ぶ $_4C_2$ 通りの組合せが考えられるから，事象 E を構成する根源事象の数は全部で $_6C_3 \times {_4C_2}$ 通りになる．

よって，求める確率は $\dfrac{_6C_3 \times {_4C_2}}{_{10}C_5} = \dfrac{(6 \times 5 \times 4) \times (4 \times 3) \times (5 \times 4 \times 3 \times 2 \times 1)}{(3 \times 2 \times 1) \times (2 \times 1) \times (10 \times 9 \times 8 \times 7 \times 6)} = \dfrac{10}{21}$ である．□

n 種類のものから取り出す順序や並べ方を気にせずに r 個を取り出す際に，同じ種類のものを複数個取り出せるとした場合の取り出し方を**重複組合せ** (repeated permutation) という[2)]．重複組合

[2)] n 種類のものの中に，1 個も取り出されないものがあってもよい．

せの総数は，つぎのようにして求められる．

いま，カキ，ミカン，リンゴをあわせて5個取り出すことを考える．取り出した果物は，カキ，ミカン，リンゴの順に並べて1個ずつ皿の上に置き[3]，カキとミカンの間にテニスボールを1個のせた皿を，また，ミカンとリンゴの間にもテニスボールを1個のせた皿を置く．そのとき，必要なテニスボールの数は，果物の種類数より1個だけ少ない2個になる[4]．したがって，果物の取り出し方に関係なく，取り出す果物の数にテニスボールの数を加えた7枚の皿が必要になるが，カキ，ミカン，リンゴの取り出し方の違いによって，5個の果物を置く皿の場所が変化する．したがって，カキ，ミカン，リンゴの取り出し方は，7枚の皿から果物を置く5枚の皿を選ぶ組合せの総数 ${}_7C_5$ に等しい．

以上の考察より，重複組合せについてつぎの性質が成り立つ．

【性質】 同じ種類のものを繰り返し選ぶことができるとき，n 種類のものから r 個を取り出す組合せの総数は ${}_{n+r-1}C_r = {}_{n+r-1}C_{n-1}$ になる．□

【例】 仲良し5人組で卒業旅行に出かけることにした．行先を3箇所の候補地から5人の単記無記名投票で選ぶとき，票の入り方は何通りあるか．ただし，棄権する人や無効票は存在しないものとする．

3種類の候補地に5票を投じる重複組合せだから，${}_{3+5-1}C_5 = {}_7C_2 = \dfrac{7 \times 6}{2 \times 1} = 21$ 通りである．□

【例】 見分けのつかない7個の球をA, B, Cという3つの袋に分ける方法は何通りあるか．ただし，各袋には少なくとも1個の球を入れるものとする．

各袋に1球ずつ入れたあと，残り4個の球を3袋に重複を許して入れる方法を考えればよい．これは，3種の袋 に4個の球を入れる重複組合せだから，${}_{3+4-1}C_4 = {}_6C_2 = \dfrac{6 \times 5}{2 \times 1} = 15$ 通りである．□

---

[3] カキ，ミカン，リンゴの順に取り出すことを要求しているのではない．全部を取り出し終わったあとで，便宜上カキ，ミカン，リンゴの順に並べるだけである．

[4] 取り出した果物が5個ともリンゴであれば，テニスボール2個，リンゴ5個の順に並ぶことになる．

演習問題

1. 2 個のサイコロを投げるとき，出た目の和を 4 で割った余りが 0 になる場合，1 になる場合，2 になる場合，3 になる場合はそれぞれ何通りあるか.

2. 10 円玉が 6 枚，50 円玉が 3 枚，100 円玉が 1 枚ある．支払える金額は何通りあるか.

3. 10 円玉 6 枚，50 円玉 3 枚，100 円玉 1 枚を同時に投げた．表裏の出方は何通りあるか．ただし，同種の硬貨は互いに区別できないものとする.

4. クリスマス会で，4 人の子供が互いにプレゼントを持ち寄って交換するとき，交換の仕方は何通りあるか．ただし，自分の持ってきたプレゼントを自分で持ち帰ることはしないものとする.

5. 10800 の正の約数はいくつあるか.

6. 1, 2, 3, 4, 5, 6, 7 から異なる 4 個の数字を用いて作ることができる奇数はいくつあるか.

7. 4, 5, 6, 7, 8 から異なる 3 個の数字を用いて作られる 9 の倍数はいくつあるか.

8. 男性 4 人，女性 3 人を，女性 3 人をかためて 1 列に並べる方法は何通りあるか.

9. 男性 4 人，女性 3 人を男女交互に並べる方法は何通りあるか.

10. 5 冊の課題図書から 2 冊以上を選んで読書感想文を書く．図書の選び方は何通りあるか.

11. ある会社では，1 週間のうちに早番 (8 ～ 16 時勤務）を 3 日，遅番（13 ～ 21 時勤務）を 2 日担当し，休日を連続して 2 日とることになっている．1 週間の勤務パターンは何通りあるか.

12. 5 個の赤球と 3 個の白球を白球が隣り合わないように 1 列に並べる方法は何通りあるか.

13. 7 人の学生を 3 人と 4 人の 2 グループに分けたい．分け方は何通りあるか.

14. 12 人の学生を 4 人ずつのグループに分けたい．分け方は何通りあるか.

15. 男女 4 人ずつの合計 8 人から，男女各 1 人以上を含むように 3 人を選ぶ方法は何通りあるか.

16. テニスコートに散乱した 12 個のテニスボールを A さん，B さん，C さん，D さんの 4 人で集めることにした．各人が集めたボールの個数を集計したとき，何通りの結果があり得るか.

第3章　確率の性質

現代の確率論の基礎となっているコルモゴルフの公理論的確率論では，標本空間の部分集合に 0 以上 1 以下の実数値を対応づける関数として，確率を定義している．この章では，このようにして定義された確率が，**加法性** (aditivity) とよばれる性質をもつことを学ぶ．

3.1　確率の公理

事象は根源事象の集まりであり，標本空間の部分集合であるから，事象間の関係は集合の包含関係を用いて表現することができる．

【定義】 事象 E_1 と事象 E_2 の双方に含まれる根源事象が存在しない，すなわち，$E_1 \cap E_2 = \emptyset$ であるとき[1]，事象 E_1 と E_2 は**排反** (disjoint あるいは exclusive) であるという．□

【例】 1 個のサイコロを投げるとき，奇数の目が出る事象と偶数の目が出る事象は排反であるが，2 の倍数の目が出る事象と 3 の倍数の目が出る事象は排反ではない．□

【定義】 標本空間 Ω の任意の部分集合 E に対して定義された関数 P がつぎの 3 つの性質を満たすとき，$P(E)$ を事象 E の起きる**確率** (probability) という．

(1) 任意の事象 E に対して $0 \leqq P(E) \leqq 1$ が成り立つ．
(2) $P(\Omega) = 1$ である．
(3) 事象 $E_1, E_2, \ldots$ が互いに排反ならば，$P(E_1 \cup E_2 \cup \cdots) = P(E_1) + P(E_2) + \cdots$ である[2]．

これらの性質を**確率の公理** (axioms of probability) という．□

【例】 根源事象 $\omega_1, \ldots, \omega_n$ で構成される標本空間 $\Omega = \{\omega_1, \ldots, \omega_n\}$ について考える[3]．Ω の任意の部分集合上で定義される関数 P を，条件

$$0 \leqq P\Big(\{\omega_1\}\Big) \leqq 1, \ldots, 0 \leqq P\Big(\{\omega_n\}\Big) \leqq 1,$$
$$P\Big(\{\omega_1\}\Big) + \cdots + P\Big(\{\omega_n\}\Big) = 1$$

および

$$P\Big(\{\omega_{e_1}, \ldots, \omega_{e_m}\}\Big) = P\Big(\{\omega_{e_1}\}\Big) + \cdots + P\Big(\{\omega_{e_m}\}\Big)$$

が成り立つように選ぶ．そのとき，

$$E \subseteqq \Omega \;\Rightarrow\; 0 \leqq P(E) \leqq 1,$$
$$P(\Omega) = P\Big(\{\omega_1\}\Big) + \cdots + P\Big(\{\omega_n\}\Big) = 1$$

であるから，関数 P は確率の公理を満たす．これは，根源事象の「起こりやすさ」が同等でなくても確率を定義できることを示している．

---

1) 集合 A と B の双方に含まれる要素から成る集合を A と B の**共通集合** (intersection) といい，$A \cap B$ と書く．また，要素数が 0 個の集合を**空集合** (empty set) といい，$\emptyset$ と書く．
2) 集合 A と B の少なくとも一方に含まれる要素から成る集合を A と B の**合併集合** (union) といい，$A \cup B$ と書く．
3) ω はギリシャ文字 Ω の小文字である．

【例】A さんと B さんが将棋の五番勝負を行っている[4]．両者の力は互角であるが，第 1 局は A さんが勝った．そのとき，A さんが優勝する確率はいくらか．

このような例では，**樹形図** (tree diagram) を描いて考えるとよい．下の図において，○の中に書かれた文字は各局の勝者であり，その時点でどちらも 3 勝していなければ線に沿って右（次の局）に進み，A さんが勝つ場合と B さんが勝つ場合に分かれる．線の脇に書かれた値は，次の局で線の右側の○の結果が起きる確率であり，今の場合は A さんと B さんの力が互角なので，その値はいずれも 1/2 である．

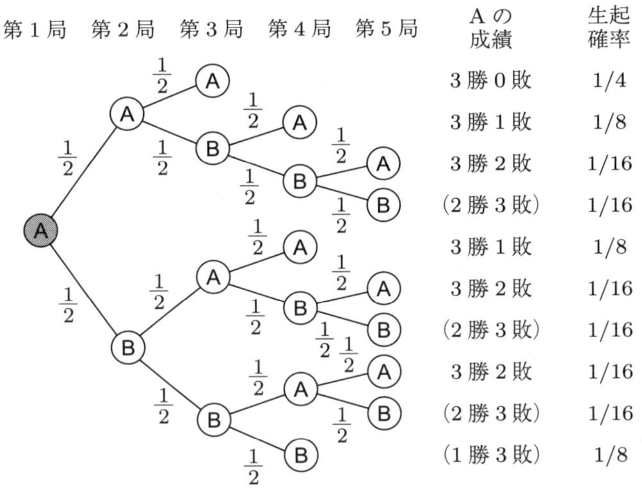

各局の勝者の名前を並べて試行の結果を表す事にすると，右図より，標本空間は

$$\Omega = \{\mathrm{AAA}, \mathrm{AABA}, \mathrm{AABBA}, \mathrm{AABBB}, \mathrm{ABAA}, \mathrm{ABABA}, \mathrm{ABABB}, \mathrm{ABBAA}, \mathrm{ABBAB}, \mathrm{ABBB}\}$$

であり，各根源事象の確率は

$$\begin{aligned}
&P\Bigl(\{\mathrm{AAA}\}\Bigr) = \frac{1}{4},\\
&P\Bigl(\{\mathrm{AABA}\}\Bigr) = P\Bigl(\{\mathrm{ABAA}\}\Bigr) = P\Bigl(\{\mathrm{ABBB}\}\Bigr) = \frac{1}{8},\\
&P\Bigl(\{\mathrm{AABBA}\}\Bigr) = P\Bigl(\{\mathrm{AABBB}\}\Bigr) = P\Bigl(\{\mathrm{ABABA}\}\Bigr) = P\Bigl(\{\mathrm{ABABB}\}\Bigr)\\
&\qquad = P\Bigl(\{\mathrm{ABBAA}\}\Bigr) = P\Bigl(\{\mathrm{ABBAB}\}\Bigr) = \frac{1}{16}
\end{aligned}$$

と計算できる．一方，A が優勝する事象を E とすると，

$$E = \{\mathrm{AAA}, \mathrm{AABA}, \mathrm{AABBA}, \mathrm{ABAA}, \mathrm{ABABA}, \mathrm{ABBAA}\}$$

であるから，確率 $P(E)$ は次式で求められる．

$$\begin{aligned}
P(E) &= P\Bigl(\{\mathrm{AAA}\}\Bigr) + P\Bigl(\{\mathrm{AABA}\}\Bigr) + P\Bigl(\{\mathrm{AABBA}\}\Bigr)\\
&\qquad + P\Bigl(\{\mathrm{ABAA}\}\Bigr) + P\Bigl(\{\mathrm{ABABA}\}\Bigr) + P\Bigl(\{\mathrm{ABBAA}\}\Bigr)\\
&= \frac{1}{4} + \frac{1}{8} + \frac{1}{16} + \frac{1}{8} + \frac{1}{16} + \frac{1}{16} = \frac{11}{16} \quad \square
\end{aligned}$$

【例】表が出るまで 1 枚の硬貨を投げ続けるとき，5 回以内に終了する確率はいくらか．

表が出るまで硬貨を投げ続けるという試行を樹形図で表すとつぎのページの図のようになる．裏が出れば線に沿って右に進む（もう一度投げる）が，表が出る場合と裏が出る場合が 1/2 ずつの確率で存在する．

---

[4] 最大で 5 試合まで行って優勝者を決める方法で，先に 3 勝した方が優勝者になる．いずれかが 3 連勝すれば 4, 5 試合目は行わない．また，4 試合目に優勝者が決まれば，5 試合目は行わない．

1, 2 回目が裏で，3 回目に初めて表が出た場合を「裏裏表」と書くことにすると，標本空間は

$\Omega = \{$ 表, 裏表, 裏裏表, 裏裏裏表, 裏裏裏裏表, $\ldots \}$

という（可算）無限個の根源事象をもつ集合になる．根源事象の確率は，樹形図より

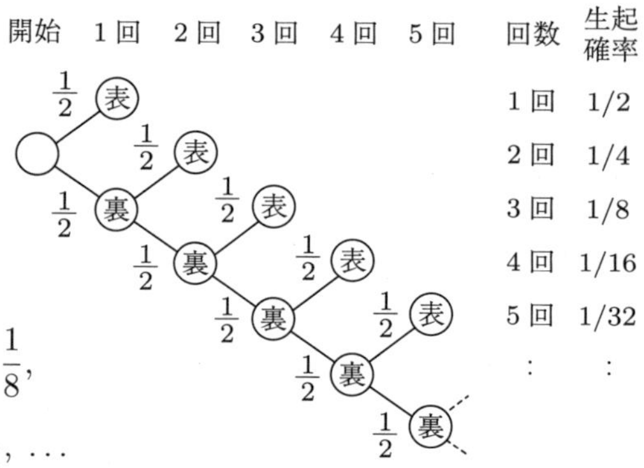

$$P\Big(\{\text{表}\}\Big) = \frac{1}{2},\quad P\Big(\{\text{裏表}\}\Big) = \frac{1}{4},\quad P\Big(\{\text{裏裏表}\}\Big) = \frac{1}{8},$$
$$P\Big(\{\text{裏裏裏表}\}\Big) = \frac{1}{16},\quad P\Big(\{\text{裏裏裏裏表}\}\Big) = \frac{1}{32},\ \cdots$$

と計算できるが，

$$P\Big(\{\text{表}\}\Big) + P\Big(\{\text{裏表}\}\Big) + P\Big(\{\text{裏裏表}\}\Big) + P\Big(\{\text{裏裏裏表}\}\Big) + P\Big(\{\text{裏裏裏裏表}\}\Big) + \cdots = \frac{1}{2} + \frac{1}{4} + \frac{1}{8} + \frac{1}{16} + \frac{1}{32} + \cdots = 1$$

より[5)]，P は確率の公理を満たしている．また，5 回以内に終了するという事象を E とすると，

$$E = \{\text{表, 裏表, 裏裏表, 裏裏裏表, 裏裏裏裏表}\}$$

であるから，確率 $P(E)$ は次式で求められる．

$$P(E) = P\Big(\{\text{表}\}\Big) + P\Big(\{\text{裏表}\}\Big) + P\Big(\{\text{裏裏表}\}\Big) + P\Big(\{\text{裏裏裏表}\}\Big) + P\Big(\{\text{裏裏裏裏表}\}\Big)$$
$$= \frac{1}{2} + \frac{1}{4} + \frac{1}{8} + \frac{1}{16} + \frac{1}{32} = \frac{31}{32} \quad \square$$

3.2　確率の加法性

事象は根源事象を要素とする集合であるため，集合演算を用いて事象間の演算を定義できる．

【定義】 事象 A, B の少なくとも一方に含まれる根源事象の集合を A と B の**和事象** (union of events A and B) といい，$A \cup B$ で表す．□

【定義】 事象 A, B の双方に含まれる根源事象の集合を A と B の**積事象** (intersection of events A and B) といい，$A \cap B$ で表す．□

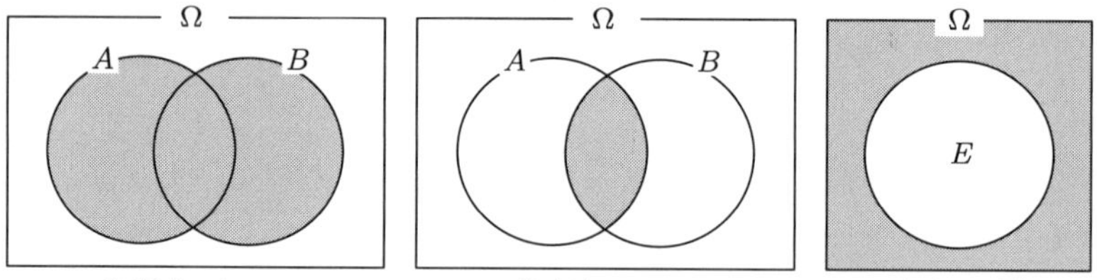

和事象 $A \cup B$　　積事象 $A \cap B$　　余事象 $\overline{E}$

---

5) 等比数列の和の公式を用いると，この式の値は 1 になることがわかる．実際，

$$S = \frac{1}{2} + \frac{1}{4} + \frac{1}{8} + \frac{1}{16} + \frac{1}{32} + \cdots$$

とおくと

$$2S = 1 + \frac{1}{2} + \frac{1}{4} + \frac{1}{8} + \frac{1}{16} + \cdots$$

であるから，$2S - S = 1$ すなわち $S = 1$ である．

【定義】 標本空間に含まれる根源事象のうち，事象 E に含まれない根源事象の集合を E の**余事象** (complementary event) といい，$\overline{E}$ で表す．□

【例】 赤球 3 個と白球 2 個がはいった袋から無作為に 2 個の球を取り出すとき，2 個とも赤球である事象を A，2 個とも白球である事象を B とする．そのとき，和事象 $A \cup B$ は 2 個とも同じ色の球である事象を表す．□

【例】 2 個のサイコロを同時に投げるとき，出た目の和が 2 の倍数である事象を A, 3 の倍数である事象を B とする．そのとき，積事象 $A \cap B$ は出た目の和が 6 の倍数である事象を表す．□

よく知られているように，合併集合をとる演算，共通集合をとる演算および補集合をとる演算の間には[6]，次式で示される**ド・モルガンの法則** (De Morgan's laws) が成り立つ．

$$\overline{A \cup B} = \overline{A} \cap \overline{B}, \quad \overline{A \cap B} = \overline{A} \cup \overline{B}$$

【例】 赤いサイコロと青いサイコロを同時に投げるとき，赤いサイコロの目が 1 である事象を A，青いサイコロの目が 1 である事象を B とする．そのとき，和事象の余事象 $\overline{A \cup B}$ はどちらのサイコロの目も 2 以上である事象を表す．□

確率の公理は，確率が事象という集合の大きさを測る尺度の 1 つであり，互いに排反な事象の和事象の確率に対して加法性が成り立つことを意味している．確率の公理を用いると，事象間の演算で定義される新たな事象に対してその確率を計算することができる．

【性質】 $P(\emptyset) = 0$ である．

【証明】 集合演算の性質より

$$\Omega \cup \emptyset = \Omega, \quad \Omega \cap \emptyset = \emptyset$$

が成り立つから，確率の公理の (3) より次式を得る．

$$P(\Omega) + P(\emptyset) = P(\Omega \cup \emptyset) = P(\Omega)$$

一方，確率の公理の (2) より $P(\Omega) = 1$ であるから，上式に代入すると $P(\emptyset) = 0$ を得る．□

【性質】 事象 A, B が排反であるとき，$P(A \cap B) = 0$ である．

【証明】 事象 A, B が排反であるとき $A \cap B = \emptyset$ であるから，$P(A \cap B) = 0$ を得る．□

【性質】 事象 A, B に対して，一般に次式が成り立つ．

$$P(A \cup B) = P(A) + P(B) - P(A \cap B)$$

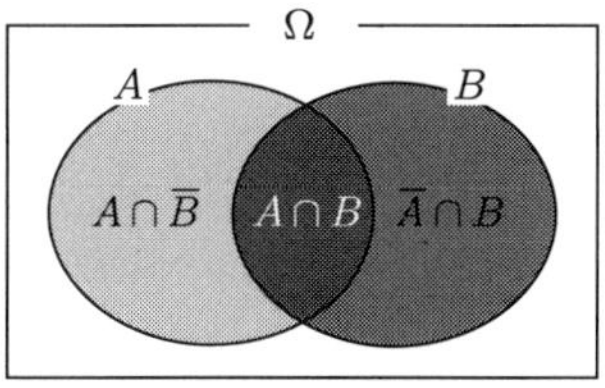

【証明】 右図からわかるように，

$$(A \cap \overline{B}) \cup B = A \cup B, \quad (A \cap \overline{B}) \cap B = \emptyset$$
$$(A \cap \overline{B}) \cup (A \cap B) = A, \quad (A \cap \overline{B}) \cap (A \cap B) = \emptyset$$

が成り立つ．よって，確率の公理の (3) より

$$P(A \cap \overline{B}) + P(B) = P\Big((A \cap \overline{B}) \cup B\Big) = P(A \cup B)$$
$$P(A \cap \overline{B}) + P(A \cap B) = P\Big((A \cap \overline{B}) \cup (A \cap B)\Big) = P(A)$$

---

[6] 集合 E が集合 Ω の部分集合であるとき，集合 Ω に含まれるが集合 E には含まれない要素から成る集合を E の**補集合** (complement) といい，$\overline{E}$ と書く．

である．第 1 式から第 2 式をひいて整理すると，次式を得る．

$$P(A) + P(B) - P(A \cap B) = P(A \cup B) \quad \square$$

【性質】 任意の事象 E に対して，$P(\overline{E}) = 1 - P(E)$ が成り立つ．

【証明】 補集合の性質より

$$\overline{E} \cup E = \Omega, \quad \overline{E} \cap E = \emptyset$$

が成り立つから，確率の公理の (3) より

$$P(\overline{E}) + P(E) = P(\overline{E} \cup E) = P(\Omega)$$

である．一方，確率の公理の (2) より $P(\Omega) = 1$ であるから，これを上式に代入して整理すると

$$P(\overline{E}) = 1 - P(E)$$

を得る．$\square$

【例】 5 枚の硬貨を同時に投げるとき，少なくとも 1 枚が表になる確率はいくらか．

全部裏になる確率は $\left(\dfrac{1}{2}\right)^5$ だから，少なくとも 1 枚が表になる確率は $1 - \left(\dfrac{1}{2}\right)^5 = \dfrac{31}{32}$ である．$\square$

【例】 2 個のサイコロを同時に投げるとき，1 の目か 6 の目が 1 個だけ出る確率はいくらか．

2 個のサイコロを a, b とし，a の目が 4, b の目が 3 のとき，試行の結果を「43」と表す．さらに，1 の目が 1 個だけ出る事象を A, 6 の目が 1 個だけ出る事象を B とすると，

$$\begin{aligned}
&A = \{12, 13, 14, 15, 16, 21, 31, 41, 51, 61\} && \text{より}\ P(A) = \frac{10}{36} = \frac{5}{18}, \\
&B = \{16, 26, 36, 46, 56, 61, 62, 63, 64, 65\} && \text{より}\ P(B) = \frac{10}{36} = \frac{5}{18}, \\
&A \cap B = \{16, 61\} && \text{より}\ P(A \cap B) = \frac{2}{36} = \frac{1}{18}
\end{aligned}$$

である．よって，1 の目か 6 の目が 1 個だけ出る確率は次式で計算できる．

$$P(A \cup B) = P(A) + P(B) - P(A \cap B) = \frac{5}{18} + \frac{5}{18} - \frac{1}{18} = \frac{9}{18} = \frac{1}{2} \quad \square$$

【例】 2 個のサイコロを同時に投げるとき，出た目の和が 2 の倍数でも 3 の倍数でもない確率はいくらか．

2 個のサイコロを a, b とし，a の目が 4, b の目が 3 のとき，試行の結果を「43」と表す．さらに，出た目の和が 2 の倍数になる事象を A, 3 の倍数になる事象を B とすると，

$$\begin{aligned}
&A = \{11, 13, 15, 22, 24, 26, \ldots, 62, 64, 66\} && \text{より}\ P(A) = \frac{3 \times 6}{36} = \frac{1}{2}, \\
&B = \{12, 15, 21, 24, 33, 36, 42, 45, 51, 54, 63, 66\} && \text{より}\ P(B) = \frac{2 \times 6}{36} = \frac{1}{3}, \\
&A \cap B = \{15, 24, 33, 42, 51, 66\} && \text{より}\ P(A \cap B) = \frac{6}{36} = \frac{1}{6}
\end{aligned}$$

である．よって，2 の倍数でも 3 の倍数でもない確率は次式で計算できる．

$$P(\overline{A \cup B}) = 1 - P(A \cup B) = 1 - \Big\{P(A) + P(B) - P(A \cap B)\Big\} = 1 - \left(\frac{1}{2} + \frac{1}{3} - \frac{1}{6}\right) = \frac{1}{3} \quad \square$$

演習問題

1. 10 本中 3 本があたりのくじを無作為に 2 本ひくとき，少なくとも 1 本があたる確率はいくらか．
2. 男女 4 人ずつから 3 人の委員を選ぶとき，男女両方が含まれる確率はいくらか．
3. 3 人でジャンケンを 1 度だけするとき，1 人だけが勝つ確率はいくらか．
4. ある森のコナラのドングリには，5 個のうち 1 個に虫が食っているという．この森でコナラのドングリを無作為に 5 個拾ったとき，虫食いのドングリが 1 個以下である確率はいくらか．
5. 赤球 4 個と白球 5 個がはいった袋から無作為に 2 個の球を取り出すとき，少なくとも 1 個が白球である確率はいくらか．
6. 赤球 5 個，白球 3 個，黒球 2 個がはいった袋から無作為に 2 個の球を取り出すとき，異なる色の球を取り出す確率はいくらか．
7. 赤球，黄球，緑球，青球，白球が 2 個ずつはいった袋から無作為に 6 個の球を取り出すとき，緑球が 2 個または青球が 2 個含まれる確率はいくらか．
8. 2 個のサイコロを同時に投げるとき，出た目の積が偶数になる確率はいくらか．
9. 3 個のサイコロを同時に投げるとき，出た目の積が 5 の倍数になる確率はいくらか．
10. 5 個のサイコロを同時に投げるとき，同じ目が含まれる確率はいくらか．
11. 1 枚の硬貨を投げ続けて，同じ面が 3 回連続して出たら終了することにする．

    (a) 3 回投げて終わる確率はいくらか．

    (b) 4 回投げて終わる確率はいくらか．

    (c) 5 回投げて終わる確率はいくらか．

12. 実力が互角の 3 選手 A, B, C が以下の方法で試合を続け，いずれかの選手が 2 連勝したところでその選手を優勝者として終了することにする（巴戦という）．

    1 回戦：A と B が対戦する．

    2 回戦：1 回戦の勝者と C が対戦する．

    3 回戦：2 回戦の勝者と 1 回戦の敗者が対戦する．

    4 回戦：3 回戦の勝者と 2 回戦の敗者が対戦する．

    ：

    そのとき，以下の設問に答えなさい．

    (a) 2 回戦で終了する確率はいくらか．

    (b) 3 回戦で終了する確率はいくらか．

    (c) A, B, C が優勝する確率はそれぞれいくらか．

第4章　条件付確率

2 枚の硬貨を同時に投げて 2 枚とも表になる確率は 1/4 であるが，2 枚のうちの 1 枚が表であることがわかったとき，もう 1 枚も表である確率はいくらだろうか．1 枚が表であったことにより，2 枚とも裏であることはないことが明らかになったため，2 枚とも表である確率は 1/4 よりも大きくなることが予想される．この章では，ある事象が起きたという情報を取得することにより，別な事象の起きる確率がどのように計算されるかを考える．

4.1　周辺確率と同時確率

性別および年代ごとの来店者数のように，2 つの要因のさまざまな組合せについて出現度数や頻度を集計することによって得られる表を**クロス集計表** (cross table) あるいは **分割表** (contingency table) という．つぎの表は，ある子供が生後 1000 日の間に 37.5°C 以上の熱を出した日数と，せきをしていた日数をカウントしたクロス集計表である．以下では，表記を簡単にするために，

事象 A：37.5°C 以上の熱が出る，
事象 B：せきが出る

とおく．同時に発生する可能性のある他の事象が起きたか否かに関係なく，注目する事象が起きた確率をすべて合計したものを**周辺確率** (marginal probability) という．事象の発生回数がクロス集計表にまとめられているとき，周辺確率は行または列に書かれた事象の発生回数の合計を右下隅に書かれた総合計で割った値に等しい．

		せき		計
		出る：B	出ない：$\overline{B}$	
熱	出る　：A	16	4	20
	出ない：$\overline{A}$	29	951	980
計		45	955	1000

【例】 上の例において，事象 A の周辺確率 $P(A)$ と事象 B の周辺確率 $P(B)$ は，それぞれ

$$P(A) = \frac{20}{1000} = \frac{1}{50}, \quad P(B) = \frac{45}{1000} = \frac{9}{200}$$

である．同様に，事象 $\overline{A}$ の周辺確率 $P(\overline{A})$ と事象 $\overline{B}$ の周辺確率 $P(\overline{B})$ は，それぞれ

$$P(\overline{A}) = \frac{980}{1000} = \frac{49}{50}, \quad P(\overline{B}) = \frac{955}{1000} = \frac{191}{200}$$

である．明らかに，つぎの性質が成り立つ．

$$P(A) + P(\overline{A}) = \frac{1}{50} + \frac{49}{50} = 1, \quad P(B) + P(\overline{B}) = \frac{9}{200} + \frac{191}{200} = 1 \quad \square$$

一方，複数の事象が同時に起きる確率を**同時確率** (joint probability) という．事象の発生回数がクロス集計表にまとめられているとき，行に書かれた事象と列に書かれた事象の同時確率は，クロス集計表の対応するセルの値を，クロス集計表の右下隅に書かれた総合計で割った値に等しい．

【例】 上の例において，事象 A と事象 B の同時確率 $P(A\cap B)$，事象 A と事象 $\overline{B}$ の同時確率 $P(A\cap\overline{B})$，事象 $\overline{A}$ と事象 B の同時確率 $P(\overline{A}\cap B)$，および，事象 $\overline{A}$ と事象 $\overline{B}$ の同時確率 $P(\overline{A}\cap\overline{B})$ はそれぞれ

$$P(A\cap B)=\frac{16}{1000}=\frac{2}{125},\quad P(A\cap\overline{B})=\frac{4}{1000}=\frac{1}{250},$$
$$P(\overline{A}\cap B)=\frac{29}{1000},\qquad P(\overline{A}\cap\overline{B})=\frac{951}{1000}$$

である．明らかに，つぎの各性質が成り立つ．

$$P(A\cap B)+P(A\cap\overline{B})=P(A),\qquad P(\overline{A}\cap B)+P(\overline{A}\cap\overline{B})=P(\overline{A}),$$
$$P(A\cap B)+P(\overline{A}\cap B)=P(B),\qquad P(A\cap\overline{B})+P(\overline{A}\cap\overline{B})=P(\overline{B}),$$
$$P(A\cap B)+P(A\cap\overline{B})+P(\overline{A}\cap B)+P(\overline{A}\cap\overline{B})=1\quad\square$$

4.2　条件付確率とその性質

事象 A の起きる確率が 0 でないとき，事象 A が起きたという前提で求めた事象 B の起きる確率を，条件 A のもとでの事象 B の**条件付確率** (conditional probability) といい，$P(B\,|\,A)$ と書く．事象の発生回数が第 4.1 節に示したクロス集計表にまとめられているとき，$P(B\,|\,A)$ は事象 A の行と事象 B の列が交わったセルの値を事象 A の合計欄の値で割った結果に等しい．一方，事象 B の起きる確率が 0 でないとき，事象 B が起きたという前提で求めた事象 A の起きる確率を，条件 B のもとでの事象 A の条件付確率といい，$P(A\,|\,B)$ と書く．クロス集計表において，$P(A\,|\,B)$ は事象 A の行と事象 B の列が交わったセルの値を事象 B の合計欄の値で割った結果に等しい．

【例】 第 4.1 節の例において，熱が出たという条件のもとでせきも出る条件付確率 $P(B\,|\,A)$，熱が出たという条件のもとでせきは出ない条件付確率 $P(\overline{B}\,|\,A)$，せきが出たという条件のもとで熱も出る条件付確率 $P(A\,|\,B)$，および，せきが出たという条件のもとで熱は出ない条件付確率 $P(\overline{A}\,|\,B)$ は，それぞれ

$$P(B\,|\,A)=\frac{16}{20}=\frac{4}{5},\quad P(\overline{B}\,|\,A)=\frac{4}{20}=\frac{1}{5},$$
$$P(A\,|\,B)=\frac{16}{45},\qquad P(\overline{A}\,|\,B)=\frac{29}{45}$$

である．明らかに，つぎの各性質が成り立つ．

$$P(B\,|\,A)+P(\overline{B}\,|\,A)=1,\quad P(A\,|\,B)+P(\overline{A}\,|\,B)=1\quad\square$$

【性質】 同時確率 $P(A\cap B)$ は，条件付確率 $P(B\,|\,A), P(A\,|\,B)$ と周辺確率 $P(A), P(B)$ を用いて，式

$$P(A\cap B)=P(B\,|\,A)P(A)=P(A\,|\,B)P(B)$$

により計算できる．この関係式を，**乗法定理** (multiplication theorem) という．

【証明】 事象の発生回数が右のようなクロス集計表にまとめられているとき，

	$\cdots$	B	$\cdots$	計
$\vdots$		$\vdots$		$\vdots$
A	$\cdots$	c	$\cdots$	t_a
$\vdots$		$\vdots$		$\vdots$
計	$\cdots$	t_b	$\cdots$	N

同時確率：　$P(A\cap B)=\dfrac{c}{N}$,

条件付確率：　$P(B\,|\,A)=\dfrac{c}{t_a}$,　$P(A\,|\,B)=\dfrac{c}{t_b}$,

周辺確率：　$P(A)=\dfrac{t_a}{N}$,　$P(B)=\dfrac{t_b}{N}$

であることから明らかである．□

【性質】 条件付確率は確率の公理を満たす．すなわち，$P(A) \neq 0$ ならば次式が成り立つ．

$$P(\Omega \,|\, A) = 1, \quad B \cap C = \emptyset \;\Rightarrow\; P\Big((B \cup C) \,|\, A\Big) = P(B \,|\, A) + P(C \,|\, A)$$

【証明】 乗法定理より $P(A) = P(A \cap \Omega) = P(\Omega \,|\, A)P(A)$ であるから，$P(A) \neq 0$ ならば $P(\Omega \,|\, A) = 1$ である．また，$B \cap C = \emptyset$ ならば $(A \cap B) \cap (A \cap C) = \emptyset$ であるから，集合演算の分配法則と確率の公理の (3) より

$$P\Big(A \cap (B \cup C)\Big) = P\Big((A \cap B) \cup (A \cap C)\Big) = P(A \cap B) + P(A \cap C)$$

を得る．ここで，乗法定理より

$$P\Big(A \cap (B \cup C)\Big) = P\Big((B \cup C) \,|\, A\Big)P(A),$$
$$P(A \cap B) = P(B \,|\, A)P(A), \quad P(A \cap C) = P(C \,|\, A)P(A)$$

であることに注意すると，次式が成り立つ．

$$P\Big((B \cup C) \,|\, A\Big) = \frac{P\Big(A \cap (B \cup C)\Big)}{P(A)} = \frac{P(A \cap B) + P(A \cap C)}{P(A)} = P(B \,|\, A) + P(C \,|\, A) \quad \square$$

【例】 赤球 3 個，白球 2 個のはいった袋から無作為に 1 個の球を取り出したあと，球を袋に戻さずにもう 1 個の球を無作為に取り出す．そのとき，1 個目が白球で 2 個目が赤球である確率はいくらか．

1 個目が白球である事象を A, 2 個目が赤球である事象を B とする．事象 A が起きたとき，袋には赤球 3 個と白球 1 個が残っているから，周辺確率 $P(A)$ と条件付確率 $P(B \,|\, A)$ はそれぞれ

$$P(A) = \frac{2}{5}, \quad P(B \,|\, A) = \frac{3}{4}$$

である．よって，1 個目が白球，2 個目が赤球である確率は，乗法定理より次式で求められる．

$$P(A \cap B) = P(B \,|\, A)P(A) = \frac{3}{4} \times \frac{2}{5} = \frac{3}{10} \quad \square$$

【例】 2 枚の硬貨を投げたら 1 枚は表であることがわかった．もう 1 枚も表である確率はいくらか．

少なくとも 1 枚が表であるという事象を A，2 枚とも表であるという事象を B とすると，1 枚が表であるときにもう 1 枚も表である確率は $P(B \,|\, A)$ と書ける．事象 A は 2 枚とも裏であるという事象の余事象であるから，周辺確率 $P(A)$ は

$$P(A) = 1 - \left(\frac{1}{2}\right)^2 = \frac{3}{4}$$

である．また，$A \cap B = B$ であるから，同時確率 $P(A \cap B)$ は

$$P(A \cap B) = P(B) = \left(\frac{1}{2}\right)^2 = \frac{1}{4}$$

である．よって，求める条件付確率 $P(B \,|\, A)$ は，乗法定理より次式で計算できる．

$$P(B \,|\, A) = \frac{P(A \cap B)}{P(A)} = \frac{1}{3} \quad \square$$

硬貨を 2 枚投げて，2 枚とも表になる確率は $P(B) = 1/4$ である．これは，硬貨を投げる前に求められる確率であるため，**事前確率** (prior probability) という．一方，1 枚が表であるとわかったあとに求めた確率 $P(B \,|\, A)$ は，**事後確率** (posterior probability) とよばれる．上の例は，1 枚が表であるとわかることによって，2 枚とも表である確率が $P(B \,|\, A) = 1/3$ に増えることを表している．

4.3 事象の独立

事象 A が起きているという前提のもとでも，事象 A が起きていないという前提のもとでも，事象 B の起きる確率が等しいとき，すなわち，条件

$$P(B\,|\,A) = P(B\,|\,\overline{A})$$

が成り立つとき，事象 A と事象 B は**独立** (independent) であるという．

【性質】 事象 A と事象 B が独立であるとき，次式が成り立つ．

$$P(B\,|\,A) = P(B\,|\,\overline{A}) = P(B), \quad P(A\,|\,B) = P(A\,|\,\overline{B}) = P(A)$$

【証明】 $P(B\,|\,A) = P(B\,|\,\overline{A}) = \beta$ とおくと[1]，乗法定理より

$$P(A \cap B) = P(B\,|\,A)P(A) = \beta P(A), \quad P(\overline{A} \cap B) = P(B\,|\,\overline{A})P(\overline{A}) = \beta P(\overline{A})$$

が成り立つ．また，集合演算の性質より

$$(A \cap B) \cup (\overline{A} \cap B) = (A \cup \overline{A}) \cap B = B, \quad (A \cap B) \cap (\overline{A} \cap B) = (A \cap \overline{A}) \cap B = \emptyset$$

であるから，確率の公理の (3) より

$$P(A \cap B) + P(\overline{A} \cap B) = P(B)$$

を得る．さらに，$P(A) + P(\overline{A}) = 1$ であることに注意すると，

$$P(B) = P(A \cap B) + P(\overline{A} \cap B) = \beta\{P(A) + P(\overline{A})\} = \beta$$

であることがわかる．同様に，$P(A\,|\,B) = P(A\,|\,\overline{B}) = \alpha$ とおくと[2]，乗法定理より

$$P(A \cap B) = P(A\,|\,B)P(B) = \alpha P(B), \quad P(A \cap \overline{B}) = P(A\,|\,\overline{B})P(\overline{B}) = \alpha P(\overline{B})$$

が成り立つ．また，集合演算の性質より

$$(A \cap B) \cup (A \cap \overline{B}) = A \cap (B \cup \overline{B}) = A, \quad (A \cap B) \cap (A \cap \overline{B}) = A \cap (B \cap \overline{B}) = \emptyset$$

であるから，確率の公理の (3) より

$$P(A \cap B) + P(A \cap \overline{B}) = P(A)$$

を得る．さらに，$P(B) + P(\overline{B}) = 1$ であることに注意すると，

$$P(A) = P(A \cap B) + P(A \cap \overline{B}) = \alpha\{P(B) + P(\overline{B})\} = \alpha$$

であることがわかる．□

【性質】 事象 A と事象 B が独立であるとき，$P(A \cap B) = P(A)\,P(B)$ である．

【証明】 乗法定理と上の性質より，$P(A \cap B) = P(A\,|\,B)P(B) = P(A)\,P(B)$ である．□

【例】 つぎの表は，ある町の小学校 6 年生 425 人に対して，虫歯があるかどうか，視力が悪い（0.7 未満）かどうかを調べた結果をクロス集計表にまとめたものである．表記を簡単にするために，

---

[1] β はアルファベットの b に相当するギリシャ文字で，「ベータ」と読む．
[2] α はアルファベットの a に相当するギリシャ文字で，「アルファ」と読む．

		視力		計
		B: 悪い	$\overline{B}$: よい	
虫歯	A: ある	49	70	119
	$\overline{A}$: ない	126	180	306
計		175	250	425

事象 A：虫歯がある，
事象 B：視力が 0.7 未満である

とおくと，周辺確率は

$$P(A) = \frac{119}{425} = \frac{7}{25}, \quad P(B) = \frac{175}{425} = \frac{7}{17}$$

であり，条件付確率は

$$P(A \mid B) = \frac{49}{175} = \frac{7}{25}, \quad P(B \mid A) = \frac{49}{119} = \frac{7}{17}$$

であるから，$P(A) = P(A \mid B)$, $P(B) = P(B \mid A)$ が成り立つ．よって，事象 A と事象 B は独立である．さらに，同時確率は

$$P(A \cap B) = \frac{49}{425}$$

であるから，$P(A \cap B) = P(A)P(B)$ が成り立っていることもわかる．□

演習問題

1. ある学部では，春学期の試験において 20 % の学生は数学が不合格，10 % の学生は心理学が不合格になり，5 % の学生は数学と心理学の両方が不合格になった.「数学が不合格だった」と告白した学生が心理学も不合格だった確率はいくらか.

2. ある家庭を訪ねたところ，子供が 3 人であり，男の子と女の子が少なくとも 1 人ずついることがわかった. そのとき，もう 1 人の子供が男の子である確率はいくらか. ただし，男女の出生率は等しいとする.

3. ある町の公民館では，火曜日に書道教室，木曜日に絵画教室が開かれている. この町のお年寄りの 40 % が書道教室に，20 % が絵画教室に通っているが，どちらにも通っていないお年寄りも 45 % いる.「私は書道教室に通っているよ」と言ったお年寄りが，絵画教室にも通っている確率はいくらか.

4. 10 本中 3 本があたりのくじを，太郎，花子の順にひく. ひいたくじを元に戻さないとき，花子があたりをひく確率はいくらか.

5. 赤球 6 個と白球 4 個がはいった袋から無作為に 1 個の球を取り出す. 取り出した球の色が赤ならば袋に戻し，白ならば袋に戻さずにもう 1 個の球を無作為に取り出す. そのとき，2 個目が赤球である確率はいくらか.

6. 中身の見えない 2 つの壺の一方には赤球 4 個と白球 1 個が，もう一方には赤球 1 個と白球 4 個がはいっている. 無作為に壺を選んで球を 1 個取り出したら白球だった. そのとき，もう一方の壺から無作為に球を 1 個取り出すと赤球である確率はいくらか.

7. 赤球 2 個，白球 4 個，黒球 4 個のはいった袋から無作為に 2 個の球を取り出したところ，2 個とも同じ色だった. そのとき，2 個とも白球である確率はいくらか.

8. 3 個のサイコロを同時に投げたところ，3 個とも違う目が出た. そのとき，1 個だけ 1 の目である確率はいくらか.

9. 大きいサイコロと小さいサイコロを同時に投げたところ，大きいサイコロの目の方が大きかった. そのとき，小さいサイコロの目が 3 である確率はいくらか.

10. サイコロを 3 回投げる. 2 回目に出た目が 1 回目に出た目より大きいとき，3 回目に出た目が 2 回目に出た目より大きい確率はいくらか.

11. 両面が赤色のカードが 2 枚，両面が白色のカードが 1 枚，片面が赤色で反対面が白色のカードが 2 枚ある. これら 5 枚のカードを袋に入れ，目隠しをして 1 枚取り出して机に置いたところ赤色だった. このカードを裏返したとき，反対面が白色である確率はいくらか.

12. 大小 2 個のサイコロを同時に投げる. 大きいサイコロの目が 1 である事象を A, 2 つのサイコロの目の和が 7 になる事象を B とするとき，事象 A と事象 B は独立であるか否かを判定しなさい.

第5章　ベイズの定理

毎年，日本人の 500 人に 1 人が新たに悪性新生物（がん）に罹患するといわれている．このような統計的結果からある程度リスクを予測することは可能であるが，リスクをより正確に評価しようとすると，さまざまな医学的検査を受けて，その結果をもとに罹患する確率を評価する必要がある．この章では，検査などで観測された事象をもとに，リスクの原因になる事象の生起確率を推定する方法を学ぶ．

5.1　場合分け

最初に，いくつかの事象を用いて標本空間をもれなく，かつ，重複なく場合分けすることを考える．

【定義】 標本空間 Ω の事象 $E_1, E_2, \ldots, E_\ell$ が条件

$$E_i \cap E_j = \emptyset \ (i \neq j), \quad E_1 \cup E_2 \cup \cdots \cup E_\ell = \Omega$$

を満たすとき，$\{E_1,\ E_2,\ \ldots,\ E_\ell\}$ を標本空間 Ω の**分割** (partition) という．
□

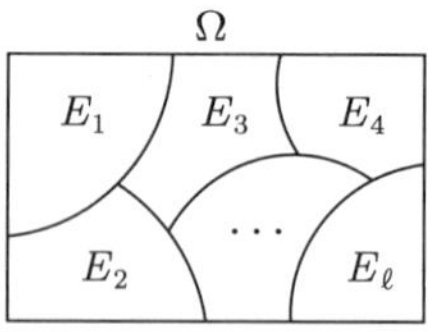

【例】 E を標本空間 Ω の事象とするとき，$E \cap \overline{E} = \emptyset, E \cup \overline{E} = \Omega$ であるから $\{E, \overline{E}\}$ は Ω の分割である．□

事象の組 $\{E_1, E_2, \ldots, E_\ell\}$ を，標本空間 Ω の分割とする．そのとき，E_1, E_2, …, E_ℓ という ℓ 個の場合のそれぞれにおいて，注目する事象 A の起きる確率がどの程度違うかを明らかにすることは，場合分けを規定する要因と事象の因果関係を分析するために重要である．

		事象		計
		A	$\overline{A}$	
場合	E_1	c_1	d_1	t_1
	E_2	c_2	d_2	t_2
	⋮	⋮	⋮	⋮
	E_ℓ	c_ℓ	d_ℓ	t_ℓ
計		m	n	N

【性質】 $\{E_1, E_2, \ldots, E_\ell\}$ を標本空間 Ω の分割，A を事象とするとき

$$P(A) = P(A \cap E_1) + P(A \cap E_2) + \cdots + P(A \cap E_\ell)$$

が成り立つ．この関係式は，**分割公式** (pratition formula) とよばれる．

【証明】 $\{E_1,\ E_2,\ \ldots,\ E_\ell\}$ は Ω の分割だから，集合演算の性質より次式が成り立つ．

$$(A \cap E_i) \cap (A \cap E_j) = \emptyset \ (i \neq j), \quad (A \cap E_1) \cup (A \cap E_2) \cup \cdots \cup (A \cap E_\ell) = A$$

よって，確率の公理の (3) より結果が従う．□

各場合における事象の発生回数が上に示すクロス集計表で与えられているとき，$c_1 + c_2 + \cdots + c_\ell = m$ であり，周辺確率と同時確率は次式で計算できる．

$$P(A) = \frac{m}{N}; \quad P(A \cap E_1) = \frac{c_1}{N},\ P(A \cap E_2) = \frac{c_2}{N},\ \ldots,\ P(A \cap E_\ell) = \frac{c_\ell}{N}$$

分割公式は，同時確率と周辺確率の関係を表す式であるが，条件付確率と周辺確率の関係は，つぎに示す**全確率の定理** (theorem of total probability) で与えられる．

【性質】 $\{E_1, E_2, \dots, E_\ell\}$ を標本空間 Ω の分割，A を事象とするとき，つぎの関係式が成り立つ．

$$P(A) = P(A \mid E_1)P(E_1) + P(A \mid E_2)P(E_2) + \cdots + P(A \mid E_\ell)P(E_\ell)$$

【証明】 分割公式に乗法定理 $P(A \cap E_i) = P(A \mid E_i)P(E_i)$ $(i = 1, \dots, \ell)$ を代入すればよい．□

【例】 壺 1 には赤球 4 個と白球 6 個，壺 2 には赤球 2 個と白球 8 個がはいっている．サイコロを投げて 3 の倍数の目が出れば壺 1 から，それ以外の目が出れば壺 2 から無作為に球を 1 個取り出す．そのとき，取り出した球が赤球である確率はいくらか．

サイコロを投げて 3 の倍数の目が出る事象を E_1，それ以外の目が出る事象を E_2 とする．また，取り出した球が赤球である事象を A とする．そのとき，題意より

$$P(E_1) = \frac{2}{6} = \frac{1}{3}, \quad P(E_2) = \frac{4}{6} = \frac{2}{3}; \quad P(A \mid E_1) = \frac{4}{10} = \frac{2}{5}, \quad P(A \mid E_2) = \frac{2}{10} = \frac{1}{5}$$

であるから，赤球が出る確率 $P(A)$ は，全確率の定理より次式で計算できる．

$$P(A) = P(A \mid E_1)P(E_1) + P(A \mid E_2)P(E_2) = \frac{2}{5} \times \frac{1}{3} + \frac{1}{5} \times \frac{2}{3} = \frac{4}{15} \quad \square$$

【例】 3 枚の硬貨を同時に投げる．裏が出た硬貨があれば，それらを集めてもう一度投げる．そのとき，すべての硬貨が表になる確率はいくらか．

最初に硬貨を投げたとき，裏が i 枚出るという事象を E_i（$i = 0, 1, 2, 3$）とすると，

$$P(E_0) = \frac{1}{2^3} = \frac{1}{8}, \quad P(E_1) = \frac{3}{2^3} = \frac{3}{8}, \quad P(E_2) = \frac{3}{2^3} = \frac{3}{8}, \quad P(E_3) = \frac{1}{2^3} = \frac{1}{8}$$

である．また，全硬貨が表になる事象を A とすると，場合 E_0 では最初からすべて表になっているから $P(A \mid E_0) = 1$ であり，場合 E_1, E_2, E_3 ではそれぞれ 1 枚，2 枚, 3 枚の硬貨を投げ直すから

$$P(A \mid E_1) = \frac{1}{2}, \quad P(A \mid E_2) = \frac{1}{2^2} = \frac{1}{4}, \quad P(A \mid E_3) = \frac{1}{2^3} = \frac{1}{8}$$

である．よって，すべての硬貨が表になる確率 $P(A)$ は，全確率の定理より次式で計算できる．

$$\begin{aligned} P(A) &= P(A \mid E_0)P(E_0) + P(A \mid E_1)P(E_1) + P(A \mid E_2)P(E_2) + P(A \mid E_3)P(E_3) \\ &= 1 \times \frac{1}{8} + \frac{1}{2} \times \frac{3}{8} + \frac{1}{4} \times \frac{3}{8} + \frac{1}{8} \times \frac{1}{8} = \frac{8 + 12 + 6 + 1}{64} = \frac{27}{64} \quad \square \end{aligned}$$

5.2 ベイズ推定

標本空間 Ω の分割 $\{E_1, E_2, \dots, E_\ell\}$ に対して，各場合が起きる確率 $P(E_1), P(E_2), \dots, P(E_\ell)$ と，それぞれの場合において注目する事象 A が起きる条件付確率 $P(A|E_1), P(A|E_2), \dots, P(A|E_\ell)$ がわかっているものとする．事象 A が起きたことが実際に観測されたとき，場合 $E_1, E_2, \dots, E_\ell$ のそれぞれが起きている確率は，つぎに示す**ベイズの定理** (Bayes' theorem) によって推測できる[1)]．

【性質】 $\{E_1, E_2, \dots, E_\ell\}$ を標本空間 Ω の分割，A を Ω の事象とするとき，次式が成り立つ．

$$P(E_i \mid A) = \frac{P(A \mid E_i)P(E_i)}{P(A \mid E_1)P(E_1) + P(A \mid E_2)P(E_2) + \cdots + P(A \mid E_\ell)P(E_\ell)} \quad (i = 1, \dots, \ell)$$

---

1) ベイズ (Thomas Bayes) は，18 世紀前半のイギリスの牧師・数学者である．

【証明】場合 $i=1,\ldots,\ell$ のそれぞれに対して，乗法定理より

$$P(A\cap E_i)=P(A\,|\,E_i)P(E_i)=P(E_i\,|\,A)P(A)$$

が成り立つ．また，全確率の定理より

$$P(A)=P(A\,|\,E_1)P(E_1)+P(A\,|\,E_2)P(E_2)+\cdots+P(A\,|\,E_\ell)P(E_\ell)$$

である．よって，$P(A)\neq 0$ ならば，$i=1,\ldots,\ell$ のそれぞれに対して

$$P(E_i\,|\,A)=\frac{P(A\cap E_i)}{P(A)}=\frac{P(A\,|\,E_i)P(E_i)}{P(A\,|\,E_1)P(E_1)+P(A\,|\,E_2)P(E_2)+\cdots+P(A\,|\,E_\ell)P(E_\ell)}$$

が成り立つ．□

ベイズの定理は，場合 $i=1,\ldots,\ell$ のそれぞれに対して，事象 E_i の事前確率と条件付確率 $P(A\,|\,E_i)$ が知られているとき，事象 A が起きたという条件のもとで事象 E_i が起きている条件付確率 $P(E_i\,|\,A)$ を推定する方法を与えている．事象 E_i の事後確率 $P(E_i\,|\,A)$ は，事象 A が観測されたときに，場合が E_i であると推定することがどれくらい「もっともらしい」かを表す**尤度** (likelihood) である．たとえば，ある病気にかかる確率 $P(E)$ と，その病気にかかっている人とかかっていない人のそれぞれがある検査を受けたときに陽性になる確率 $P(A\,|\,E)$ と $P(A\,|\,\overline{E})$ がわかっているとき，ベイズの定理を用いると，検査を受けて陽性だった人がその病気にかかっている確率 $P(E\,|\,A)$ を推定することができる．

【例】 日本では，人口 10 万人あたり 40 人がある病気にかかっているという．最近開発されたある検査法では，病気にかかっている人の 98 % が陽性を示すが，病気にかかっていない人の 5 % も陽性になるという．この検査で陽性を示した人が実際に病気にかかっている確率はいくらか．

この病気にかかっている場合を E_1，かかっていない場合を E_2 で表し，検査結果が陽性であるという事象を A とすると，題意より

$$P(E_1)=\frac{40}{100000}=\frac{1}{2500},\qquad P(A\,|\,E_1)=\frac{98}{100}=\frac{49}{50},$$
$$P(E_2)=1-\frac{1}{2500}=\frac{2499}{2500},\quad P(A\,|\,E_2)=\frac{5}{100}=\frac{1}{20}$$

である．よって，ベイズの定理より，検査結果が陽性であるという条件のもとで病気にかかっている条件付確率 $P(E_1\,|\,A)$ は，次式で計算できる．

$$\begin{aligned}P(E_1|A)&=\frac{P(A\,|\,E_1)P(E_1)}{P(A\,|\,E_1)P(E_1)+P(A\,|\,E_2)P(E_2)}\\&=\frac{\frac{49}{50}\times\frac{1}{2500}}{\frac{49}{50}\times\frac{1}{2500}+\frac{1}{20}\times\frac{2499}{2500}}=\frac{98}{12593}\approx 0.00778\quad\square\end{aligned}$$

上の例は，検査結果が陽性であると判明することによって，この病気にかかっている確率が，統計データに基づく事前確率 $P(E_1)=1/2500=0.0004$ から，検査結果に基づく事後確率 $P(E_1\,|\,A)\approx 0.00778$ に上昇することを表している．

上の例は，クロス集計表を用いて解くこともできる．問題文に示された数値をクロス集計表にまとめると，次のページの左側の表になる．人口 10 万人あたり 40 人がこの病気にかかっているという状況は，表の右下隅にある総合計の欄が 100000，「病気」が「あり」の行の合計欄が 40 であるこ

		検査		計
		陽性	陰性	
病気	あり	40×0.98		40
	なし	$(100000 - 40) \times 0.05$		$100000 - 40$
計				100000

		検査		計
		陽性	陰性	
病気	あり	39.2	0.8	40
	なし	4998	94962	99960
計		5037.2	94962.8	100000

とに対応している．また，病気にかかっている人の 98 % が検査で陽性になることは，「病気」が「あり」の行と「検査」が「陽性」の列が交わるところにあるセルの値が 40×0.98 であることに対応し，病気にかかっていない人の 5 % が検査で陽性になることは，「病気」が「なし」の行と「検査」が「陽性」の列が交わるところにあるセルの値が $(100000 - 40) \times 0.05$ になることに対応している．このクロス集計表を完成させると，上に示す右側の表になる．検査結果が陽性であった人がこの病気にかかっている確率は，「病気」が「あり」の行と「検査」が「陽性」の列の交わるところにあるセルの値 39.2 を，「検査」が「陽性」の列の合計欄の値 5037.2 で割った結果 $39.2 \div 5037.2 \approx 0.00778$ である．

【例】 袋 1 には赤球 2 個，袋 2 には赤球 1 個と白球 1 個，袋 3 には白球 2 個がはいっている．目隠しをして無作為に袋を選んだあとに，選んだ袋から無作為に球を 1 個取り出すと赤球だった．取り出した袋に残っている球が白球である確率はいくらか．

選んだ袋が袋 1 であるという事象を E_1，袋 2 であるという事象を E_2，袋 3 であるという事象を E_3 とする．袋は無作為に選択しているから，

$$P(E_1) = P(E_2) = P(E_3) = \frac{1}{3}$$

である．一方，赤球が出るという事象を A とすると，各場合に事象 A が起きる条件付確率は，それぞれ

$$P(A \,|\, E_1) = \frac{2}{2} = 1, \quad P(A \,|\, E_2) = \frac{1}{2}, \quad P(A \,|\, E_3) = \frac{0}{2} = 0$$

である．よって，取り出した球が赤球であるという条件のもとで袋に白球が残っている，すなわち，最初に袋 2 を選んだ条件付確率は，ベイズの定理より次式で計算できる．

$$\begin{aligned} P(E_2 \,|\, A) &= \frac{P(A \,|\, E_2)P(E_2)}{P(A \,|\, E_1)P(E_1) + P(A \,|\, E_2)P(E_2) + P(A \,|\, E_3)P(E_3)} \\ &= \frac{\frac{1}{2} \times \frac{1}{3}}{1 \times \frac{1}{3} + \frac{1}{2} \times \frac{1}{3} + 0 \times \frac{1}{3}} = \frac{1}{3} \quad \square \end{aligned}$$

この例を，赤球がはいっているのは袋 1 と袋 2 で，白球もはいっているのは袋 2 だけだから，答は 1/2 である，としてはいけない．赤球が取り出されたという事実により，最初に袋 1 を選んだ可能性が，袋 2 を選んだ可能性の 2 倍になることに注意しよう．

演習問題

1. ある製菓会社では，工場 1 で毎日 360 本，工場 2 で毎日 320 本のアイスキャンデーを製造している．この会社では，20 本につき 1 本の柄に「あたり」と印刷することにしていたが，工場 2 ではまちがって 10 本に 1 本の柄に「あたり」と印刷して製造していた．ある人が店でこのアイスキャンデーを買ったところ，柄に「あたり」と印刷されていた．このアイスキャンデーが工場 2 で製造されたものである確率はいくらか．

2. 携帯電話の利用者のうち，電話機を誤って地面に落としたことがある人は 40 % といわれている．あるメーカの携帯電話は，地面に落とさなくても 1 % の確率で 2 年以内に故障するが，電話機を地面に落とすと，故障する確率は 8 % になるという．ある人がこのメーカの携帯電話を購入後 2 年で修理に出した．この人が電話機を地面に落としたことがある確率はいくらか．

3. ある町の住民は，かぜをひくと 75 % の人は病院に行くという．おかげで，病院に行った人の 80 % は翌々日にかぜが治っているが，病院へ行かなかった人の 50 % も翌々日にかぜが治っているという．ある日，Y さんはかぜで学校を欠席したが，翌々日には治って登校した．Y さんが病院へ行った確率はいくらか．

4. Y さんの家を訪れる人の 80 % は同じ集落の人であるという．Y さんの飼犬のポチは近所の人には比較的よくなついているが，中には気に入らない人がいるらしく，同じ集落の人の 15 % には吠えるという．一方，集落外の人が来ると，番犬の役割を発揮して激しく吠えるが，10 % の人には簡単にてなずけられて吠えないという．ある日，来客がありポチが激しく吠えた．そのとき，来客が集落外の人である確率はいくらか．

5. 5 択式マークシートの試験では，問題が解けたにもかかわらず，マークのつけまちがいで不正解になる確率が 3 %，問題が解けなくてもあてずっぽうにマークして正解になる確率が 20 % あるという．Y 先生はあるクラスの期末試験に，5 択式マークシートで解答する問題を 1 題出題した．この問題の解答が不正解であった学生が，実際にこの問題を解けなかった確率はいくらか．ただし，学生の 70 % はこの問題を正しく解く力があるとする．

6. ある通信会社では，C 市から D 市へ無線通信を行っている．送信する信号は 0 か 1 のいずれかであり，C 市から送信した信号を解析してみると，送信した信号の 40 % は 0，60 % は 1 であるという．また，使用している無線通信は雑音が多く，0 を送信したのに 1 と受信される確率が 0.2, 1 を送信したのに 0 と受信される確率が 0.1 もあるという．D 市の受信所で 1 と受信したとき，C 市から送信した信号が実際に 1 である確率はいくらか．

7. ある国には，工場 1 で製造された硬貨と工場 2 で製造された硬貨が同じ数だけ流通している．これらの硬貨は見た目や重さで区別できないが，投げたときに表の出る確率は，工場 1 で製造されたものが 0.5，工場 2 で製造されたものが 0.4 であるという．手元にある硬貨を投げると裏が出た．この硬貨が工場 2 で製造されたものである確率はいくらか．

8. 前問において，同じ硬貨をもう 1 度投げたところ，再び裏が出た．この硬貨が工場 2 で製造されたものである確率はいくらに変化するか．

9. 壺 1 には赤球 4 個と白球 2 個，壺 2 には赤球 2 個と白球 4 個がはいっている．壺 1 から無作為に 1 個の球を取り出して壺 2 に移す．つぎに，壺 2 から無作為に 1 個の球を取り出すと白球であった．そのとき，壺 1 から 2 に移した球が白球である確率はいくらか．

10. Y さんが仕事の締切を守る確率は 85 % であるが，仕事の進捗状況を正直に上司に申告する確率は 70 % であるという．ある日，上司が Y さんに仕事の進捗状況を尋ねたところ，「締切にまにあいます」と答えた．実際にまにあう確率はいくらか．

11. ある工場では機械 1 で全体の 20 %，機械 2 で 30 %，機械 3 で 50 % の製品を作っている．各機械の不良品発生率は，機械 1 が 2 %，機械 2 が 1 %，機械 3 が 0.5 % である．ある製品が不良品であったとき，それが機械 1 で作られたものである確率はいくらか．

12. 袋 1 には赤球 3 個と白球 7 個，袋 2 には赤球 5 個と白球 5 個，袋 3 には赤球 7 個と白球 3 個がはいっている．正しい硬貨を 2 枚投げて，両方とも表なら袋 1 から，表裏 1 枚ずつなら袋 2 から，両方とも裏なら袋 3 から無作為に球を 1 個取り出す．取り出された球が赤球だったとき，投げた硬貨が両方とも裏であった確率はいくらか．

第6章　期待値と分散

1 等賞金 10000 円 1 本，2 等賞金 1000 円 10 本，3 等賞金 100 円 89 本，空くじなしという宝くじが 1 枚 300 円で売られているとき，あなたはこのくじを買うだろうか．1 等があたる確率は 1 %，2 等があたる確率は 10 % と計算できるが，これだけではなかなか判断がむずかしい．このような場合には，この宝くじを 1 枚買うことによって，平均的にどれぐらいの賞金を期待できるかがわかると判断しやすい．この章では，試行の結果が数値で表される場合について，平均的に期待できる値やそのばらつきの度合いを評価する方法を学ぶ．

6.1　確率変数

試行の中には，硬貨を投げる場合の「表」や「裏」のように，結果を数値でないデータで表現することも少なくない．しかし，試行のもつ特性を定量的に評価するためには，試行の結果を数値で表現しておく方が何かと便利である．そこで，根源事象に実数値を割り当てる関数を導入する．

【定義】 標本空間 Ω 上の実数値関数で，任意の実数 x に対して $X(\omega) \leqq x$ を満たす根源事象 ω の集合が Ω の事象になるような関数 X を**確率変数** (random variable) という．□

確率変数は，X のように英大文字で表記する．また，確率変数は標本空間 Ω の根源事象 ω に実数値を対応づける関数であるため，本来ならば $X(\omega)$ のように記載すべきであるが，引数 ω の記述を省略して単に X と書く場合がほとんどである．なお，本書の範囲では，確率変数を，試行の結果に応じてとる値が確率的に変化する変数と考えてさしつかえない．

確率変数の中で，サイコロの目のようにとびとびの値しかとれないものを**離散型確率変数** (discrete random variable) という．一方，ある半径をもつ円の弦の長さのように，ある区間のすべての実数値をとれるものを**連続型確率変数** (continuous random variable) という．

【例】 10 円玉 1 枚，50 円玉 1 枚，100 円玉 1 枚を同時に投げる．それぞれの硬貨について，表が出るか裏が出るかを 10 円玉，50 円玉，100 円玉の順に「表裏裏」のように書くことにすると，標本空間は

$$\Omega = \{\text{裏裏裏，裏裏表，裏表裏，裏表表，表裏裏，表裏表，表表裏，表表表}\}$$

である．標本空間の各要素に対して，表が出る硬貨の枚数を対応づける関数を X と書くと，

$$\begin{aligned} X(\text{裏裏裏}) = 0, \quad & X(\text{裏裏表}) = X(\text{裏表裏}) = X(\text{表裏裏}) = 1, \\ & X(\text{裏表表}) = X(\text{表裏表}) = X(\text{表表裏}) = 2, \quad X(\text{表表表}) = 3 \end{aligned}$$

である．このように定義された関数 X は，離散型確率変数である．□

1 つの標本空間に対して，複数の確率変数を定義することも可能である．

【例】 大きいサイコロと小さいサイコロを同時に投げる．そのとき，出た目の和，大きい方の目の値はいずれも離散型確率変数である．□

【例】 ある喫茶店で，あるお客さんが来店してから，つぎのお客さんが来店するまでの時間（来店間隔）は，連続型確率変数である．□

標本空間 Ω 上に確率変数 X を定義すると，実数値を要素とする新しい標本空間を定義できる．もとの標本空間に確率が導入されているとき，新しい標本空間にも確率を定義できる．

【定義】 値として $x_1, x_2, \ldots$ をとる標本空間 Ω 上の離散型確率変数を X とする．確率変数 X の値が $x_1, x_2, \ldots$ になるような根源事象の集合，すなわち，式

$$E_i = \{\omega \in \Omega \,|\, X(\omega) = x_i\} \quad (i = 1, 2, \ldots)$$

により定義される事象 $E_1, E_2, \ldots$ に対して，式

$$p(x_i) = P(E_i) \quad (i = 1, 2, \ldots)$$

で定義される関数 $p(x)$ を，確率変数 X の**確率関数** (probability function) という．□

【定義】 離散型確率変数 X のとり得る値と，それぞれに対する確率関数 $p(x)$ の関数値の組を，確率変数 X の**確率分布** (probability distribution) または単に**分布** (distribution) という．□

確率関数についても，確率の公理と同様の性質が成り立つ．

【性質】 離散型確率変数 X のとり得る値の集合が $\{x_1, x_2, \ldots\}$ であるとき，つぎの各式が成り立つ．

$$\begin{aligned} &0 \leqq p(x_i) \leqq 1 && (i = 1, 2, \ldots), \\ &p(x) = 0 && (x \notin \{x_1, x_2, \ldots\}), \\ &p(x_1) + p(x_2) + \cdots = 1 \end{aligned}$$

【証明】 添字 $i = 1, 2, \ldots$ のそれぞれに対して，事象 $E_i = \{\omega \in \Omega \,|\, X(\omega) = x_i\}$ は Ω の部分集合だから，確率の公理の (1) より $0 \leqq p(x_i) = P(E_i) \leqq 1$ が成り立つ．また，$x \notin \{x_1, x_2, \ldots\}$ ならば $E = \{\omega \in \Omega \,|\, X(\omega) = x\} = \emptyset$ であるから，確率の性質より $p(x) = P(E) = 0$ を得る[1]．さらに，確率変数 X のとり得るすべての値 x_1, x_2, … に対して事象 E_1, E_2, … を定義しているから，$\{E_1, E_2, \ldots\}$ は標本空間 Ω の分割である．よって，確率の公理の (2) と (3) より

$$p(x_1) + p(x_2) + \cdots = P(E_1) + P(E_2) + \cdots = P(E_1 \cup E_2 \cup \cdots) = P(\Omega) = 1$$

を得る．□

【例】 10 円玉 1 枚，50 円玉 1 枚，100 円玉 1 枚を同時に投げる．標本空間を Ω，表が出る硬貨の枚数を X とすると，X は Ω 上の確率変数であり，X のとり得る値の集合は $\{0, 1, 2, 3\}$ である．また，

$$\begin{aligned} E_0 &= \{\omega \in \Omega \,|\, X(\omega) = 0\} = \{\text{裏裏裏}\}, \\ E_1 &= \{\omega \in \Omega \,|\, X(\omega) = 1\} = \{\text{裏裏表，裏表裏，表裏裏}\}, \\ E_2 &= \{\omega \in \Omega \,|\, X(\omega) = 2\} = \{\text{裏表表，表裏表，表表裏}\}, \\ E_3 &= \{\omega \in \Omega \,|\, X(\omega) = 3\} = \{\text{表表表}\} \end{aligned}$$

であるから，確率関数を $p(x)$ とすると

$$p(0) = P(E_0) = \frac{1}{8}, \quad p(1) = P(E_1) = \frac{3}{8}, \quad p(2) = P(E_2) = \frac{3}{8}, \quad p(3) = P(E_3) = \frac{1}{8}$$

---

[1] 事象が空集合の場合の確率については，第 3.2 節を参照のこと．

を得る．明らかに，$p(0)+p(1)+p(2)+p(3)=1$ が成り立っている．□

【例】 大きいサイコロと小さいサイコロを同時に投げる．大きいサイコロの目が 3，小さいサイコロの目が 5 であるとき，試行の結果を「35」と書くことにする．標本空間を Ω，出た目の和を X とすると，確率変数 X のとり得る値の集合は $\{2,3,4,5,6,7,8,9,10,11,12\}$ である．また，

$$
\begin{aligned}
E_2 &= \{\omega\in\Omega \mid X(\omega)=2\} &&= \{11\},\\
E_3 &= \{\omega\in\Omega \mid X(\omega)=3\} &&= \{12,21\},\\
E_4 &= \{\omega\in\Omega \mid X(\omega)=4\} &&= \{13,22,31\},\\
E_5 &= \{\omega\in\Omega \mid X(\omega)=5\} &&= \{14,23,32,41\},\\
E_6 &= \{\omega\in\Omega \mid X(\omega)=6\} &&= \{15,24,33,42,51\},\\
E_7 &= \{\omega\in\Omega \mid X(\omega)=7\} &&= \{16,25,34,43,52,61\},\\
E_8 &= \{\omega\in\Omega \mid X(\omega)=8\} &&= \{26,35,44,53,62\},\\
E_9 &= \{\omega\in\Omega \mid X(\omega)=9\} &&= \{36,45,54,63\},\\
E_{10} &= \{\omega\in\Omega \mid X(\omega)=10\} &&= \{46,55,64\},\\
E_{11} &= \{\omega\in\Omega \mid X(\omega)=11\} &&= \{56,65\},\\
E_{12} &= \{\omega\in\Omega \mid X(\omega)=12\} &&= \{66\}
\end{aligned}
$$

であるから，確率関数を $p(x)$ とすると

$$
\begin{aligned}
&p(2)=P(E_2)=\frac{1}{36}, && p(3)=P(E_3)=\frac{2}{36}=\frac{1}{18}, && p(4)=P(E_4)=\frac{3}{36}=\frac{1}{12},\\
&p(5)=P(E_5)=\frac{4}{36}=\frac{1}{9}, && p(6)=P(E_6)=\frac{5}{36}, && p(7)=P(E_7)=\frac{6}{36}=\frac{1}{6},\\
&p(8)=P(E_8)=\frac{5}{36}, && p(9)=P(E_9)=\frac{4}{36}=\frac{1}{9}, && p(10)=P(E_{10})=\frac{3}{36}=\frac{1}{12},\\
&p(11)=P(E_{11})=\frac{2}{36}=\frac{1}{18}, && p(12)=P(E_{12})=\frac{1}{36}
\end{aligned}
$$

を得る．また，$p(2)+p(3)+\cdots+p(12)=1$ も成り立っている．□

確率関数は，離散型確率変数がある実数値をとる確率を表す関数である．連続型確率変数については，その値が実数のある区間に含まれる確率を定義することができる．

【定義】 標本空間 Ω 上の確率変数 X の値がある実数 x 以下になるような根源事象の集合

$$E(x)=\{\omega\in\Omega \mid X(\omega)\leqq x\}$$

に対して，式

$$F(x)=P\Bigl(E(x)\Bigr)$$

で定義される関数 $F(x)$ を，確率変数 X の**分布関数** (distribution function) という．□

分布関数は，0 以上 1 以下の値をとる単調非減少関数である．

【性質】 分布関数 F は，一般につぎの性質を満たす[2]．

$$\lim_{x\to-\infty}F(x)=0, \quad \lim_{x\to\infty}F(x)=1, \quad x\leqq y \;\Rightarrow\; F(x)\leqq F(y)$$

---

2) $\lim_{x\to\infty}F(x)$ は，x を無限に大きくしても $F(x)$ の値がある有限な値に近づくときに，その値を表す記号である．

【証明】最初の 2 式は，$E(x)=\{\omega\in\Omega\,|\,X(\omega)\leqq x\}$ に対して

$$\lim_{x\to-\infty}E(x)=\emptyset,\quad \lim_{x\to\infty}E(x)=\Omega$$

であることから得られる．また，$x\leqq y$ を満たす実数 x,y に対して

$$E=\{\omega\in\Omega\,|\,x<X(\omega)\leqq y\}$$

とおくと $E\subseteqq\Omega$ であり，

$$E(x)\cup E=E(y),\quad E(x)\cap E=\emptyset$$

であることに注意すると，確率の公理の (1) と (3) より

$$0\leqq P(E)\leqq 1,\quad F(x)+P(E)=F(y)$$

である．よって，最後の 1 式も成り立つ．□

X が離散型確率変数であるとき，その分布関数 $F(x)$ は階段関数になる．

【性質】 離散型確率変数 X に対する確率関数 $p(x)$ と分布関数 $F(x)$ に対して

$$F(x)=F(x-0)+p(x)$$

が成り立つ．ただし，$F(x-0)$ は $X=x$ のすぐ左側における分布関数 F の値を表す．

【証明】離散型確率変数 X のとり得る値を，小さいものから順に $x_1<x_2<\cdots$ とする．これらの各値に対して，根源事象の集合を式

$$E_i=\{\omega\in\Omega\,|\,X(\omega)=x_i\}\quad(i=1,2,\dots)$$

で定義するとともに，実数 x に対して集合 $E(x)$ を式

$$E(x)=\{\omega\in\Omega\,|\,X(\omega)\leqq x\}$$

により定義する．そのとき，任意の n に対して

$$E(x)=\begin{cases}E_1\cup E_2\cup\cdots\cup E_{n-1} & (x_{n-1}\leqq x<x_n)\\ E_1\cup E_2\cup\cdots\cup E_{n-1}\cup E_n & (x_n\leqq x<x_{n+1})\end{cases}$$

であるから，

$$F(x)=\begin{cases}p(x_1)+p(x_2)+\cdots+p(x_{n-1}) & (x_{n-1}\leqq x<x_n)\\ p(x_1)+p(x_2)+\cdots+p(x_{n-1})+p(x_n) & (x_n\leqq x<x_{n+1})\end{cases}$$

を得る．よって $x=x_n$ ならば，

$$\begin{aligned}F(x-0)+p(x)&=\{p(x_1)+p(x_2)+\cdots+p(x_{n-1})\}+p(x_n)\\&=p(x_1)+p(x_2)+\cdots+p(x_n)=F(x)\end{aligned}$$

が成り立つ．一方，$x_{n-1}<x<x_n$ ならば

$$F(x)=F(x-0)=p(x_1)+p(x_2)+\cdots+p(x_{n-1})$$

であり，$x\notin\{x_1,x_2,\dots\}$ に注意すると，確率関数の性質より，

$$p(x)=0\quad(x_{n-1}<x<x_n)$$

であるから，やはり

$$F(x) = F(x-0) + p(x)$$

が成り立つ．□

【例】 10 円玉 1 枚，50 円玉 1 枚，100 円玉 1 枚を同時に投げる．既に求めたように，表が出る硬貨の枚数 X の確率関数は

$$p(0) = \frac{1}{8}, \quad p(1) = \frac{3}{8}, \quad p(2) = \frac{3}{8}, \quad p(3) = \frac{1}{8}; \quad p(x) = 0 \ \ (x \notin \{0,1,2,3\})$$

である．よって，分布関数はつぎのようになる．

$$F(x) = \begin{cases} 0 & (x < 0), \\ \dfrac{1}{8} & (0 \leqq x < 1), \\ \dfrac{1}{2} & (1 \leqq x < 2), \\ \dfrac{7}{8} & (2 \leqq x < 3), \\ 1 & (3 \leqq x) \end{cases} \qquad \square$$

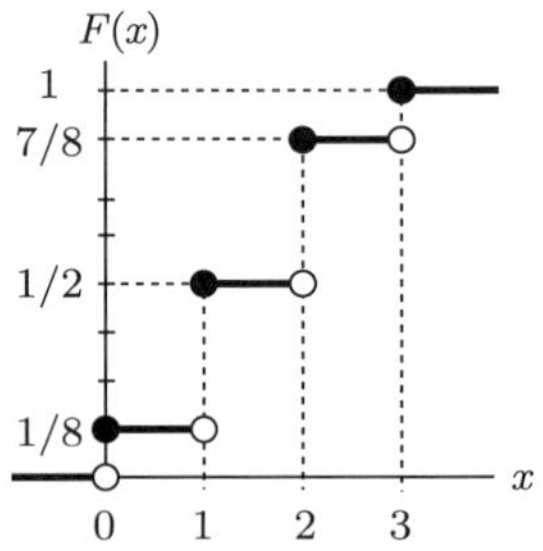

分布関数を用いると，確率変数の値がある区間に含まれる確率を求めることができる．

【性質】 確率変数 X の分布関数が $F(x)$ であるとき，X の値が a より大きく b 以下になる確率は $F(b) - F(a)$ である．

【証明】 事象 E_1, E_2, E_3 を式

$$\begin{aligned} E_1 &= \{\omega \in \Omega \mid X(\omega) \leqq a\}, \\ E_2 &= \{\omega \in \Omega \mid a < X(\omega) \leqq b\}, \\ E_3 &= \{\omega \in \Omega \mid X(\omega) \leqq b\} \end{aligned}$$

で定義すると $E_1 \cap E_2 = \emptyset$, $E_1 \cup E_2 = E_3$ であるから，確率の公理の (3) より

$$P(E_1) + P(E_2) = P(E_3)$$

を得る．よって，次式が成り立つ．

$$P(E_2) = P(E_3) - P(E_1) = F(b) - F(a) \quad \square$$

6.2 特性値

確率変数の分布の特徴を，実数値を用いて定量的に表現することを考える．

【定義】 離散型確率変数 X のとり得る値の集合を $\{x_1, x_2, \ldots\}$ とし，対応する確率関数を $p(x)$ とする．次式で定義される $E(X)$ が有限値であるとき，$E(X)$ を X の**期待値** (expectation) という．

$$E(X) = x_1\, p(x_1) + x_2\, p(x_2) + \cdots$$

確率変数 X のとり得る値が無限個存在して，$x_1\, p(x_1) + x_2\, p(x_2) + \cdots$ の値が正または負の無限大に発散する場合は，「確率変数 X の期待値は存在しない」という．□

確率変数 X のとり得る値は，期待値 $E(X)$ の周辺に散らばっていると考えられる．個々の値 $x_1, x_2, \ldots$ が期待値 $E(X)$ からどれくらいずれているかは，つぎのようにして評価できる．

【定義】 離散型確率変数 X のとり得る値の集合を $\{x_1, x_2, \ldots\}$ とし，対応する確率関数を $p(x)$ とする．確率変数 X が期待値 $E(X)$ をもつとき，次式で定義される値 $V(X)$ を X の**分散** (variance) という．

$$V(X) = \Big\{x_1 - E(X)\Big\}^2 p(x_1) + \Big\{x_2 - E(X)\Big\}^2 p(x_2) + \cdots \quad \square$$

分散 $V(X)$ は，確率変数 X の実現値と期待値 $E(X)$ の差の 2 乗の期待値であるから，X の個々の値が $E(X)$ から正の方向にずれていても負の方向にずれていても全く同様に評価される．

【性質】 確率変数 X の分散 $V(X)$ は，次式のように X の 2 乗の期待値からも計算できる．

$$V(X) = x_1^2\, p(x_1) + x_2^2\, p(x_2) + \cdots - E(X)^2 = E(X^2) - E(X)^2$$

【証明】 $V(X)$ の定義式を以下のように変形すれば，この性質が成り立つことがわかる．

$$\begin{aligned}
V(X) &= \Big\{x_1 - E(X)\Big\}^2 p(x_1) + \Big\{x_2 - E(X)\Big\}^2 p(x_2) + \cdots \\
&= \Big\{x_1^2 - 2x_1 E(X) + E(X)^2\Big\} p(x_1) + \Big\{x_2^2 - 2x_2 E(X) + E(X)^2\Big\} p(x_2) + \cdots \\
&= \Big\{x_1^2\, p(x_1) + x_2^2\, p(x_2) + \cdots\Big\} - 2\Big\{x_1\, p(x_1) + x_2\, p(x_2) + \cdots\Big\} E(X) \\
&\qquad\qquad + \Big\{p(x_1) + p(x_2) + \cdots\Big\} E(X)^2 \\
&= E(X^2) - 2E(X)^2 + E(X)^2 \\
&= E(X^2) - E(X)^2 \quad \square
\end{aligned}$$

【例】 1 等賞金 10000 円 1 本，2 等賞金 1000 円 10 本，3 等賞金 100 円 89 本で，空くじなしという宝くじを 1 本ひくとき，賞金の期待値と分散はいくらか．

この宝くじを 1 本ひいたときに受け取る賞金の金額を X 円とすると，X は確率変数であり，とり得る値の集合は $\{10000, 1000, 100\}$ である．対応する確率関数を $p(x)$ とすると，宝くじの本数は全部で $1 + 10 + 89 = 100$ 本だから，

$$p(10000) = \frac{1}{100}, \quad p(1000) = \frac{1}{10}, \quad p(100) = \frac{89}{100}; \quad p(x) = 0 \quad (x \notin \{10000, 1000, 100\})$$

を得る．よって，X の期待値は

$$E(X) = 10000 \times \frac{1}{100} + 1000 \times \frac{1}{10} + 100 \times \frac{89}{100} = 289 \text{ 円}$$

である．また，分散を式 $V(X) = \Big\{x_1 - E(X)\Big\}^2 p(x_1) + \Big\{x_2 - E(X)\Big\}^2 p(x_2) + \cdots$ で計算すると

$$\begin{aligned}
V(X) &= (10000 - 289)^2 \times \frac{1}{100} + (1000 - 289)^2 \times \frac{1}{10} + (100 - 289)^2 \times \frac{89}{100} \\
&= 943035.21 + 50552.1 + 31791.69 = 1025379
\end{aligned}$$

を得る．一方，分散を式 $V(X) = x_1^2\, p(x_1) + x_2^2\, p(x_2) + \cdots - E(X)^2$ で計算すると

$$V(X) = 10000^2 \times \frac{1}{100} + 1000^2 \times \frac{1}{10} + 100^2 \times \frac{89}{100} - 289^2 = 1108900 - 83521 = 1025379$$

であり，両者の結果は一致する．なお，期待値は確率変数の実現値と同じ単位（この例では円）であるが，分散は確率変数と期待値の差を 2 乗しているので，単位をつけてはならない．□

この宝くじの賞金総額は

$$10000 \times 1 + 1000 \times 10 + 100 \times 89 = 28900 \text{ 円}$$

である．宝くじの本数は全部で 100 本だから，1 本あたり $28900 \div 100 = 289$ 円であり，賞金の期待値と一致する．この宝くじを 1 本ひいても 289 円の賞金しか期待できないので，宝くじ 1 本の値段が 289 円より高ければ，一攫千金を狙えるとはいうものの，数学的には損をすることになる．

【例】 つぎのような 2 種類の宝くじがある．あなたならどちらを好むか．根拠をあげて答えなさい．

$$\text{宝くじ}1: \begin{cases} 1\text{等賞金} & 1200\text{円} & 5\text{本}, \\ 2\text{等賞金} & 1000\text{円} & 90\text{本}, \\ 3\text{等賞金} & 800\text{円} & 5\text{本}, \end{cases} \qquad \text{宝くじ}2: \begin{cases} 1\text{等賞金} & 10000\text{円} & 5\text{本}, \\ 2\text{等賞金} & 1000\text{円} & 50\text{本}, \\ \text{はずれ} & & 45\text{本} \end{cases}$$

宝くじ 1 を 1 本ひいたときの賞金を X_1, 宝くじ 2 を 1 本ひいたときの賞金を X_2 とすると，X_1, X_2 はいずれも確率変数である．それぞれの期待値は，

$$\begin{aligned} E(X_1) &= 1200 \times \frac{5}{100} + 1000 \times \frac{90}{100} + 800 \times \frac{5}{100} = 1000 \text{ 円}, \\ E(X_2) &= 10000 \times \frac{5}{100} + 1000 \times \frac{50}{100} = 1000 \text{ 円} \end{aligned}$$

であり，どちらのくじも同じである．一方，分散は

$$\begin{aligned} V(X_1) &= 1200^2 \times \frac{5}{100} + 1000^2 \times \frac{90}{100} + 800^2 \times \frac{5}{100} - 1000^2 = 4000, \\ V(X_2) &= 10000^2 \times \frac{5}{100} + 1000^2 \times \frac{50}{100} - 1000^2 = 4500000 \end{aligned}$$

であり，宝くじ 2 の方がはるかに大きい．これは，宝くじ 2 の方が賞金のばらつきが大きい，すなわち，期待値より賞金が多くなる場合や，期待値より賞金が少なくなる場合がしばしばあることを意味している．したがって，確実に賞金が欲しいなら宝くじ 1 を，損失覚悟で一発勝負にかけたいなら宝くじ 2 を選べばよい．□

【例】 1 枚の硬貨を裏が出るまで投げ続けるゲームがある．表が 1 度も出なかった場合は賞金なし，表が 1 回で終わった場合の賞金は 2000 円だが，表が 2 回連続すると 1000 円 $\times 2^2 = 4000$ 円，表が 3 回連続すると 1000 円 $\times 2^3 = 8000$ 円，表が 4 回連続すると 1000 円 $\times 2^4 = 16000$ 円，… の賞金をもらえるという．このゲームを 1 回行うときの賞金の期待値はいくらか．

このゲームを 1 回行うときの賞金額を X とすると，X は確率変数である．連続して n 回表が出たあと $n+1$ 回目に裏が出てゲームが終わる確率を q_n とすると

$$q_n = \left(\frac{1}{2}\right)^n \times \frac{1}{2} = \frac{1}{2^{n+1}} \quad (n = 0, 1, 2, \dots)$$

である．表が n 回連続した場合の賞金額は 1000×2^n 円だから，式

$$\begin{aligned} E(X) &= 0 \times \frac{1}{2} + 1000 \times \frac{2}{2^2} + 1000 \times \frac{2^2}{2^3} + \cdots + 1000 \times \frac{2^n}{2^{n+1}} + \cdots \\ &= 1000 \times \left(\frac{1}{2} + \frac{1}{2} + \cdots + \frac{1}{2} + \cdots\right) = +\infty \end{aligned}$$

より X の期待値は存在しない．

なお，この結果は，期待値が無限大ということを意味していない．実際，もし期待値が無限大ならば，このゲームの参加費が 1 億円であっても参加する価値があることになるが，確率 50 % で賞金 0，確率 93.75 % で賞金が 1 万円未満になることを考えれば，1 億円払う価値がないことは明らかである．□

演習問題

1. 1 個のサイコロを投げて奇数の目が出れば 100 円，偶数の目が出れば 50 円の賞金をもらえるとき，賞金の期待値と分散はいくらか．

2. 1 組 52 枚のトランプから無作為に 1 枚ひくとき，札に書かれた値の期待値と分散はいくらか．

3. 1 から 5 までの数字の書かれたカードが 1 枚ずつある．無作為に 3 枚取り出したとき，カードに書かれた数字の最小値の期待値と分散はいくらか．

4. ある町の夏祭りでは，子供たちにアイスキャンデーを 1 本ずつ配っている．このアイスキャンデーには，4 本に 1 本の割合で柄に「あたり」と印刷されており，「あたり」が出ればアイスキャンデーをもう 1 本もらえることになっている．おまけでもらったアイスキャンデーも「あたり」であれば，さらにもう 1 本もらえるが，1 人の子供がもらえるアイスキャンデーは合計 3 本までと決められている．そのとき，もらえるアイスキャンデーの本数の期待値と分散はいくらか．

5. 的に命中するまで矢を放ち続けるゲームを行う．矢は 4 本まで使うことができ，1 本目で命中すれば 8 点，2 本目で命中すれば 4 点，3 本目で命中すれば 2 点，4 本目で命中すれば 1 点もらえる．矢を 1 本放って的に命中する確率が 1/4 のとき，もらえる点数の期待値と分散はいくらか．

6. 赤球 4 個，白球 6 個がはいった袋から，無作為に球を 3 個取り出す．取り出される白球の数の期待値と分散はいくらか．

7. 2 個のサイコロを同時に投げるとき，出る目の差の期待値と分散はいくらか．

8. 50 円玉 1 枚と 10 円玉 4 枚を同時に投げる．表が出る硬貨の合計金額を X とするとき，X の期待値と分散を求めなさい．

9. 赤球 4 個，白球 6 個がはいった袋から，白球が出るまで球を 1 個ずつ無作為に取り出す．取り出した球を元に戻さないとき，取り出す球の数の期待値と分散はいくらか．

10. シャーレにある微生物が 1 匹いる．この微生物は雨が降った日の翌日には数が 2 倍に増えるが，雨が降らないと数は変わらないという．雨の降る確率が常に 1/3 であるとき，3 日後における微生物の数の期待値と分散はいくらか．

11. Y さんは同じような形の鍵を 5 個もっているが，どれが机のひきだしの鍵かわからなくなった．無作為に 1 個のカギを選んであうかどうかを確かめる試行をひきだしが開くまで繰り返すとき，試行回数の期待値と分散はいくらか．ただし，あわなかった鍵は取り除いていくものとする．

12. 前問において，あわなかった鍵を取り除かず，毎回 5 個の鍵から無作為に 1 個の鍵を選んであうかどうかを確かめるとき，試行回数の期待値と分散はいくらになるか．

第7章　反復試行の確率

工場の生産ラインにおいて，不良品発生率は重要な品質管理指標の 1 つである．しかしながら不良品発生率が 1 % というとき，1000 個製品を生産するたびに必ず 10 個の不良品が発生するわけではない．実際，不良品が 5 個以下になる確率も 6.6 % 程度ある反面，15 個以上の不良品が発生する確率も 8.2 % 程度ある．この章では，ある製品が不良品であるかないかのように，結果が 2 通りしかない確率的試行を繰り返し実行したときに，注目する結果が起きる回数の従う分布について考える．

7.1　ベルヌイ試行

硬貨を投げて表が出たか裏が出たかを記録する場合のように，以前の試行結果がつぎの試行結果に影響を及ぼさず，その事がらの起きる確率が試行全体を通じて一定であるような試行を反復することを考える．

【定義】 ある事がらが起きるか起きないかの 2 通りの結果しかないような試行を n 回反復することを，長さ n の**ベルヌイ試行** (Bernoulli trial) という[1)]．□

長さ n のベルヌイ試行において，注目する事がらが起きた回数を X とおくと，X は離散型確率変数である．以下では，X の従う分布とその特性値を考える．

【例】 サイコロを 3 回投げ，3 の倍数の目が出た回数を X とすると，X は離散型確率変数であり，とり得る値の集合は $\{0, 1, 2, 3\}$ である．$X = 0$ になるのは 3 回とも $1, 2, 4, 5$ の目が出る場合だから，

$$p(0) = \left(1 - \frac{2}{6}\right)^3 = \frac{8}{27}$$

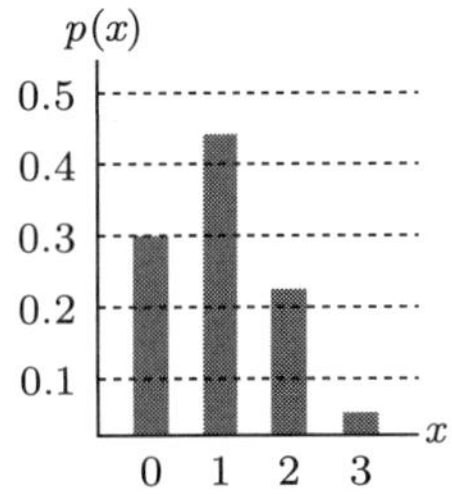

である．また，$X = 1$ になるのは，3 回のうちのいずれか 1 回に 3 か 6 の目が出て，残り 2 回は $1, 2, 4, 5$ の目が出る場合だから，

$$p(1) = 3 \times \frac{2}{6} \times \left(1 - \frac{2}{6}\right)^2 = \frac{4}{9}$$

である．さらに，$X = 2$ になるのは 3 回のうちのいずれか 2 回に 3 か 6 の目が出て，残り 1 回は $1, 2, 4, 5$ の目が出る場合だから，

$$p(2) = 3 \times \left(\frac{2}{6}\right)^2 \times \left(1 - \frac{2}{6}\right) = \frac{2}{9}$$

である．最後に，$X = 3$ になるのは 3 回とも 3 または 6 の目が出る場合だから，

$$p(3) = \left(\frac{2}{6}\right)^3 = \frac{1}{27}$$

である．よって，確率関数 $p(x)$ のグラフは，右上図のようになる．□

1) スイスの数学者 Jacob Bernoulli (1654–1705) の確率論に関する業績から，こう名づけられている．

【性質】長さ n のベルヌイ試行において，確率 p で発生する事がらが起きる回数を確率変数 X で表すとき，この事がらが x 回起きる確率，すなわち，X の確率関数は

$$B_{n,p}(x) = {}_nC_x\, p^x (1-p)^{n-x} \quad (x = 0, 1, 2, \ldots, n-1, n)$$

である．確率関数が $B_{n,p}(x)$ である確率分布を，**二項分布** (binomial distribution) という．

【証明】注目する事がらが起きたことを ∘，起きなかったことを × で表す．長さ n のベルヌイ試行の標本空間において，注目する事がらが x 回起きる事象を $E(x)$ とするとき，$E(x)$ は ∘ を x 個，× を $n-x$ 個並べてできる n 個の記号列の集合である．$E(x)$ の要素数は，n 回の試行の中から注目する事がらが起きた x 回の試行を選ぶ組合せの数 ${}_nC_x$ である．各試行は独立であるから，事象 $E(x)$ を構成する各根源事象が起きる確率はいずれも $p^x(1-p)^{n-x}$ である．よって，$B_{n,p}(x) = {}_nC_x\, p^x(1-p)^{n-x}$ を得る．□

【例】産まれてくる子供の男女比が 1 : 1 のとき，子供を 4 人産んで男の子が 3 人になる確率はいくらか．

男の子の数を X とするとき，確率変数 X は $n = 4$, $p = 1/2$ の二項分布 $B_{4,1/2}(x)$ に従う．よって，男の子が 3 人になる確率は，

$$B_{4,\frac{1}{2}}(3) = {}_4C_3 \left(\frac{1}{2}\right)^3 \left(1 - \frac{1}{2}\right)^{4-3} = \frac{1}{4}$$

である．□

【性質】$B_{n,p}(x)$ は確率関数だから，次式が成り立つ．

$$B_{n,p}(0) + B_{n,p}(1) + B_{n,p}(2) + \cdots + B_{n,p}(n-1) + B_{n,p}(n) = 1$$

【証明】本書の範囲を越えるので，興味ある読者は巻末の付録 A を参照されたい．□

【性質】$p < 0.5$ のとき，確率関数 $B_{n,p}(x)$ のグラフはピークが左に偏り，右にすそが長くなる．
$p = 0.5$ のとき，確率関数 $B_{n,p}(x)$ のグラフは左右対称の釣り鐘型になる．
$p > 0.5$ のとき，確率関数 $B_{n,p}(x)$ のグラフはピークが右に偏り，左にすそが長くなる．

【説明】つぎのページに，長さ $n = 10$ のベルヌイ試行において，注目する事がらの発生確率 p を 0.1 から 0.9 まで 0.1 ずつ変化させたとき，二項分布の確率関数 $B_{n,p}(x)$ のグラフがどのように変化するかを図示している．この図を見ると，性質の主張は正しいことが理解できるであろう．□

7.2 二項分布の特性値

注目する事がらの生起確率が p である試行を n 回繰り返すとき，その事がらの発生回数の期待値が np であることは容易に推察される．実際，つぎの性質が成り立つ．

【性質】長さ n のベルヌイ試行において，確率 p で発生する事がらが起きる回数を確率変数 X で表すとき，X の期待値 $E(X)$ と分散 $V(X)$ は次式で与えられる．

$$E(X) = np, \quad V(X) = np(1-p)$$

【証明】巻末の付録 A に示すように，

$$E(X) = np, \quad E(X^2) = np\{(n-1)p + 1\}$$

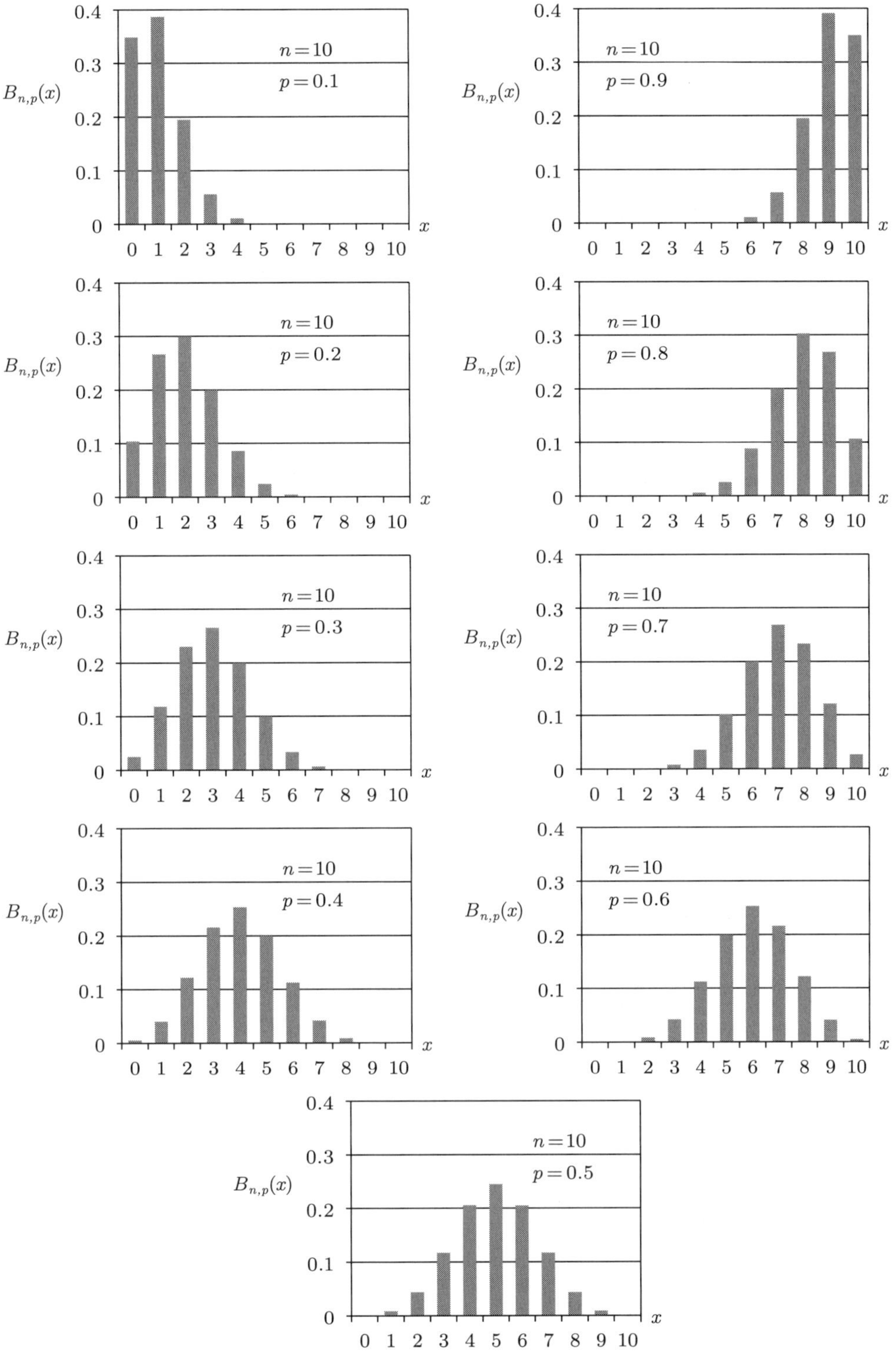

注目する事がらが起きる確率 p と，二項分布に従う確率変数 X の確率関数 $B_{n,p}(x)$ の関係

が成り立つ．よって，分散 $V(X)$ は次式で計算される．

$$V(X) = E(X^2) - E(X)^2 = np\{(n-1)p+1\} - (np)^2 = np(1-p) \quad \square$$

二項分布の確率変数 X の分散 $V(X) = np(1-p)$ を p の関数とみると，

$$V(X) = -np^2 + np = -n\left(p - \frac{1}{2}\right)^2 + \frac{n}{4}$$

より，$p = 1/2$ で最大値 $n/4$ をとる．したがって，$p = 1/2$ のときに分散は最大になり，p が 0 または 1 に近づくほど分散は小さくなる．実際，前のページの図からもわかるように，$B_{n,p}(x)$ のグラフは $p = 0.5$ のとき最もなだらかになり，p が 0 または 1 に近づくほど鋭いピークをもつようになる．

【例】 3 個のサイコロを同時に投げるとき，3 の倍数の目が出る個数の期待値と分散はいくらか．

1 個のサイコロを投げるときに 3 の倍数の目が出る確率は，$2/6 = 1/3$ である．また，3 個のサイコロを同時に投げるとき，3 の倍数の目が出る個数を X とすると X は確率変数であり，とり得る値の集合は $\{0, 1, 2, 3\}$ である．まず，$X = 0$ になる確率は

$$B_{3,\frac{1}{3}}(0) = {}_3C_0 \left(\frac{1}{3}\right)^0 \left(1 - \frac{1}{3}\right)^3 = \frac{8}{27}$$

である．つぎに，$X = 1$ になる確率は

$$B_{3,\frac{1}{3}}(1) = {}_3C_1 \left(\frac{1}{3}\right)^1 \left(1 - \frac{1}{3}\right)^2 = \frac{4}{9}$$

である．同様に，$X = 2$ になる確率は

$$B_{3,\frac{1}{3}}(2) = {}_3C_2 \left(\frac{1}{3}\right)^2 \left(1 - \frac{1}{3}\right)^1 = \frac{2}{9}$$

である．最後に，$X = 3$ になる確率は

$$B_{3,\frac{1}{3}}(3) = {}_3C_3 \left(\frac{1}{3}\right)^3 \left(1 - \frac{1}{3}\right)^0 = \frac{1}{27}$$

である．よって，X の期待値 $E(X)$ と分散 $V(X)$ は，つぎのように計算できる．

$$\begin{aligned} E(X) &= 0 \times \frac{8}{27} + 1 \times \frac{4}{9} + 2 \times \frac{2}{9} + 3 \times \frac{1}{27} = 1 \text{ 回}, \\ E(X^2) &= 0^2 \times \frac{8}{27} + 1^2 \times \frac{4}{9} + 2^2 \times \frac{2}{9} + 3^2 \times \frac{1}{27} = \frac{5}{3}, \\ V(X) &= E(X^2) - E(X)^2 = \frac{5}{3} - 1^2 = \frac{2}{3} \end{aligned}$$

なお，二項分布の特性値に関する公式を用いると，

$$E(X) = 3 \times \frac{1}{3} = 1, \quad V(X) = 3 \times \frac{1}{3} \times \left(1 - \frac{1}{3}\right) = \frac{2}{3}$$

のように簡単に求められる．□

【例】 3 個のサイコロを同時に投げ，3 の倍数の目が 1 個出たら 100 円，2 個出たら 200 円，3 個出たら 1200 円の賞金がもらえるゲームがある．このゲームの賞金の期待値と分散はいくらか．

賞金を X 円とすると，X は離散型確率変数であり，とり得る値の集合は $\{0, 100, 200, 1200\}$ である．確率変数 X に対応する確率関数は，上の例と同じく $B_{3,1/3}(x)$ であるから，X の期待値 $E(X)$ と分散 $V(X)$ は，つぎのように計算できる．

$$
\begin{aligned}
E(X) &= 100 \times \frac{4}{9} + 200 \times \frac{2}{9} + 1200 \times \frac{1}{27} = \frac{400}{3} \text{ 円}, \\
E(X^2) &= 100^2 \times \frac{4}{9} + 200^2 \times \frac{2}{9} + 1200^2 \times \frac{1}{27} = \frac{200000}{3}, \\
V(X) &= E(X^2) - E(X)^2 = \frac{200000}{3} - \left(\frac{400}{3}\right)^2 = \frac{440000}{9}
\end{aligned}
$$

なお，この例では，確率変数 X が注目する事がらの起きる回数ではないので，二項分布の特性値に関する公式を使うことはできない．□

演習問題

1. 人口 36 万人の T 市は，男女の比率がちょうど 1 : 1 であるという．T 市の住民基本台帳から無作為に 4 人を選ぶとき，男女が 2 人ずつ選ばれる確率はいくらか．

2. 2 人でジャンケンを 8 回して 5 勝する確率はいくらか．ただし，「あいこ」になった場合も 1 回と数える．

3. ある製品は，製造した製品の 5 % が不良品であるという．この製品を無作為に 6 個抽出したとき，不良品が 1 個だけ含まれている確率はいくらか．

4. カゼが流行していて，世の中では 4 人に 1 人がカゼをひいているという．4 人家族の Y さん一家で 2 人以上がカゼをひいている確率はいくらか．

5. ある国では，血液型が A 型の人は全国民の 35 %，B 型の人は 25 %，O 型の人は 30 %，AB 型の人は全国民の 10 % であるという．この国の国民から無作為に 5 人を抽出したとき，O 型の人が 3 人以上含まれている確率はいくらか．

6. 最近の不景気で，ある会社の株価は 60 % の確率で前日よりも 100 円値下がりするが，人気者社長のおかげで前日より 100 円値上がりする日も 40 % あるという．そのとき，5 日後に株価が 100 円値下がりしている確率はいくらか．

7. ある大学では，毎年 3 月に行われる進級試験に合格しないと，4 月に上の学年にあがれない．また，進級試験に 2 回不合格になると退学させられる．2014 年 4 月に入学した 256 人の学生のうち，2017 年 3 月の進級試験に不合格となって退学処分になる学生は何人いると予想されるか．ただし，進級試験の合格率は 75 % であり，進級試験に 2 回不合格になる以外の理由で退学する学生はいないものとする．

8. サイコロを投げて 3 の倍数の目が出たら前へ 3 歩進み，それ以外の目が出たら後ろへ 2 歩下がることにする．サイコロを 5 回投げたときに，スタート地点より前へ進んでいる確率はいくらか．

9. 表が 3 回出るまで硬貨を投げ続ける．何回投げなければならない確率が最も大きいか．

10. A さんと B さんが繰り返し試合を行い，先に 3 勝した方を優勝とするとき，試合数の期待値と分散はいくらか．ただし，1 試合を行ったときに A さんが B さんに勝つ確率は 2/3 であるとする．

11. サイコロを 6 回投げるとき，1 の目が何回出る確率が最も大きいか．

12. かけ金が倍になって戻る確率と，かけ金が全部没収される確率がともに 1/2 のかけがある．以下の各場合について，かけ終了後の手持ち金の期待値と分散を求めなさい．

    (a) 手持ち金 1000 円を 1 度に全部かける場合．

    (b) 手持ち金 1000 円を 500 円ずつ 2 回に分けてかける場合．

    (c) 手持ち金 1000 円を 250 円ずつ 4 回に分けてかける場合．

第8章　正規分布

文部科学省の平成 25 年度学校保健統計調査によると，17 歳の日本人男性の身長の平均値は 170.7 cm である．人間の身長は，さまざまな要素の影響を受けて確率的に決まるため，確率変数と考えることができる．したがって，この 170.7 という数値は確率変数である身長の期待値であり，1 人ひとりの身長はこの値を中心にある広がりをもって分布していると考えられる．身長は任意の正の実数をとることができるので，連続型の確率変数である．したがって，ある値をとる確率，すなわち，確率関数を定義することはできないが，ある値以下になる確率，すなわち，分布関数や，ある値からある値までの区間に含まれる確率を計算することができる．身長のように偶然性に左右される連続型の確率変数は，正規分布とよばれる確率分布に従うことが多い．正規分布は，確率論や統計分析で中心的な役割を果たす連続型の確率分布の 1 つである．この章では，正規分布のもつ基本的な性質について考えるとともに，統計分析でよく利用される正規分布から派生するいくつかの分布について学ぶ．

8.1　確率変数の標準化

第 6.2 節において，確率変数の実現値が期待値からどの程度ずれているかを評価する指標として分散を定義した．分散は確率変数の実現値と期待値の差の 2 乗の期待値であるため，単位をつけることができなかった．そこで，確率変数の実現値と同じ単位をつけられる指標を導入する．

【定義】 確率変数 X の分散 $V(X)$ の正の平方根 $\sqrt{V(X)}$ を，X の**標準偏差** (standard deviation) という．□

450 点満点のテストで 320 点をとったといわれても，どの程度よくできたのかを直観的にはとらえにくいので，100 点満点に換算するということがよく行われる．確率変数の値を一次関数を用いて変換するとき，期待値や分散がどのように変化するかを考える．

【性質】 X を確率変数，a, b を定数とするとき，$Y = aX + b$ も確率変数であり，次式が成り立つ．

$$E(Y) = aE(X) + b, \quad V(Y) = a^2 V(X)$$

【証明】 X を離散型確率変数とし，とり得る値の集合を $\{x_1, x_2, \ldots\}$ とする．また，X に対応する確率関数を $p(x)$ とする．そのとき，

$$\begin{aligned} E(Y) &= (ax_1 + b)p(x_1) + (ax_2 + b)p(x_2) + \cdots \\ &= a\Big\{x_1\,p(x_1) + x_2\,p(x_2) + \cdots\Big\} + b\Big\{p(x_1) + p(x_2) + \cdots\Big\} \\ &= aE(X) + b \end{aligned}$$

が成り立つ[1]．また，分散の関係式は，次式より従う．

---

[1] X が連続型確率変数である場合の証明は，巻末の付録 B を参照されたい．

$$
\begin{aligned}
V(Y) &= E(Y^2) - E(Y)^2 \\
&= E(a^2X^2 + 2abX + b^2) - \Big\{aE(X) + b\Big\}^2 \\
&= a^2E(X^2) + 2abE(X) + b^2 - \Big\{a^2E(X)^2 + 2abE(X) + b^2\Big\} \\
&= a^2\Big\{E(X^2) - E(X)^2\Big\} \\
&= a^2V(X) \quad \square
\end{aligned}
$$

【例】 確率変数 X を式 $Y = aX + b$ により変換して，変換後の確率変数 Y の期待値を μ，標準偏差を σ にしたい[2]．定数 a, b の値をいくらにすればよいか．ただし，$a > 0$ とする．

上の性質より，

$$
\mu = aE(X) + b, \quad \sigma^2 = a^2V(X)
$$

であるから，$V(X) \geqq 0, \sigma \geqq 0, a > 0$ より

$$
a = \frac{\sigma}{\sqrt{V(X)}}, \quad b = \mu - \frac{\sigma E(X)}{\sqrt{V(X)}}
$$

とおけばよい．そのとき，新しい確率変数 Y は次式で定義される．

$$
Y = \frac{\sigma\{X - E(X)\}}{\sqrt{V(X)}} + \mu \quad \square
$$

【定義】 確率変数 X を式

$$
Z = \frac{X - E(X)}{\sqrt{V(X)}}
$$

により変換することを**標準化** (normalization) といい，得られた確率変数 Z を**標準得点** (standard score) という．また，式

$$
Y = \frac{10\{X - E(X)\}}{\sqrt{V(X)}} + 50
$$

で定義される確率変数 Y を X の**偏差値** (deviation score) という．□

標準得点 Z の期待値は 0，標準偏差は 1 である．また，偏差値 Y の期待値は 50，標準偏差は 10 である．期待値や標準偏差が異なる複数の確率変数を比較するときは，あらかじめそれぞれの確率変数を標準化しておくとよい[3]．また，身長や試験の点数のように，確率的に決まると考えられる統計データは確率変数とみなせるので，その平均値は対応する確率変数の期待値と考えてよい．

【例】 A さんは，平均 182 点，標準偏差 42 点の模擬試験で 245 点をとった．一方，B さんは，平均 253 点，標準偏差 30 点の別な模擬試験で 286 点をとった．どちらの成績が優れているといえるか．

A さんの偏差値は

$$
\frac{10 \times (245 - 182)}{42} + 50 = 65
$$

---

2) μ は期待値や平均値を表すのによく用いられるギリシャ文字の小文字で「ミュー」と読む．また，σ は標準偏差を表すのによく用いられるギリシャ文字の小文字で「シグマ」と読む．

3) それらが従う分布の種類は同じである必要がある．

であり，B さんの偏差値は

$$\frac{10\times(286-253)}{30}+50=61$$

であるから，A さんの成績の方がよいと考えられる[4)]．□

8.2 正規分布とその性質

最初に，連続型確率変数を特徴づける関数について述べる．

【定義】 連続型確率変数 X の分布関数 $F(x)$ が微分可能であるとき[5)]，その導関数 $F'(x)$ を**確率密度関数** (probability density function) といい，$f(x)$ と書く．□

確率密度関数は，つぎのような性質をもつ．

【性質】 連続型確率変数 X の値が a 以上 b 以下になる確率は，分布関数 F を用いて式 $F(b)-F(a)$ により計算できるが，その値は，右の図に示すように，確率密度関数 $f(x)$ のグラフ，x 軸，$x=a$ の表す直線，$x=b$ の表す直線で囲まれた部分の面積に等しい．また，$f(x)$ のグラフと x 軸ではさまれた部分の総面積は 1 である．これは，標本空間を Ω とするとき，$P(\Omega)=1$ であることに対応している．□

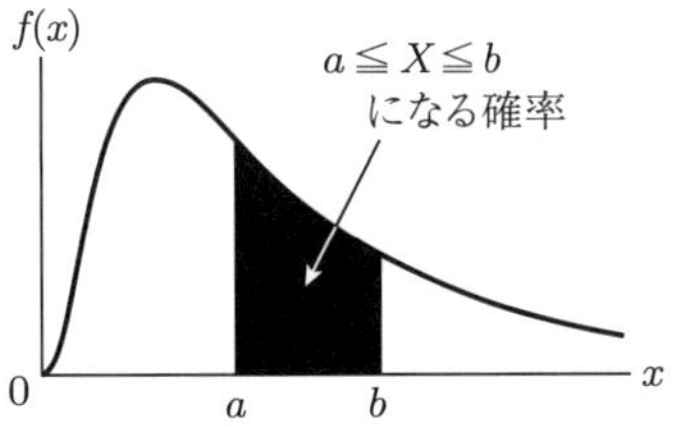

【定義】 連続型確率変数 X の確率密度関数 $f(x)$ が式

$$f(x)=\frac{1}{\sqrt{2\pi\sigma^2}}e^{-\frac{(x-\mu)^2}{2\sigma^2}}$$

で定義されるとき，確率変数 X は平均値が μ，標準偏差が σ の**正規分布** (normal distributioon) に従うという．正規分布の確率密度関数 $f(x)$ のグラフの概形を右図に示す．図からわかるように，正規分布の確率密度関数は，$x=\mu$ を中心とする左右対称の釣鐘型であり，X の実現値の大部分は区間 $[\mu-3\sigma,\mu+3\sigma]$ に含まれる．□

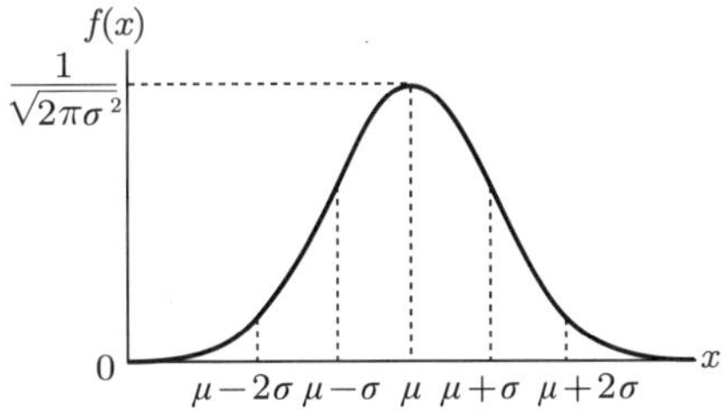

確率変数 X が平均値 μ，標準偏差 σ の正規分布に従うとき，X の値が a 以上 b 以下になる確率を計算で求めることは非常にむずかしい[6)]．しかし，Excel の関数を用いると，つぎのように計算できる．

$$\mathtt{NORMDIST}(b,\mu,\sigma,\mathtt{TRUE})-\mathtt{NORMDIST}(a,\mu,\sigma,\mathtt{TRUE})$$

平均値が μ，標準偏差が σ の正規分布に従う確率変数 X を標準化すると，平均値が 0，標準偏差が 1 の正規分布に従う確率変数が得られる．

---

4) どちらも模擬試験の成績なので，受験者数が十分多ければ，その得点分布はいずれも次節で述べる正規分布に従っていると考えられる．

5) 分布関数の定義とその性質については，第 6.1 節を参照すること．

6) 正規分布の確率密度関数を式で書くことはできるが，分布関数を式で書き下すことはできないためである．

【定義】 平均値が 0，標準偏差が 1 の正規分布を，**標準正規分布** (standard normal distribution) という．標準正規分布の確率密度関数を $f(z)$ とすると，$f(z)$ は式

$$f(z) = \frac{1}{\sqrt{2\pi}} e^{-\frac{z^2}{2}}$$

で定義され[7)]，そのグラフは右の図のようになる．

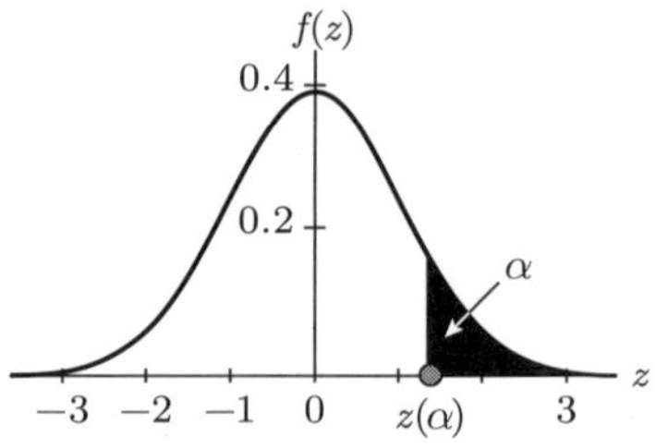

正規分布表（イメージ）

		$z(\alpha)$ の小数第 2 位	
	$\cdots$		$\cdots$
$\vdots$		$\vdots$	
$z(\alpha)$ の小数第 1 位までの値	$\cdots$	α	$\cdots$
$\vdots$		$\vdots$	

図に示すように，標準正規分布に従う確率変数 Z がある値 z 以上になる確率が α 以下であるような z の最小値を $z(\alpha)$ とする．すなわち，0 以上 1 以下の α に対して，$z(\alpha)$ を式

$$z(\alpha) = \min\Big\{ z \;\Big|\; P\Big(\{\omega \in \Omega \,|\, Z(\omega) \geqq z\} \Big) \leqq \alpha \Big\}$$

で定義する[8)]．確率 α に対応する $z(\alpha)$ の値を計算で求めることは困難であるが，付録 D に示す**正規分布表** (normal distribution table) を用いると，近似的にその値を知ることができる．正規分布表は，標準正規分布に従う確率変数がある値以上になる確率の一覧表であり，上の図に示すように，$z(\alpha)$ の小数第 1 位までの値に対応する行と，$z(\alpha)$ の小数第 2 位の値に対応する列の交わったところに，確率 α の値が書かれている．

【例】 標準正規分布に従う確率変数 Z が 1.96 以上になる確率はいくらか．

求める確率は，正規分布表の 1.9 の行と 0.06 の列の交わるところに記載された値 0.02500 である．□

【例】 標準正規分布に従う確率変数は，5 % の確率でいくら以上の値をとる可能性があるか．

正規分布表の中に確率がちょうど 0.05 になる欄は存在しないが，

$$z(0.05050) = 1.64, \quad z(0.04947) = 1.65$$

であることがわかるから，約 5 % の確率で 1.645 以上の値をとると考えられる．□

正規分布表を用いると，標準正規分布の分布関数の値を求めることもできる．

【例】 F を標準正規分布に従う確率変数 Z の分布関数とするとき，$F(1.00)$ および $F(-2.00)$ の値を求めなさい．

分布関数の定義より，$F(1.00)$ は Z が 1.00 以下になる確率である．正規分布表より，Z が 1.00 以上になる確率は 0.15866 だから，

$$F(1.00) = 1 - 0.15866 = 0.84134$$

である．また，$F(-2.00)$ は Z が -2.00 以下になる確率である．標準正規分布の確率密度関数は $z=0$ に関して対称だから，$F(-2.00)$ は Z が 2.00 以上になる確率に等しい．よって，正規分布表より

7) 平均値が μ，標準偏差が σ の正規分布に従う確率変数 X の確率密度関数 $f(x) = e^{-\frac{(x-\mu)^2}{2\sigma^2}}/\sqrt{2\pi\sigma^2}$ に，$\mu = 0, \sigma = 1$ を代入したものである．X を標準化すると $Z = (X-\mu)/\sigma$ になるが，$f(z)$ に $z = (x-\mu)/\sigma$ を代入しても $f(x)$ とは一致しないことに注意すること．

8) Z が連続型確率変数ならば，$0 \leqq \alpha \leqq 1$ に対して 式 $P(\{\omega \in \Omega \,|\, Z(\omega) \geqq z(\alpha)\}) = \alpha$ で $z(\alpha)$ を定義してもよい．

$$F(-2.00) = 0.02275$$

である．□

一般の正規分布に従う確率変数についても，標準化して標準正規分布に変換することにより，ある区間の値をとる確率を求めることができる．

【性質】 X を平均値が μ，標準偏差が σ の正規分布に従う確率変数とする．そのとき，

(1) X が $\mu - \sigma$ 以上 $\mu + \sigma$ 以下の値をとる確率は 0.6827 である．
(2) X が $\mu - 2\sigma$ 以上 $\mu + 2\sigma$ 以下の値をとる確率は 0.9545 である．
(3) X が $\mu - 3\sigma$ 以上 $\mu + 3\sigma$ 以下の値をとる確率は 0.9973 である．

【証明】 X の標準得点を Z とすると，Z は標準正規分布に従う．Z の平均値は 0，標準偏差は 1 だから，(1) は Z が -1 以上 1 以下の値をとる確率に等しい．正規分布表より，Z が 1 以上の値をとる確率は 0.15866 だから，求める確率は

$$1 - 2 \times 0.15866 = 0.68268$$

である．(2) は Z が -2 以上 2 以下の値をとる確率に等しい．正規分布表より，Z が 2 以上の値をとる確率は 0.02275 だから，求める確率は

$$1 - 2 \times 0.02275 = 0.95450$$

である．(3) は Z が -3 以上 3 以下の値をとる確率に等しい．正規分布表より，Z が 3 以上の値をとる確率は 0.00135 だから，求める確率は

$$1 - 2 \times 0.00135 = 0.99730$$

である．□

【例】 10 万人が受験した模擬試験で，B さんは 238 点だった．この模擬試験の得点が平均値 253，標準偏差 30 の正規分布に従っているとき，B さんの成績順位は 10 万人中何番と考えられるか．

B さんの得点を標準化すると

$$\frac{238 - 253}{30} = -0.5$$

である．この模擬試験の標準得点は標準正規分布に従うから，標準得点が -0.5 以下になる確率と 0.5 以上になる確率は等しく，その値は正規分布表より 0.30854 である．受験者は 10 万人だから，標準得点が -0.5 以下の人，すなわち，得点が 238 点以下の人は 30854 人である．よって，B さんは，受験者 10 万人の中で 69146 位と考えられる．□

8.3　正規分布で近似できる分布

第 7.1 節の p. 39 に示した二項分布の確率関数のグラフは，前節に示した正規分布の確率密度関数のグラフとよく似た形状をしている．つぎに示す性質は，**ド・モアブルーラプラスの定理** (De Moivre–Laplace theorem) とよばれ，適当な仮定のもとで二項分布が正規分布で近似できることを示している．

【性質】 X を確率関数が $B_{n,p}(x)$ の二項分布に従う確率変数とする．そのとき，X を標準化することによって得られる確率変数

$$Z = \frac{X - np}{\sqrt{np(1-p)}}$$

は，n を十分大きくすると標準正規分布に従う[9)]．□

なお，標準正規分布の確率密度関数は

$$f(z) = \frac{1}{\sqrt{2\pi}} e^{-\frac{z^2}{2}}$$

であるが，$B_{n,p}(x)$ は確率関数なので，n を大きくしたときに $B_{n,p}(x)$ が $f\left((x-np)/\sqrt{np(1-p)}\right)$ に近づくわけではないことに注意しよう．この性質を用いると，二項分布に従う確率変数の実現値がある範囲に含まれる確率を比較的簡単に計算できる．

【例】 サイコロを 600 回投げるとき，1 の目が出る回数が 100 回以下になる確率はいくらか．

サイコロを 600 回投げたときに 1 の目が出る回数を X とすると，X は 0 以上 600 以下の整数値をとる離散型確率変数であり，確率関数が $B_{600,1/6}(x)$ の二項分布に従う．しかし，1 の目が出る回数が 100 回以下になる確率を，式

$$B_{600,\frac{1}{6}}(0) + B_{600,\frac{1}{6}}(1) + \cdots + B_{600,\frac{1}{6}}(100)$$

により計算することは現実的ではない．

確率変数 X の特性値は，

$$E(X) = 600 \times \frac{1}{6} = 100, \quad V(X) = 600 \times \frac{1}{6} \times \left(1 - \frac{1}{6}\right) = \frac{500}{6}$$

であるから，確率変数 X は式

$$Z = \frac{(X-100)}{\sqrt{500/6}} = \frac{(X-100)\sqrt{30}}{50}$$

により標準化され，得られた確率変数 Z は近似的に標準正規分布に従う．

1 の目が出る回数が 100 回以下という事象の余事象は，1 の目が出る回数が 101 回以上になることである．$X = 101$ のとき

$$Z = \frac{(101-100)\sqrt{30}}{50} \approx 0.11$$

であるが，正規分布表より Z が 0.11 以上になる確率は 0.45620 であるから，求める確率は

$$1 - 0.45620 = 0.54380$$

9) 第 7.2 節で述べたように，確率関数が $B_{n,p}(x)$ の二項分布に従う確率変数 X の期待値は np，分散は $np(1-p)$ である．

である[10]. □

二項分布は，確率 p で値 1 をとり，確率 $1-p$ で値 0 をとるような確率変数を n 個たしあわせて得られる確率変数の従う分布とみなすことができ，ド・モアブル－ラプラスの定理は，n を十分大きくするとそれが正規分布に近づくことを示していた．より一般には，同じ分布に従う確率変数を多数たしあわせると，適当な仮定のもとで正規分布に従う確率変数に近づくことが知られている．

【定義】 離散型確率変数 X のとり得る値の集合を S_x，離散型確率変数 Y のとりうる値の集合を S_y とする．任意の $x_i \in S_x$ と $y_j \in S_y$ に対して，事象 $E_i = \{\omega \mid X(\omega) = x_i\}$ と $E_j = \{\omega \mid Y(\omega) = y_j\}$ が事象の意味で独立であるとき[11]，確率変数 X と Y は**独立** (independent) であるという[12]．□

【性質】 X, Y が確率変数であるとき，$X+Y$ も確率変数であり，一般に

$$E(X+Y) = E(X) + E(Y), \quad V(X+Y) \leqq V(X) + V(Y)$$

が成り立つ．とくに，X と Y が独立な確率変数であるとき

$$E(XY) = E(X)E(Y), \quad V(X+Y) = V(X) + V(Y)$$

である．一方，$Y = -X$ ならば，$V(X+Y) = 0$ である．□

つぎの性質からわかるように，正規分布に従う独立な確率変数の和や差もまた正規分布に従う．この性質は，正規分布の**再生性** (reproducing property) とよばれている[13]．

【性質】 X, Y を正規分布に従う互いに独立な確率変数とするとき，任意の定数 a, b に対して，$aX+bY$ も正規分布に従う確率変数であり，次式が成り立つ．

$$E(aX+bY) = aE(X) + bE(Y), \quad V(aX+bY) = a^2V(X) + b^2V(Y)$$

【証明】 $aX+bY$ が正規分布に従うことは，確率変数の**積率母関数** (moment generating function) を用いると証明できるが[14]，詳細は巻末にあげた文献 [3] などを参照されたい．期待値と分散の結果は，独立な確率変数の和の期待値と分散に関する性質と，第 8.1 節の最初に述べた性質から従う．□

つぎの性質は，第 12 章以降で学ぶ推測統計学において頻繁に利用される重要な性質である．

【性質】 $X_1, X_2, \ldots, X_n$ が平均値 μ，標準偏差 σ の正規分布に従う互いに独立な確率変数であるとき，$X_1 + X_2 + \cdots + X_n$ は平均値 μn，標準偏差 $\sigma\sqrt{n}$ の正規分布に従う．

---

[10] 二項分布に従う離散型確率変数 X を標準正規分布に従う連続型確率変数 Z で近似するとき，確率をより正確に計算するには，**連続修正** (continuous modification) を行うとよい．第 7.1 節の p. 39 では，二項分布の確率関数 $B_{n,p}(x)$ のグラフを棒グラフとして描いたが，n が十分大きくなれば，棒の間隔がないヒストグラムと同一視できる．そのとき，$B_{600,1/6}(101)$ の値は $x = 101$ を中心とする幅 1 の棒で表示されるため，1 の目が出る回数が 101 回以上になる確率は，確率変数 X の値が 101 以上になる確率ではなく，X の値が 100.5 以上になる確率と考える方が妥当である．標準化された確率変数 Z に変換すると，これは Z の値が $(100.5-100)\sqrt{30} \times 0.5/50 \approx 0.055$ 以上になる確率に相当する．正規分布表より $Z \geqq 0.05$ となる確率は 0.48006 であり $Z \geqq 0.06$ になる確率は 0.47608 だから，$Z \geqq 0.055$ になる確率は約 0.478 と考えられる．よって，求める確率は $1 - 0.478 = 0.522$ である．なお，$B_{600,1/6}(0) + B_{600,1/6}(1) + \cdots + B_{600,1/6}(100)$ を実際に計算すると 0.527 であるから，連続修正により求めた確率の方がよい近似になっていることがわかる．

[11] 事象の独立については，第 4.3 節を参照すること．

[12] X, Y が連続型確率変数のときは，$P(\{\omega \mid X(\omega) \leqq x, Y(\omega) \leqq y\}) = P(\{\omega \mid X(\omega) \leqq x\})\, P(\{\omega \mid Y(\omega) \leqq y\})$ が成り立つときに X と Y は独立であると定義すればよい．

[13] 正規分布以外にも，再生性の成り立つ分布はいくつか存在する．

[14] 確率変数 X に対して $E\left(e^{tX}\right)$ が存在するとき，t の関数 $E\left(e^{tX}\right)$ を X の積率母関数という．独立な確率変数の和の積率母関数は，それぞれの積率母関数の積になる．

【証明】 正規分布の再生性より明らかである．□

つぎの性質は，$X_1, X_2, \ldots, X_n$ が正規分布以外の分布に従う場合でも，n が十分大きければ同様の結果が得られることを示しており，**中心極限定理** (central limit theorem) とよばれている．この性質は，身長などのようにさまざまな偶然性が重なり合って決まるデータが正規分布に従うとみなせることや，多くのサンプルを集めれば集めるほど真の期待値を正しく推定できることの根拠になっている．

【性質】 $X_1, X_2, \ldots, X_n$ が平均値 μ，標準偏差 σ の同一の分布に従う互いに独立な確率変数であるとき，n が十分大きければ $X_1 + X_2 + \cdots + X_n$ は平均値 μn，標準偏差 $\sigma\sqrt{n}$ の正規分布に従う．

【証明】 やはり積率母関数を用いて証明できるが，詳細は巻末にあげた文献 [3] などを参照されたい．□

【例】 17 歳の日本人男性 n 人を無作為に抽出し，その身長を調べることを考える．1 人目の身長を X_1, 2 人目の身長を $X_2, \ldots, n$ 人目の身長を X_n とすると，$X_1, X_2, \ldots, X_n$ は同一の分布に従う独立な確率変数と考えることができる[15]．そのとき，選ばれた n 人の身長の平均値

$$M = \frac{X_1 + X_2 + \cdots + X_n}{n}$$

はどのような分布に従うか．ただし，17 歳の日本人男性全員の身長の平均値を μ，標準偏差を σ とする．

17 歳の日本人男性の身長が正規分布に従うならば，再生性より M も正規分布に従う．他の分布に従う場合でも，n が十分に大きければ，中心極限定理より M は正規分布に従う．また，

$$E(X_1 + X_2 + \cdots + X_n) = \mu n, \quad V(X_1 + X_2 + \cdots + X_n) = \sigma^2 n$$

であるから，M の平均値と標準偏差はつぎのように計算できる．

$$E(M) = \frac{\mu n}{n} = \mu, \quad \sqrt{V(M)} = \sqrt{\frac{\sigma^2 n}{n^2}} = \frac{\sigma}{\sqrt{n}} \quad \square$$

8.4 正規分布から派生する分布

統計学では，正規分布以外にもさまざまな分布が用いられる．

【定義】 $Z_1, \ldots, Z_n$ を標準正規分布に従う互いに独立な確率変数とする．そのとき，式

$$Y = Z_1^2 + \cdots + Z_n^2$$

で定義される確率変数 Y が従う分布を，**自由度**[16] (degrees of freedom) n の **χ^2 分布** (chi-square distribution) という[17]．□

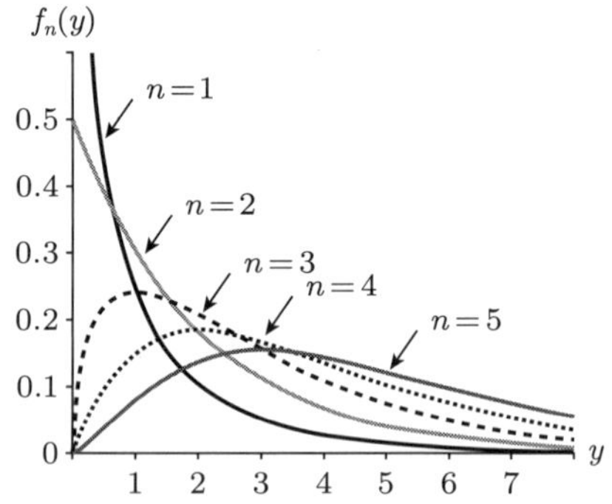

15) 無作為抽出を行うから，i 人目に誰を選ぶかは確率的に決まるので，その人の身長 X_i も確率変数と考えることができる．

16) 一般に，データの数からそれらの間に成り立つ関係式の数をひいた値のことを自由度という．χ^2 分布の定義には n 個の確率変数が用いられているが，それらが互いに独立，すなわち，それらの間にはいかなる関係式も成り立っていないので，自由度は標準正規分布に従う確率変数の数と同じ n になる．

17) χ はアルファベットの x に相当するギリシャ文字で，「カイ」と読む．

自由度 n の χ^2 分布の確率密度関数を $f_n(y)$ とすると，$f_n(y)$ のグラフの概形は，自由度 n の値に応じて前ページの図のようになる．χ^2 分布は，観測されたデータがある特定の確率分布に従う標本とみなしてよいかどうかを調べるときや，性別による色の好みの違いのように，2 種類の属性が独立か否かを判定する場合などに用いられる．

右の図のように，自由度 n の χ^2 分布に従う確率変数 Y がある値 y 以上になる確率が α 以下であるような y の最小値を $y_n(\alpha)$ とする．すなわち，$0 \leqq \alpha \leqq 1$ に対して，$y_n(\alpha)$ を式

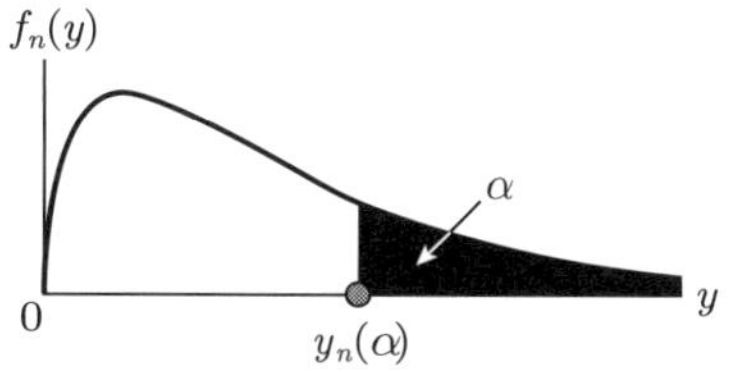

$$y_n(\alpha) = \min\left\{ y \;\middle|\; P\Big(\{\omega \in \Omega \,|\, Y(\omega) \geqq y\}\Big) \leqq \alpha \right\}$$

で定義する．確率 α に対応する $y_n(\alpha)$ の値は，付録 E に掲げる **χ^2 分布表** (chi-square distribution table) から求められる．χ^2 分布表では，右の図に示すように，自由度 n に対応する行と確率 α に対応する列の交わったセルに，$y_n(\alpha)$ の値が書かれている．

	···	確率 α	···
⋮		⋮	
自由度 n	···	$y_n(\alpha)$	···
⋮		⋮	

正規分布と同様に，χ^2 分布も再生性をもつ．その証明は本書の範囲を越えるので，巻末にあげた文献 [3] などを参照されたい．

【性質】 Y_1, Y_2 をそれぞれ自由度 n_1 および n_2 の χ^2 分布に従う確率変数とするとき．$Y_1 + Y_2$ は自由度 $n_1 + n_2$ の χ^2 分布に従う．□

χ^2 分布の特性値はつぎのようになる．証明は巻末にあげた文献 [2], [3] などを参照されたい．

【性質】 Y を自由度 n の χ^2 分布に従う確率変数とするとき，次式が成り立つ．

$$E(Y) = n, \quad V(Y) = 2n \quad \square$$

つぎの分布は，χ^2 分布に従う 2 つの確率変数の比が従う分布である．

【定義】 Y_1 と Y_2 を，それぞれ自由度 n_1, n_2 の χ^2 分布に従う独立な確率変数とする．そのとき，次式で定義される確率変数 W の従う分布を，自由度 (n_1, n_2) の **F 分布** (F distribution) という[18]．

$$W = \frac{Y_1/n_1}{Y_2/n_2} \quad \square$$

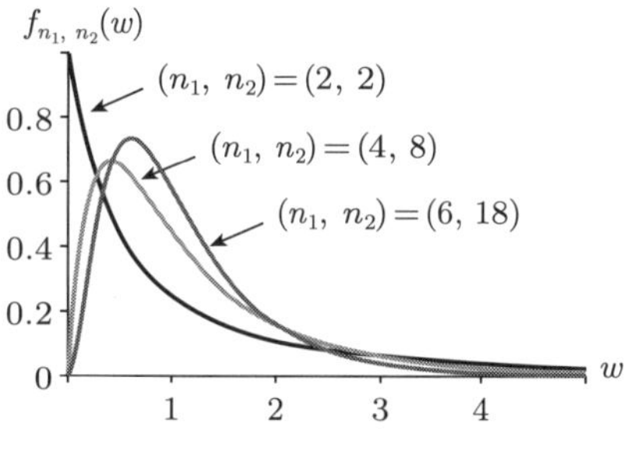

自由度 (n_1, n_2) の F 分布の確率密度関数を $f_{n_1,n_2}(w)$ とすると，$f_{n_1,n_2}(w)$ のグラフの概形は，自由度 (n_1, n_2) の値に応じて右の図のようになる．F 分布は，2 種類の統計データの分散が等しいか否かを判定する際などに用いられる．

右の図のように，自由度 (n_1, n_2) の F 分布に従う確率変数 W がある値 w 以上になる確率が α 以下であるような w の最小値を $w_{n_1,n_2}(\alpha)$ とする．すなわち，0 以上 1 以下の α に対して，$w_{n_1,n_2}(\alpha)$ を式

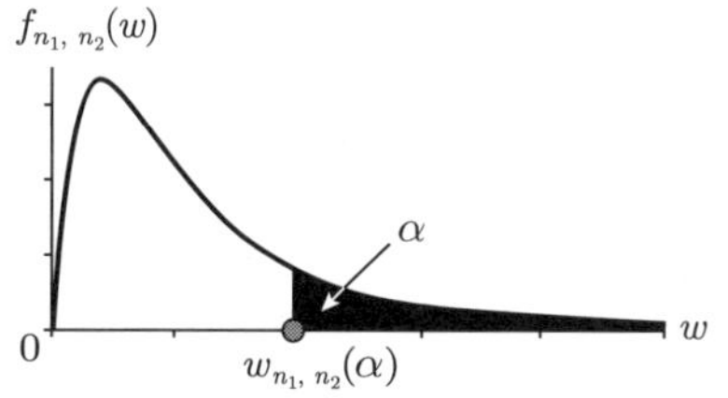

$$w_{n_1,n_2}(\alpha) = \min\left\{ w \;\middle|\; P\Big(\{\omega \in \Omega \,|\, W(\omega) \geqq w\}\Big) \leqq \alpha \right\}$$

で定義する．確率 α に対応する $y_n(\alpha)$ の値は，付録 F に掲げる **F 分布表** (F distribution table) から求められる．実際，

[18] 推測統計学を確立したイギリスの統計学者 Ronald A. Fisher にちなんで，こうよばれるようになったといわれている．

右の図に示すように，自由度 n_1 に対応する列と，自由度 n_2 および確率 α に対応する行の交わったところに，$w_{n_1,n_2}(\alpha)$ の値が書かれている．なお，付録Fの F 分布表には，$\alpha \leqq 0.05$ の場合しか掲載していない．確率 $\alpha \geqq 0.95$ に対する $w_{n_1,n_2}(\alpha)$ の値は，次式で計算できる．

		···	自由度 n_1	···
⋮	⋮		⋮	
確率 α	自由度 n_2	···	$w_{n_1,n_2}(\alpha)$	···
⋮	⋮		⋮	

$$w_{n_1,n_2}(\alpha) = \frac{1}{w_{n_2,n_1}(1-\alpha)}$$

自由度 (n_1, n_2) の F 分布の特性値はつぎのようになる．証明は本書の範囲を越えるので，巻末にあげた文献 [2], [3] などを参照されたい．

【性質】 W を自由度 (n_1, n_2) の F 分布に従う確率変数とするとき，次式が成り立つ．

$$E(W) = \frac{n_2}{n_2 - 2} \quad (n_2 \geqq 3), \quad V(W) = \frac{2n_2^2(n_1 + n_2 - 2)}{n_1(n_2-2)^2(n_2-4)} \quad (n_2 \geqq 5) \quad \square$$

最後に，正規分布と χ^2 分布から導かれる分布について考える．

【定義】 Z を標準正規分布に従う確率変数，Y を自由度 n の χ^2 分布に従う確率変数とする．Z と Y が互いに独立であるとき，式

$$T = \frac{Z}{\sqrt{Y/n}}$$

で定義される確率変数 T の従う分布を，自由度 n の **t 分布** (t distribution) という．□

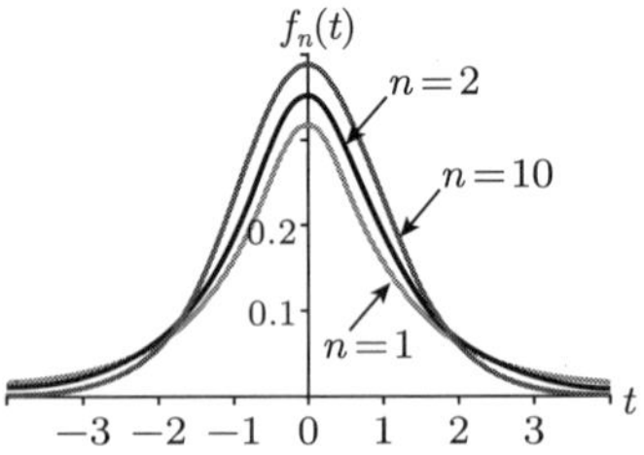

自由度 n の t 分布の確率密度関数を $f_n(t)$ とすると，$f_n(t)$ のグラフの概形は，自由度 n の値に応じて右の図のようになる．t 分布の確率密度関数のグラフは，標準正規分布の確率密度関数のグラフと似ている．実際，自由度 n の t 分布において n を限りなく大きくすると，標準正規分布に一致する．t 分布は，2 種類の統計データの平均値が等しいか否かを判定する際などに用いられる．

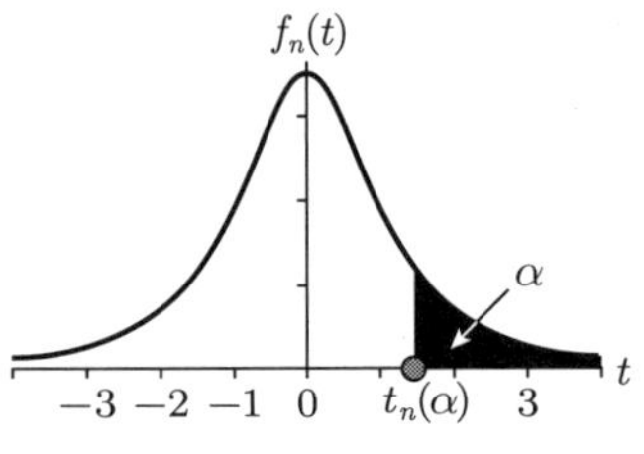

右の図のように，自由度 n の t 分布に従う確率変数 T がある値 t 以上になる確率が α 以下であるような t の最小値を $t_n(\alpha)$ とする．すなわち，0 以上 1 以下の α に対して，$t_n(\alpha)$ を式

$$t_n(\alpha) = \min\left\{ t \,\middle|\, P\Big(\{\omega \in \Omega \,|\, T(\omega) \geqq t\}\Big) \leqq \alpha \right\}$$

で定義する．確率 α に対応する $t_n(\alpha)$ の値は，**t 分布表** (t distribution table) から求めることができる．t 分布表には大きく分けて 2 つのタイプがあり，付録 G にはこれら 2 つのタイプの表を両方とも示している．1 種類目の t 分布表は，右の図に示すように，自由度 n に対応する行と，確率 α に対応する列の交わったところに $t_n(\alpha)$ の値が書かれた表であり，巻末にあげた文献 [2], [3] などで採用されている．この t 分布表は，第 13 章，第 15 章で学ぶ仮説検定において片側検定を行う場合に使用する．

片側検定用	···	確率 α	···
⋮		⋮	
自由度 n	···	$t_n(\alpha)$	···
⋮		⋮	

2 種類目の t 分布表は，右下の図に示すように，自由度 n に対応する行と，確率 α に対応する列の交わったところに，式

$$t_n(\alpha/2) = \min\left\{ t \;\middle|\; P\Big(\{\omega \in \Omega \mid |T(\omega)| \geqq t\}\Big) \leqq \alpha \right\}$$

で定義される $t_n(\alpha/2)$ の値が書かれた表であり，巻末にあげた文献 [4], [5], [7] などで採用されている．この t 分布表は，第 12 章で学ぶ母平均の区間推定や，第 13 章，第 15 章で学ぶ仮説検定において両側検定を行う場合に使用する[19]．

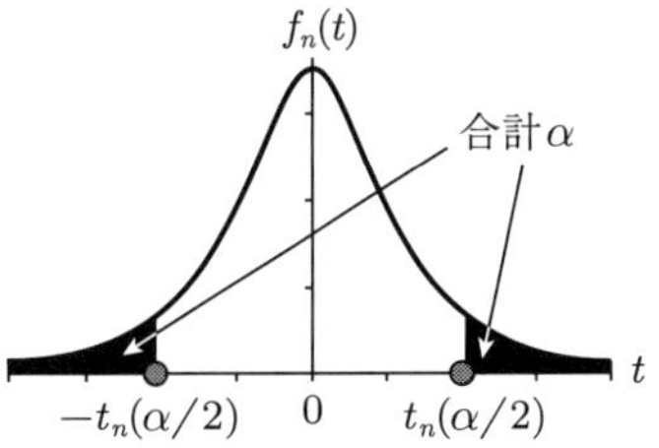

両側検定用	⋯	確率 α	⋯
⋮		⋮	
自由度 n	⋯	$t_n(\alpha/2)$	⋯
⋮		⋮	

自由度 n の t 分布の特性値はつぎのようになる．証明は，本書の範囲を越えるので，巻末にあげた文献 [2], [3] などを参照されたい．

【性質】 T を自由度 n の t 分布に従う確率変数とするとき，

$$E(T) = 0, \quad V(T) = \frac{n}{n-2}$$

である．□

19) t 分布の確率密度関数 $f_n(t)$ は $t=0$ について対称だから，上の $t_n(\alpha)$ に関する式と $t_n(\alpha/2)$ に関する式で定義される関数は同一である．実際，片側検定用の表の $\alpha = 0.025$ の列に書かれた値と，両側検定用の表の $\alpha = 0.05$ の列に書かれた値は一致している．

演習問題

1. 平均値が 66 点，標準偏差が 12 点の試験の点数 X を，平均値が 75 点，標準偏差が 10 点になるように変換したい．変換後の得点 Y を X の関数として表しなさい．

2. A さんは，平均値が 629 点，標準偏差が 65 点の試験で 720 点だった．一方，B さんは，平均値が 602 点，標準偏差が 72 点の試験で 710 点だった．どちらの成績の方がよいと言えるか．

3. X と Y をいずれも標準正規分布に従う互いに独立な確率変数とする．

   (a) X の絶対値が 1.75 以下になる確率はいくらか．

   (b) X の実現値が -1.18 以上になる確率はいくらか．

   (c) X^2+Y^2 の実現値が 6.0 以下になる確率はいくらか．

4. X を平均値が 5，標準偏差が 2 の正規分布に従う確率変数とする．そのとき，X^2-3X が正になる確率はいくらか．

5. 1 万人が受験したあるテストの得点は，平均値が 75 点，標準偏差が 10 点の正規分布に従っていた．このテストで 85 点を取った人の順位は何番か．

6. あるアイスキャンデーには，無作為に選ばれた 10 % の商品の柄に「あたり」と表示されており，もう 1 本おまけでもらえることになっている．このアイスキャンデーが 100 本あるとき，「あたり」と表示されているものが 15 本以上含まれている確率はいくらか．

7. 硬貨を 10000 回投げて，表の出る回数が 4900 回以上 5100 回以下になる確率はいくらか．

8. 1 個のサイコロを n 回投げ，1 の目が出た回数を X とする．1 の目の出る頻度 X/n が $1/6-0.01$ 未満になるか $1/6+0.01$ より大きくなる確率が 0.01 未満になる n の範囲はいくらか．

第9章　統計データの整理

現実の事象を言語を用いて記述することを**測定** (measurement) という．たとえば「今日は昨日より涼しい．」といった記述も測定の例である．測定のうち，とくに数を用いて現実をより具体的に記述することを**数量化** (quantification) という．実際，「昨日の最高気温は 20° C であったが，今日の最高気温は 15°C である．」と記述すると，今日は昨日よりどれくらい涼しいのかが具体的にイメージできる．数量化に用いられる数のことを**尺度** (scale) とよぶ．数には，背番号のように個人を識別するために用いられるものや，体積のように値の大小に意味があるものなどさまざまな種類がある．この章では，尺度の種類について述べたあと，数量化されたデータを表や図に整理することにより，その特性を把握することを考える．

9.1　尺度の種類

数量化に用いる尺度は，つぎの 4 種類に分類できる．

名義尺度 (nominal scale)：数が区別のための符号としての意味しかもたないものをいう．学籍番号，背番号，電話番号などがその例である．数の代わりに「イ，ロ，ハ」，「♠, ♡, ◇」などの文字や記号に置き換えても意味が変わらないものといってもよい．

順序尺度 (ordinal scale)：値の大小（順序）には意味があるが，2 つの値の差には意味がないものをいう．1 位，2 位，3 位 といった順位は順序尺度の典型的な例である．この場合，「1 位と 2 位」，「2 位と 3 位」はともに順位の差としては 1 であるが，同じ程度の差であることを意味しているわけではない．

間隔尺度 (interval scale)：値の差の大きさに意味はあるが，原点（ゼロ）に特別な意味はないものをいう．値の比に意味がないデータといってもよい．セ氏温度で表現した気温は間隔尺度の例である．20°C と 10°C の差は 10°C と 0°C の差に等しいが，「20°C は 10°C の 2 倍暑い」わけではない．

比例尺度 (ratio scale)：0（ゼロ）という値に特別な意味があり，2 つの測定値の和や比を考えることができるものをいう．金額や身長・体重などがその例である．

尺度を用いるとデータを 4 つに分類できるが，数量化されたデータを**質的データ** (qualitative data) と**量的データ** (quantitative data) に大きく 2 分類することもできる．名義尺度により数量化されたデータは質的データであり，間隔尺度や比例尺度で数量化されたデータは量的データである[1]．気温や金額などの量的データの平均値を計算することに意味はあるが，学籍番号などの質的データの平均値を求めても意味がないことからもわかるように，統計データを分析する手法は，質的データの場合と量的データの場合で大きく異なることに注意しなければならない．

9.2　1 種類の統計データの整理

間隔尺度や比例尺度により数量化された測定値（量的データ）を整理することを考える．さまざまな統計調査の結果は，測定値のとり得る値の範囲を適当な間隔で分割し，それぞれの区間に含ま

[1] 順序尺度で数量化されたデータは，質的データとみなす場合と量的データとみなす場合がある．

れるデータの個数を表にまとめた**度数分布表** (frequency table) の形で発表されることが多い[2]．度数分布表において，測定値のとり得る範囲を分割して生成される区間を**階級** (class) といい，階級に含まれるデータの個数を**度数** (frequency) という[3]．階級は，対応する区間の下限と上限で表現するが，階級を代表する値をその階級の**階級値** (class mark) という．たとえば，測定値が順位などの離散値であるならば，階級は $a \sim b$ のようにとり得る値を例示して示し，階級値は $(a+b)/2$ とする．一方，測定値が身長などの連続値であるならば，階級は a 以上 b 未満のように範囲で示し，階級値は $(a+b)/2$ とする[4]．また，度数のかわりに，度数をデータの総数で割った**相対度数** (relative frequency) を用いる場合もある．

度数分布表を見て統計データの特徴を的確に把握するためには，階級の数を適切に選ぶ必要がある．一般に，データの総数が N 個であるとき，階級の数は $\log_2 N + 1$ 程度にすればよいといわれている[5]．これを，**スタージェスの公式** (Sturges' formula) という．実際には，階級値や各区間の上下限がきりのいい値になるように階級幅を選ぶ．また，階級幅はすべて等しくなるようにとるのが普通である[6]．

度数分布表をもとに，幅が階級幅，高さが各階級の度数である長方形を並べたグラフを**ヒストグラム** (histogram) という．ヒストグラムを描くことにより，量的データのピーク，散らばり，対称性などを直感的に把握できるようになる．

【例】 つぎの表は，ある小学校の1年生男子の身長 (cm) と体重 (kg) の一覧表である．身長と体重の度数分布表およびヒストグラムを描きなさい．

番号	身長 (cm)	体重 (kg)
1	115	15.7
2	111	17.1
3	104	16.5
4	111	15.6
5	112	18.1
6	119	20.3
7	120	26.3
8	125	19.3
9	117	16.0
10	123	20.5
11	118	19.2
12	136	17.0

番号	身長 (cm)	体重 (kg)
13	115	16.4
14	120	17.5
15	132	22.5
16	107	16.7
17	114	23.5
18	125	27.3
19	117	24.7
20	112	16.3
21	106	14.7
22	119	21.2
23	112	16.3
24	121	21.4

番号	身長 (cm)	体重 (kg)
25	121	30.4
26	116	15.5
27	128	19.8
28	123	21.1
29	114	15.1
30	118	34.2
31	116	15.9
32	100	11.9
33	129	17.6
34	106	18.1
35	114	15.3
36	123	41.2

番号	身長 (cm)	体重 (kg)
37	119	19.1
38	121	28.5
39	109	15.4
40	113	13.4
41	120	21.3
42	103	12.7
43	120	33.1
44	117	18.4
45	124	21.9

まず，身長の度数分布表とヒストグラムを作ってみよう．データの総数 $N = 45$ だから，

$$\log_2 N + 1 \approx 6.5$$

2) 総務省統計局の発表する各種統計表 `http://www.stat.go.jp/data/guide/download/index.htm` がそのよい例である．
3) 度数が0の階級が発生する可能性はあるが，最も下の階級や最も上の階級は，度数が1以上になるようにする．
4) 測定値が整数で，第1階級が $0 \sim 4$，第2階級が $5 \sim 9$ のとき，第1階級の階級値は $(0+4) \div 2 = 2$，第2階級の階級値は $(5+9) \div 2 = 7$ になる．一方，測定値が連続値で．第1階級が0以上5未満，第2階級が5以上10未満のとき，第1階級の階級値は $(0+5) \div 2 = 2.5$，第2階級の階級値は $(5+10) \div 2 = 7.5$ になる．このように，階級値の計算式はみかけ上同じであるが，測定値が離散値であるか連続値であるかによって，階級幅は同じでも階級値は異なる．
5) $\log_2 N$ は，2を何乗すれば N になるかを表す数である．たとえば，$2^5 = 32$ だから，$\log_2 32$ は5である．
6) 分布の中央付近に比べて両端のデータ件数が極端に少ない場合には，両端の階級幅を広げることもある．

より階級の数は 6 または 7 とするのがよい．データの最小値は 100，最大値は 136 であるが，最小値は最も下の階級のほぼ中央に，最大値は最も上の階級のほぼ中央になるように選ぶことが望ましい．そこで，階級を 97 以上 103 未満，103 以上 109 未満，. . . , 133 以上 139 未満のように 6 cm 刻みにとり，階級の数を 7 とする．そのとき，度数分布表とヒストグラムはつぎのようになる．

階級	階級値	度数	相対度数
97 以上 103 未満	100	1	0.02
103 以上 109 未満	106	5	0.11
109 以上 115 未満	112	10	0.22
115 以上 121 未満	118	16	0.36
121 以上 127 未満	124	9	0.20
127 以上 133 未満	130	3	0.07
133 以上 139 未満	136	1	0.02

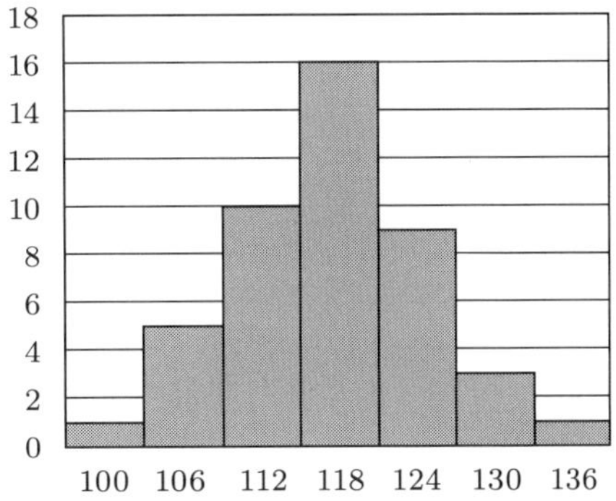

体重については，最小値が 11.9，最大値が 41.2 であるが，最小値を最も下の階級のほぼ中央に，最大値を最も上の階級のほぼ中央になるように選ぼうとすると，階級を 9.0 以上 15.0 未満，15.0 以上 21.0 未満，. . . , 39.0 以上 45.0 未満のように 6.0 kg 刻みにとり，階級の数を 6 とするのがよい．そのとき，度数分布表とヒストグラムはつぎのようになる．□

階級	階級値	度数	相対度数
9.0 以上 15.0 未満	12.0	4	0.09
15.0 以上 21.0 未満	18.0	26	0.58
21.0 以上 27.0 未満	24.0	9	0.20
27.0 以上 33.0 未満	30.0	3	0.07
33.0 以上 39.0 未満	36.0	2	0.04
39.0 以上 45.0 未満	42.0	1	0.02

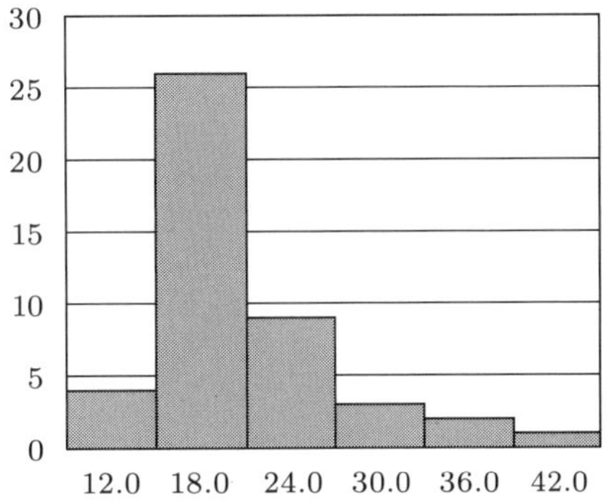

9.3　2 種類の量的データの整理

2 種類の量的データの一方を横軸，他方を縦軸とした平面に，各データに対応する点をプロットしたグラフを**散布図** (scatter plots) という．散布図を用いると，2 つの量的データの関連性を直観的に把握できる．

たとえば，点が散布図の左下から右上にかけて分布する傾向にあるとき，2 つのデータには**正の相関関係** (positive correlation) があるという．そのとき，一方の量が増加すれば他方の量も増加する関係にある．逆に，点が散布図の左上から右下にかけて分布する傾向にあるとき，2 つのデータには**負の相関関係** (negative correlation) があるという．

【例】 前節であげたある小学校の 1 年生男子の身長と体重に関するデータを，横軸に身長，縦軸に体重をとって散布図に描くと右図のようになる．この図から，2 つのデータには正の相関関係があることがわかる．□

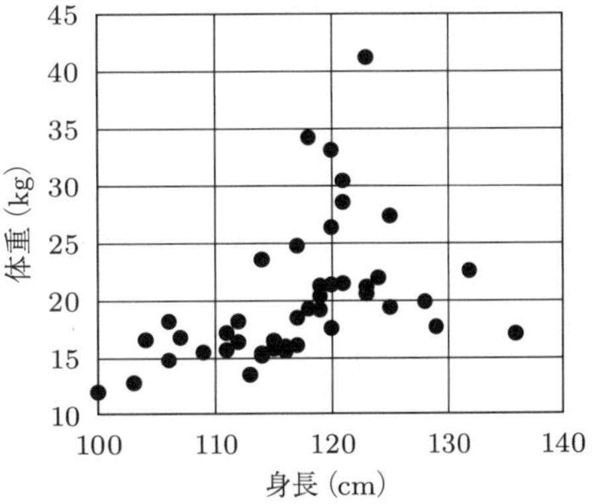

演習問題

1. ある大学の学生を対象につぎのようなアンケート調査を行った．各設問で用いた数量化の尺度は，名義尺度，順序尺度，間隔尺度，比例尺度のいずれか．

   (a) 性別（1: 男，2: 女）

   (b) 今朝の起床時刻（7 時 15 分ならば 7.25 のように時単位で 1 つの数値で表す）

   (c) 通学に要する時間（分）

   (d) 「統計学の授業はわかりやすいか」についての 5 段階評価

   (1 = とてもわかりにくい，2 = ややわかりにくい，3 = どちらともいえない，4 = ややわかりやすい，5 = とてもわかりやすい)

   (e) 今月のアルバイト収入（円）

2. 以下の各測定値を度数分布表に整理し，ヒストグラムを作成しなさい．

   (a) 43, 91, 51, 84, 52, 70, 61, 17, 39, 72, 60, 28, 81, 67, 40, 47, 9, 31, 56, 23

   (b) 57, 74, 33, 53, 48, 71, 49, 31, 53, 50, 77, 64, 24, 37, 62, 28, 42, 67, 58, 44

   (c) 64, 44, 32, 6, 65, 57, 53, 46, 41, 61, 50, 43, 53, 55, 43, 49, 58, 29, 58, 60

   (d) 43, 45, 73, 47, 36, 39, 55, 96, 59, 40, 57, 66, 48, 49, 81, 52, 70, 54, 41, 63

   (e) 66, 80, 49, 48, 52, 39, 46, 55, 34, 40, 59, 46, 37, 27, 23, 45, 20, 83, 43, 77, 50, 14, 62, 69, 72, 63, 89, 28, 67, 52

   (f) 43, 45, 49, 49, 42, 13, 45, 51, 61, 61, 39, 57, 64, 63, 59, 36, 53, 61, 22, 58, 50, 52, 47, 65, 46, 38, 60, 5, 51, 55

   (g) 30, 43, 37, 44, 34, 30, 27, 44, 37, 37, 43, 27, 59, 79, 50, 50, 28, 21, 45, 61, 59, 77, 43, 75, 25, 50, 40, 24, 53, 65, 46, 70, 37, 46, 35, 40, 53, 31, 64, 35, 34, 61, 30, 54, 48, 59, 79, 38, 71, 46, 68, 53, 39, 71, 22, 69, 65, 68, 56, 74

3. つぎの表は，ある高校の 3 年 A 組 25 名の国語と数学の成績である．

   (a) 各教科の成績を度数分布表に整理し，ヒストグラムを描きなさい．

   (b) 国語の成績と数学の成績の関係を示す散布図を描きなさい．

番号	国語	数学
1	80	82
2	72	68
3	72	60
4	58	57
5	81	61
6	78	48
7	80	52

番号	国語	数学
8	74	70
9	64	94
10	63	98
11	75	68
12	94	56
13	96	63
14	54	73

番号	国語	数学
15	63	67
16	82	75
17	70	52
18	86	45
19	64	70
20	67	64
21	67	87

番号	国語	数学
22	75	91
23	72	61
24	52	85
25	86	78

4. つぎの表は，東京都と沖縄県を除く道府県の 1 人あたり県民所得（百万円），普通出生率[7]，1 人あたり自動車保有台数をまとめたものである[8]．

(a) 1 人あたり県民所得と普通出生率の関係を示す散布図を描きなさい．

(b) 1 人あたり県民所得と 1 人あたり自動車保有台数の関係を示す散布図を描きなさい．

道府県	県民所得	普通出生率	自動車保有台数
北海道	2.44	7.1	0.67
青森県	2.35	6.8	0.74
岩手県	2.23	7.1	0.77
宮城県	2.45	8.0	0.70
秋田県	2.29	6.2	0.77
山形県	2.46	7.1	0.80
福島県	2.59	7.0	0.81
茨城県	2.98	7.8	0.86
栃木県	2.94	8.0	0.84
群馬県	2.72	7.5	0.88
埼玉県	2.78	7.9	0.55
千葉県	2.73	7.9	0.57
神奈川県	2.91	8.3	0.44
新潟県	2.63	7.4	0.78
富山県	2.90	7.3	0.82
石川県	2.65	8.2	0.76
福井県	2.80	8.4	0.82
山梨県	2.80	7.4	0.87
長野県	2.72	7.8	0.88
岐阜県	2.61	8.0	0.81
静岡県	3.10	8.2	0.76
愛知県	3.04	9.1	0.68
三重県	2.86	8.0	0.81

道府県	県民所得	普通出生率	自動車保有台数
滋賀県	3.27	9.4	0.70
京都府	2.73	7.7	0.51
大阪府	2.82	8.2	0.42
兵庫県	2.69	8.3	0.53
奈良県	2.49	7.6	0.59
和歌山県	2.55	7.5	0.75
鳥取県	2.26	8.2	0.79
島根県	2.31	7.9	0.77
岡山県	2.58	8.4	0.78
広島県	2.85	8.7	0.65
山口県	2.82	7.5	0.74
徳島県	2.76	7.4	0.79
香川県	2.64	8.3	0.78
愛媛県	2.52	7.9	0.71
高知県	2.18	7.0	0.74
福岡県	2.78	9.0	0.64
佐賀県	2.53	8.8	0.78
長崎県	2.30	8.3	0.66
熊本県	2.34	8.9	0.74
大分県	2.48	8.1	0.76
宮崎県	2.21	8.8	0.82
鹿児島県	2.40	8.8	0.79

[7] 年間の出生数 $\div$ 人口 $\times$ 1000 で計算される値である．

[8] 総務省統計局の地域別統計データベース (http://www.e-stat.go.jp/SG1/chiiki/Welcome.do) に掲載されている人口総数，出生数，1 人あたり県民所得，保有自動車数を用いている．

第10章　統計データの分析

統計データを度数分布表やヒストグラムに整理することは，データのもつ特性を直感的に把握するのに役立つ．しかし，統計データを定量的に評価したり，客観的に比較したりするためには，統計データの特性を数値により特徴づける必要がある．この章では，多数の測定値から成る統計データの特徴を把握するために用いられる値と，測定値の散らばりや偏りを表す統計量について学ぶ．

10.1　代表値

統計データ全体の特徴を表す 1 つの値を，**代表値** (average) という．代表値の中で最もよく使われるのが，データの総和をデータの総数で割ることによって得られる**平均値** (mean) である．間隔尺度や比例尺度により数量化された測定値を $x_1, x_2, \ldots, x_N$ とするとき，これらの平均値は次式で定義される．

$$M = \frac{x_1 + x_2 + \cdots + x_N}{N}$$

一部の測定値が他の大多数の測定値から極端に離れているとき，その値を**はずれ値** (outlier) という．一般に，平均値ははずれ値の影響を受けやすい．平均値が代表値として意味をもつのは，第 8.2 節で学んだ正規分布のように，ヒストグラムが左右対称の統計データである．測定値の分布に偏りがある場合やはずれ値がある場合には，平均値は分布の特徴を適切に表現していない場合があるので注意しなければならない．

はずれ値に対しても比較的頑健な代表値として，**中央値** (median) がある．中央値は，測定値を大きさの順に並べたときに，ちょうどまん中にある値である．測定値を $x_1 \leqq x_2 \leqq \cdots \leqq x_N$ とするとき，中央値 Q_2 は次式で定義される[1]．

$$Q_2 = \begin{cases} x_m & (N = 2m-1\ （奇数）のとき), \\ \dfrac{x_m + x_{m+1}}{2} & (N = 2m\quad （偶数）のとき) \end{cases}$$

測定値が質的データである場合には，最も高い頻度で出現するデータである**最頻値** (mode) を代表値とすればよい．また，量的データの場合でも，度数分布表の形に整理されていれば，最も度数の高い階級の階級値を最頻値とすることができる．ただし，各階級の度数は，階級の数や階級幅のとり方に影響を受けるので注意する必要がある．とくに，階級幅が狭すぎたり広すぎたりした場合には，最頻値は適切な代表値とはいえない．

【例】 つぎのデータは，ある町の中心を通る鉄道の駅から 2 km 以内に立地するワンルームマンション 25 物件の賃料（万円）である．これらのデータの平均値と中央値を求めなさい．また，度数分布表に整理し，最頻値を求めなさい．

5.7, 4.0, 5.4, 3.4, 7.2, 3.8, 4.0, 4.4, 2.9, 5.0, 3.3, 4.6, 8.2,
3.3, 6.3, 4.8, 3.7, 7.0, 4.0, 6.0, 3.4, 2.8, 3.5, 4.3, 4.0

[1] 大きさの順に並べたデータのまん中は，4 等分した場合の 2 番目の境界にあたるので，Q_2 (2-quantile) という記号を用いる．

さらに，駅前に賃料 15.0 万円という高級ワンルームマンションが新築されたとき，平均値と中央値はどのように変化するか調べなさい．

データの総和は 115.0，データの総数は 25 だから，平均値は

$$115.0 \div 25 = 4.6 \text{ (万円)}$$

である．また，データを昇順に整列すると[2)]

2.8, 2.9, 3.3, 3.3, 3.4, 3.4, 3.5, 3.7, 3.8, 4.0, 4.0, 4.0, 4.0,
4.3, 4.4, 4.6, 4.8, 5.0, 5.4, 5.7, 6.0, 6.3, 7.0, 7.2, 8.2

であるから，中央値は 13 番目の 4.0 (万円) である．

つぎに，このデータを度数分布表に整理する．データの総数は 25 だから，

$$\log_2 25 + 1 \approx 5.6$$

より階級の数は 5 または 6 とするのがよい．データの最小値は 2.8，最大値は 8.2 であるから，最小値を最も下の階級のほぼ中央に，最大値を最も上の階級のほぼ中央になるように選ぶことにすると，階級を 2.5 以上 3.5 未満，3.5 以上 4.5 未満，...，7.5 以上 8.5 未満のように 1 万円刻みにとり，階級の数を 6 とすればよい．そのとき，度数分布表とヒストグラムはつぎのようになる．よって，最頻値は最も度数の大きい階級の階級値である 4.0 (万円) である．

階級	階級値	度数	相対度数
2.5 以上 3.5 未満	3.0	6	0.24
3.5 以上 4.5 未満	4.0	9	0.36
4.5 以上 5.5 未満	5.0	4	0.16
5.5 以上 6.5 未満	6.0	3	0.12
6.5 以上 7.5 未満	7.0	2	0.08
7.5 以上 8.5 未満	8.0	1	0.04

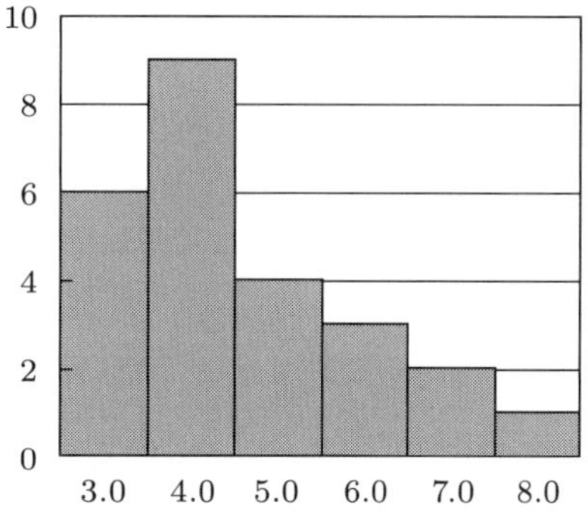

ヒストグラムからわかるように，賃料の分布は左右対称ではなく，ピークが左に偏っており，右に裾が長い形をしている．したがって，平均値 4.6 よりも中央値 4.0 や最頻値 4.0 の方が賃料の分布をよく表現しているといえる．

賃料 15.0 (万円) の物件が追加されたとき，合計 26 個の測定値の平均値は

$$(115.0 + 15.0) \div 26 = 5.0 \text{ (万円)}$$

に変化し，4000 円増加する．一方，中央値は 13 番目の値 4.0 と 14 番目の値 4.3 の平均値 4.15 (万円) であり，1500 円しか増えない．このように，中央値は平均値よりもはずれ値の影響を受けにくい．

□

[2)] 値の小さいものから順に並べることを，昇順に整列するという．逆に，値の大きいものから順に並べることを，降順に整列するという．

10.2 離散性

代表値のまわりに，測定値がどのような広がりをもって分布しているかを表す情報を，**離散性** (variability) という．以下では，データの総数は N 個であり，添字を適当につけかえることによって，測定値は $x_1 \leqq x_2 \leqq \cdots \leqq x_N$ のように昇順に整列されているものとする．

離散性の指標として最も単純なものは，式

$$r = x_N - x_1$$

で定義される**範囲** (range) である．範囲は，測定値の最大値と最小値の差であり，はずれ値が含まれているとその影響を強く受ける．そこで，測定値からはずれ値やそれに近いと思われるデータを取り除いて離散性を評価することを考える．まず，測定値を昇順に整列したとき，順位が全体の 1/4 になる値と 3/4 になる値をそれぞれ**第 1 四分位数** (first quartile)，および，**第 3 四分位数** (third quartile) とよぶ．実際には，順位がちょうど 1/4 あるいは 3/4 になるデータが存在しない場合も少なくない．そこで，第 1 四分位数 Q_1 と第 3 四分位数 Q_3 を次式で定義する．

$$Q_1 = x_q + \frac{w(x_{q+1} - x_q)}{4}, \quad Q_3 = x_{N-q+1} - \frac{w(x_{N-q+1} - x_{N-q})}{4}$$

ただし，q と w はそれぞれ $N+3$ を 4 で割った商と余りである[3]．第 1 四分位数 Q_1 と第 3 四分位数 Q_3 に対して，それらの差

$$Q_r = Q_3 - Q_1$$

を**四分位範囲** (quartile range) といい，その半分

$$Q = \frac{Q_3 - Q_1}{2}$$

を**四分位偏差** (quartile deviation) という[4]．これらは，範囲に比べてはずれ値の影響を受けにくい．実際，**統計的品質管理** (statistical quality control) では，条件

$$x_i < Q_1 - 1.5Q_r \quad \text{または} \quad x_i > Q_3 + 1.5Q_r$$

を満たす測定値 x_i を軽度のはずれ値，条件

$$x_i < Q_1 - 3Q_r \quad \text{または} \quad x_i > Q_3 + 3Q_r$$

を満たす測定値 x_i を極端なはずれ値とすることが多い．

【例】 第 10.1 節であげたワンルームマンションの賃料の例において，最大値は 8.2（万円），最小値は 2.8（万円）だから，範囲はそれらの差

$$r = 8.2 - 2.8 = 5.4 \text{（万円）}$$

である．また，データの総数は 25 件なので，第 1 四分位数は小さいものから 7 番目の測定値，第 3 四分位数は 19 番目の測定値であり，それぞれ

$$Q_1 = 3.5 \text{（万円）}, \quad Q_3 = 5.4 \text{（万円）}$$

---

[3] 四分位数の決め方には，いくつかの方法が存在する．Excel の関数 `QUARTILE` や統計解析用ソフトウェア R は，ここで述べた方法により四分位数を計算している．一方，統計解析用パッケージ SPSS は，q と w をそれぞれ $N+1$ を 4 で割った商および余りとして四分位数を計算している．

[4] **四分偏差**という場合もある．

である．よって，四分位範囲と四分位偏差はそれぞれ

$$Q_r = 5.4 - 3.5 = 1.9\ (\text{万円}), \quad Q = \frac{1.9}{2} = 0.95\ (\text{万円})$$

である．なお，

$$Q_1 - 1.5Q_r = 3.5 - 1.5 \times 1.9 = 0.65 < 2.8, \quad Q_3 + 1.5Q_r = 5.4 + 1.5 \times 1.9 = 8.25 > 8.2$$

であるから，はずれ値は存在しない．□

測定値の離散性は，平均値からのずれを用いて評価することも可能である．N 個の測定値 $x_1, x_2, \ldots, x_N$ の平均値を M とする．そのとき，測定値 x_i と平均値 M の差 $x_i - M$ を x_i の**偏差** (deviation) という．各測定値の偏差の 2 乗の平均値

$$s^2 = \frac{(x_1 - M)^2 + (x_2 - M)^2 + \cdots + (x_N - M)^2}{N}$$

を**標本分散** (sample variance)，または，単に**分散** (variance) という．確率変数の分散と同様に[5]，標本分散を式

$$s^2 = \frac{x_1^2 + x_2^2 + \cdots + x_N^2}{N} - M^2$$

により計算することも可能である．標本分散の正の平方根

$$s = \sqrt{\frac{(x_1 - M)^2 + (x_2 - M)^2 + \cdots + (x_N - M)^2}{N}}$$

を**標本標準偏差** (sample standard deviation)，または，単に**標準偏差** (standard deviation) という．標準偏差には，もとの測定値と同じ単位をつけることができる．標準偏差の値が小さければ，測定値は平均値の近くに分布しているといえるが，標準偏差の値が大きければ，平均値から離れたところにも測定値が分布している可能性がある．なお，標準偏差のみかけ上の値は，測定値の単位のとり方や，平均値の大小によって変化する．そこで，単位が異なるデータや平均値の大きく異なるデータの離散性を比較する場合は，次式で定義される**変動係数** (coefficient of variation) を用いる．

$$c = \frac{s}{M}$$

17 歳の日本人男性の身長を調査する場合のように，本来調査すべき対象から一部のサンプルを抽出して測定を行うと，分散や標準偏差が実際の値より過小評価されることがある．そこで，離散性の評価指標として，式

$$u^2 = \frac{(x_1 - M)^2 + (x_2 - M)^2 + \cdots + (x_N - M)^2}{N - 1}$$

で定義される**不偏分散** (unbiased variance)，あるいは，その正の平方根，すなわち，式

$$u = \sqrt{\frac{(x_1 - M)^2 + (x_2 - M)^2 + \cdots + (x_N - M)^2}{N - 1}}$$

で定義される**不偏標準偏差** (unbiased standard deviation) を用いることも少なくない[6]．不偏分散の分母 $N - 1$ は，データの総数 N から，これらのデータの間に成り立つ関係式

---

[5] 確率変数の分散とその性質については，第 6.2 節を参照すること．

[6] 不偏分散のことを単に分散とよび，不偏標準偏差のことを単に標準偏差とよぶこともある．

$$M = \frac{x_1 + x_2 + \cdots + x_N}{N}$$

の個数 1 をひいた値，すなわち，自由度である[7]．

【例】第 10.1 節であげたワンルームマンションの例において，賃料の平均値は 4.6 万円だから，偏差は

$$\begin{array}{l} 1.1,\ -0.6,\ 0.8,\ -1.2,\ 2.6,\ -0.8,\ -0.6,\ -0.2,\ -1.7,\ 0.4,\ -1.3,\ 0.0,\ 3.6, \\ -1.3,\ 1.7,\ 0.2,\ -0.9,\ 2.4,\ -0.6,\ 1.4,\ -1.2,\ -1.8,\ -1.1,\ -0.3,\ -0.6 \end{array}$$

である．よって，偏差の平方和は 49.0 であり，標本分散と不偏分散はそれぞれ

$$s^2 = \frac{49.0}{25} = 1.96, \quad u^2 = \frac{49.0}{25-1} \approx 2.04$$

と計算できる．標準偏差は，それらの平方根をとって

$$s = 1.40\ (\text{万円}), \quad u \approx 1.43\ (\text{万円})$$

である．□

10.3 データの偏り

データの分布が平均値をはさんで左（小さい方）に偏っているか，右（大きい方）に偏っているかは，平均値や分散だけでは判断できない．これを判定するための指標が，式

$$g = \frac{(x_1 - M)^3 + (x_2 - M)^3 + \cdots + (x_N - M)^3}{Nu^3}$$

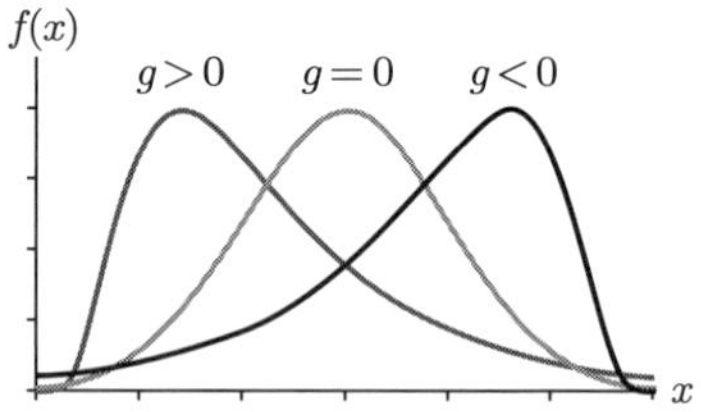

で定義される**歪度** (skewness) である[8]．この定義式は，

$$g = \frac{\left(\dfrac{x_1 - M}{u}\right)^3 + \left(\dfrac{x_2 - M}{u}\right)^3 + \cdots + \left(\dfrac{x_N - M}{u}\right)^3}{N}$$

と書き換えられるから，歪度は標準得点の 3 乗の平均値である[9]．データの分布が平均値の両側で左右対称であるとき，歪度 g の値は 0 になる．また，歪度 g の値が正のとき，データの分布は左に偏っており，ヒストグラムはピークが平均値よりも左にあって，右に裾が長い山の形をしている．一方，歪度 g の値が負のとき，データの分布は右に偏っており，ヒストグラムはピークが平均値よりも右にあって，左に裾が長い山の形をしている．

データが平均値のまわりにどれくらい集中しているかを判定するための指標として，式

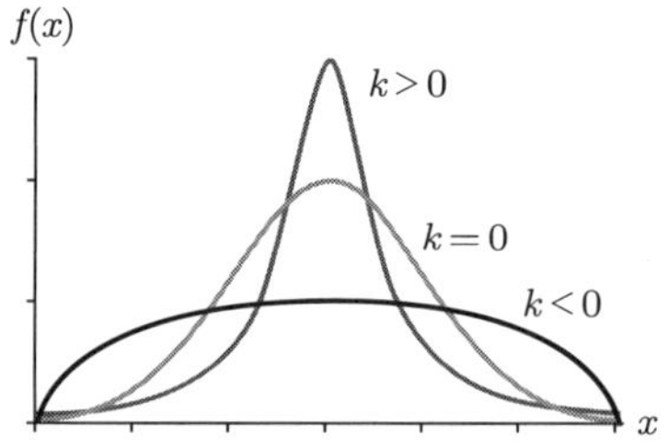

$$k = \frac{(x_1 - M)^4 + (x_2 - M)^4 + \cdots + (x_N - M)^4}{Nu^4} - 3$$

で定義される**尖度** (kurtosis) がある．この定義式は，

$$k = \frac{\left(\dfrac{x_1 - M}{u}\right)^4 + \left(\dfrac{x_2 - M}{u}\right)^4 + \cdots + \left(\dfrac{x_N - M}{u}\right)^4}{N} - 3$$

---

7) 自由度については，第 8.4 節冒頭の定義に対する脚注を参照すること．

8) 歪度には，上式以外の定義も存在する．実際，統計解析用パッケージ SPSS では，これとはやや異なる定義を用いている．

9) 標準得点については，第 8.1 節を参照すること．

と書き換えられるから，尖度は標準得点の 4 乗の平均値から 3 をひいた値である[10]．正規分布の尖度は 0 であり，正規分布よりも平均値付近にデータが集中している場合は，尖度 k の値が正になる．逆に，正規分布ほど平均値付近にデータが集まっていない場合は，尖度 k の値が負になる．

【例】 第 10.1 節であげたワンルームマンションの例において，賃料の偏差の 3 乗の総和は 65.562 であり，賃料の偏差の 4 乗の総和は 292.6984 である．したがって，歪度 g と尖度 k はそれぞれ

$$g = \frac{65.562}{25 \times 1.43^3} \approx 0.90 > 0, \quad k = \frac{292.6984}{25 \times 1.43^4} - 3 \approx -0.19$$

である．第 10.1 節で描いたヒストグラムを見ると，データのピークが左に偏り，右に裾が長い分布をしているが，ピーク付近へのデータの集中具合は正規分布と同じ程度であることがわかる．□

---

[10] 3 をひくのは，正規分布の尖度を 0 にするためである．

演習問題

1. 以下のそれぞれの測定値について，平均値，中央値，四分位偏差，標本分散，不偏分散，標本標準偏差，不偏標準偏差，歪度，尖度を求めなさい．

 (a) 58, 52, 50, 56, 35, 43, 37, 39, 55, 43, 57, 48, 67, 47, 62, 63, 52, 77, 52, 27

 (b) 44, 55, 54, 52, 59, 43, 68, 52, 53, 48, 56, 53, 41, 62, 41, 56, 71, 77, 50, 59, 65, 59, 90, 63, 54

 (c) 49, 51, 31, 46, 40, 28, 36, 40, 42, 40, 41, 38, 45, 44, 45, 31, 37, 47, 51, 44, 24, 27, 47, 43, 44, 36, 52, 31, 50, 20

 (d) 66, 22, 24, 69, 76, 39, 39, 59, 83, 73, 43, 29, 16, 57, 56, 43, 55, 29, 78, 79, 30, 41, 66, 57, 43, 84, 23, 84, 26, 71, 13, 37, 36, 41, 63

 (e) 28, 19, 80, 33, 24, 31, 68, 8, 18, 3, 45, 35, 47, 40, 95, 17, 8, 43, 20, 58, 26, 46, 53, 70, 21, 90, 33, 58, 25, 48, 19, 45, 67, 82, 49, 37, 64, 29, 14, 4

 (f) 7, 9, 15, 5, 14, 85, 57, 53, 23, 12, 37, 47, 18, 45, 25, 9, 7, 45, 23, 20, 5, 5, 7, 30, 62, 31, 37, 15, 5, 45, 12, 0, 25, 75, 41, 12, 17, 71, 57, 38, 15, 6, 93, 66, 20, 6, 3, 51, 27, 17

2. 第9.2節であげた小学校1年生男子の身長と体重の例について，身長と体重の平均値，中央値，四分位偏差，標本分散，不偏分散，標本標準偏差，不偏標準偏差，歪度，尖度を求めなさい．

3. つぎの表は，滋賀県大津市にある37の小学校における平成25年度の本務教員数（以下，教員数と略記）と児童数をまとめたものである[11]．教員数および児童数の平均値，中央値，四分位偏差，標本分散，不偏分散，標本標準偏差，不偏標準偏差，歪度，尖度を求めなさい．

小学校	教員数	児童数
葛川	7	15
伊香立	10	82
真野	28	476
堅田	37	852
仰木	13	96
雄琴	20	294
坂本	23	398
下阪本	35	714
志賀	42	835
藤尾	13	209
長等	34	732
逢坂	21	357
中央	16	222

小学校	教員数	児童数
平野	51	1142
膳所	40	668
晴嵐	41	877
石山	39	630
大石	22	441
田上	31	516
上田上	10	92
瀬田	46	1027
富士見	32	563
唐崎	42	916
瀬田南	43	887
比叡平	11	154
南郷	27	516

小学校	教員数	児童数
瀬田東	47	973
日吉台	14	183
瀬田北	41	966
真野北	19	253
仰木の里	20	218
青山	49	1031
仰木の里東	35	761
和邇	33	561
木戸	18	288
小松	14	193
小野	14	148

[11] 滋賀県教育委員会ホームページ http://www.pref.shiga.lg.jp/edu/link/suuji01/ninzu/h25/index.html による．

第 11 章　量的データの関連性

第 9.3 節では，散布図を用いて 2 つの量的データの関連性を直観的に把握する方法を学んだ．この章では，量的データの間に線形関係，すなわち，一方のデータが増えればもう一方のデータも増える，あるいは，一方のデータが増えればもう一方のデータは減るという関係が認められる場合に，その関連性の強さを定量的に明らかにする相関分析について学ぶ．さらに，複数のデータの間に成り立つ関係式を統計的に推測することによって，あるデータの変動が別なデータの変動によってどの程度説明できるかを明らかにする回帰分析の手法を学ぶ[1]．最後に，2 つのデータの関連性を分析する際に，他のデータの影響の有無を明らかにして，その影響を取り除く方法を考える．

11.1　相関分析

大学生の身長と体重[2]，ワンルームマンションの駅からの徒歩所要時間と賃料のように[3]，正の相関関係あるいは負の相関関係をもつと思われる量的データの組は世の中に多数存在する[4]．相関分析は，2 つの量的データの間に存在する相関関係を定量的に把握するための分析法である．

変数 X と変数 Y の測定値の組 $(x_1, y_1), (x_2, y_2), \ldots, (x_N, y_N)$ が得られているとき[5]，変数 X の平均値を M_x，変数 Y の平均値を M_y とすると，これらはそれぞれ次式で計算できる．

$$M_x = \frac{x_1 + x_2 + \cdots + x_N}{N}, \quad M_y = \frac{y_1 + y_2 + \cdots + y_N}{N}$$

また，変数 X の標本分散を s_x^2，変数 Y の標本分散を s_y^2 とすると，これらはそれぞれ式

$$s_x^2 = \frac{(x_1 - M_x)^2 + (x_2 - M_x)^2 + \cdots + (x_N - M_x)^2}{N} = \frac{x_1^2 + x_2^2 + \cdots + x_N^2}{N} - M_x^2,$$

$$s_y^2 = \frac{(y_1 - M_y)^2 + (y_2 - M_y)^2 + \cdots + (y_N - M_y)^2}{N} = \frac{y_1^2 + y_2^2 + \cdots + y_N^2}{N} - M_y^2$$

により計算できる．変数 X の標本分散は X の偏差の 2 乗の平均値，変数 Y の標本分散は Y の偏差の 2 乗の平均値であるが，X の偏差と Y の偏差の積の平均値

$$s_{xy} = \frac{(x_1 - M_x)(y_1 - M_y) + (x_2 - M_x)(y_2 - M_y) + \cdots + (x_N - M_x)(y_N - M_y)}{N}$$

---

[1] 相関分析において，関連性を分析する 2 つのデータの位置づけはまったく対等である．一方，回帰分析では，ある変数の値は，他の変数のとる値の組合せによって決定づけられると考える．

[2] 大学に入学する頃までは，年齢を重ねるにつれて身長も体重も増加する．ここで「大学生の」という修飾語をつけたのは，年齢による影響を抑えて，身長と体重の関連性を議論したいからである．

[3] この例においても，「地価」という第 3 の変数が存在し，駅からの徒歩所要時間と負の相関関係をもつのは地価であり，地価と賃料に正の相関関係があるから，駅からの徒歩所要時間と賃料の間に負の相関関係があるかのように見えるだけかもしれない．地価のような第 3 の変数の影響については，第 11.3 節で考える．

[4] 正の相関関係，負の相関関係については，第 9.3 節を参照すること．

[5] 大学生の身長と体重の相関関係を分析するには，N 人の大学生のそれぞれから身長の測定値と体重の測定値の双方を得る必要がある．N 人の大学生から得た身長の測定値と，別な N 人の大学生から得た体重の測定値を用いて相関関係を分析することはできない．

を変数 X と Y の**共分散** (covariance) という[6]．標本分散と同様に，共分散を式

$$s_{xy} = \frac{x_1y_1 + x_2y_2 + \cdots + x_Ny_N}{N} - M_xM_y$$

により計算することも可能である．

ある測定値 (x_i, y_i) において $x_i > M_x$ かつ $y_i > M_y$ ならば，偏差の積 $(x_i - M_x)(y_i - M_y)$ は正の値をとる．また，$x_i < M_x$ かつ $y_i < M_y$ である場合も，偏差の積 $(x_i - M_x)(y_i - M_y)$ は正になる．よって，変数 X と Y の間に正の相関関係があれば，共分散 s_{xy} の値は正になる．一方，$x_i > M_x$ かつ $y_i < M_y$ ならば，偏差の積 $(x_i - M_x)(y_i - M_y)$ は負の値をとる．また，$x_i < M_x$ かつ $y_i > M_y$ である場合も，偏差の積 $(x_i - M_x)(y_i - M_y)$ は負になる．よって，変数 X と Y の間に負の相関関係があれば，共分散 s_{xy} の値は負になる．

共分散を用いると，2 つの変数の間に正の相関関係があるか負の相関関係があるかを見わけることができる．しかし，共分散は測定値の単位の選び方によって値が変化するため，相関関係の強さを評価するために共分散を利用することはできない．たとえば，大学生の身長を X，体重を Y とするとき，変数 X の値を cm 単位で測定すると，m 単位で測定した場合に比べて共分散の値は 100 倍になる．変数 X と Y の相関関係の強さを評価したい場合には，共分散 s_{xy} を X の標準偏差 s_x と Y の標準偏差 s_y で割ることによって標準化した値

$$r_{xy} = \frac{s_{xy}}{s_xs_y}$$

を用いる．値 r_{xy} は**ピアソンの積率相関係数** (Pearson product moment correlation coefficient)，あるいは，単に**相関係数** (correlation coefficient) とよばれる．

【性質】 相関係数 r_{xy} の値は，-1 以上 1 以下である．

【証明】 表記を簡単にするために，変数 X, Y の各測定値に対する偏差を

$$v_i = x_i - M_x, \quad w_i = y_i - M_y \quad (i = 1, 2, \ldots, N)$$

とおく．そのとき，X と Y の標本分散はそれぞれ

$$s_x^2 = \frac{v_1^2 + v_2^2 + \cdots + v_N^2}{N}, \quad s_y^2 = \frac{w_1^2 + w_2^2 + \cdots + w_N^2}{N}$$

と書き換えられ，共分散は

$$s_{xy} = \frac{v_1w_1 + v_2w_2 + \cdots + v_Nw_N}{N}$$

と書き換えられるから，相関係数は式

$$r_{xy} = \frac{s_{xy}}{s_xs_y} = \frac{v_1w_1 + v_2w_2 + \cdots + v_Nw_N}{\sqrt{(v_1^2 + v_2^2 + \cdots + v_N^2)(w_1^2 + w_2^2 + \cdots + w_N^2)}}$$

により計算できる．よって，もし

$$v_1w_1 + v_2w_2 + \cdots + v_Nw_N = 0$$

ならば $r_{xy} = 0$ であるから主張は正しい．そこで，以下では

[6] 共分散の記号 s_{xy} には，2 乗を表す上付添字の 2 を書かないことに注意すること．

$$v_1w_1 + v_2w_2 + \cdots + v_Nw_N \neq 0$$

と仮定する．任意の t に対して式

$$\begin{aligned}&\{(v_1w_1 + v_2w_2 + \cdots + v_Nw_N)v_1t + w_1\}^2\\&\quad + \{(v_1w_1 + v_2w_2 + \cdots + v_Nw_N)v_2t + w_2\}^2\\&\qquad + \cdots + \{(v_1w_1 + v_2w_2 + \cdots + v_Nw_N)v_Nt + w_N\}^2 \geqq 0\end{aligned}$$

が成り立つから，左辺を展開すると

$$\begin{aligned}&(v_1w_1 + v_2w_2 + \cdots + v_Nw_N)^2(v_1^2 + v_2^2 + \cdots + v_N^2)t^2\\&\quad + 2(v_1w_1 + v_2w_2 + \cdots + v_Nw_N)^2t + (w_1^2 + w_2^2 + \cdots + w_N^2) \geqq 0\end{aligned}$$

を得る．任意の t に対してこの二次不等式が成り立つから，t に関する二次方程式

$$\begin{aligned}&(v_1w_1 + v_2w_2 + \cdots + v_Nw_N)^2(v_1^2 + v_2^2 + \cdots + v_N^2)t^2\\&\quad + 2(v_1w_1 + v_2w_2 + \cdots + v_Nw_N)^2t + (w_1^2 + w_2^2 + \cdots + w_N^2) = 0\end{aligned}$$

の解は重解か虚数解であり，判別式

$$\begin{aligned}D &= (v_1w_1 + v_2w_2 + \cdots + v_Nw_N)^4\\&\quad - (v_1w_1 + v_2w_2 + \cdots + v_Nw_N)^2(v_1^2 + v_2^2 + \cdots + v_N^2)(w_1^2 + w_2^2 + \cdots + w_N^2)\end{aligned}$$

の値は 0 以下である．ここで，

$$v_1w_1 + v_2w_2 + \cdots + v_Nw_N \neq 0$$

と仮定したことに注意すると，

$$(v_1w_1 + v_2w_2 + \cdots + v_Nw_N)^2 \leqq (v_1^2 + v_2^2 + \cdots + v_N^2)(w_1^2 + w_2^2 + \cdots + w_N^2)$$

を得る．よって

$$r_{xy}^2 = \frac{(v_1w_1 + v_2w_2 + \cdots + v_Nw_N)^2}{(v_1^2 + v_2^2 + \cdots + v_N^2)(w_1^2 + w_2^2 + \cdots + w_N^2)} \leqq 1$$

であることがわかる[7]．これは，$-1 \leqq r_{xy} \leqq 1$ であることを表している．□

相関係数 r_{xy} の絶対値は，相関関係の強さを表す．一般に，

$$0.2 \leqq |\, r_{xy} \,| \leqq 0.4$$

であれば変数 X と Y の間に弱い相関関係があるといい，

$$|\, r_{xy} \,| \geqq 0.7$$

であれば強い相関関係があるということが多い[8]．

---

[7] もし $(v_1^2 + v_2^2 + \cdots + v_N^2)(w_1^2 + w_2^2 + \cdots + w_N^2) = 0$ ならば，$v_1w_1 + v_2w_2 + \cdots + v_Nw_N = 0$ であり，仮定に反することに注意しよう．

[8] 相関係数 r_{xy} の絶対値が 0.2 未満であっても，相関関係がないとは限らない．相関関係の有無を統計的に検証するには，**無相関の検定** (test of correlation coefficient) を行う必要がある．無相関の検定については，文献 [7] などを参照すること．

【例】右の表は大学生 10 人の身長と体重である．身長と体重の間に相関関係があるか否かを調べなさい．

学生	1	2	3	4	5	6	7	8	9	10
身長 (cm)	169	167	163	178	169	168	164	176	159	187
体重 (kg)	65	58	55	58	49	66	68	60	66	75

身長を X, 体重を Y とすると，それぞれの平均値は

$$M_x = \frac{169+167+163+178+169+168+164+176+159+187}{10} = \frac{1700}{10} = 170,$$
$$M_y = \frac{65+58+55+58+49+66+68+60+66+75}{10} = \frac{620}{10} = 62$$

であるから，それぞれの標本分散は

$$s_x^2 = \frac{1^2+3^2+7^2+8^2+1^2+2^2+6^2+6^2+11^2+17^2}{10} = \frac{610}{10} = 61,$$
$$s_y^2 = \frac{3^2+4^2+7^2+4^2+13^2+4^2+6^2+2^2+4^2+13^2}{10} = \frac{500}{10} = 50$$

と計算できる．また，共分散は

$$s_{xy} = \frac{-1\times3+3\times4+7\times7-8\times4+1\times13-2\times4-6\times6-6\times2-11\times4+17\times3}{10} = \frac{160}{10} = 16$$

であるから，相関係数を r_{xy} とおくと，その値は

$$r_{xy} = \frac{16}{\sqrt{61\times50}} \approx 0.290$$

と計算できるので，身長と体重の間には弱い正の相関関係があるといえる．□

11.2　回帰分析

ある町のワンルームマンションについて，駅からの徒歩所要時間，床面積，築年数が与えられれば，賃料がどれくらいになるかはおよそ見当がつくというように，ある変数の値が他のいくつかの変数の値で説明できるような例は少なくない．回帰分析は，ある変数の値が他のいくつかの変数の一次関数で説明できるか否かを明らかにする分析法である．

以下では，ある変数 Y の値を p 個の変数 $X_1, X_2, \ldots, X_p$ の一次関数

$$Y = b_0 + b_1X_1 + b_2X_2 + \cdots + b_pX_p$$

で予測することを考える[9]．変数 $X_1, X_2, \ldots, X_p$ はその値を自由に設定できる**独立変数** (independent variable)，変数 Y は値が自動的に決まる**従属変数** (dependent variable) であるが，回帰分析では従属変数を**目的変数** (objective variable) または**被説明変数** (explained variable)，独立変数を**説明変数** (explanatory variable) とよぶことが多い．また，上の一次関数を**回帰式** (regression coefficient) といい，説明変数の係数 $b_1, b_2, \ldots, b_p$ を**偏回帰係数** (partial regression coefficient)，b_0 を**切片** (intercept) または**定数項** (constant term) という．説明変数が 1 個だけの回帰分析を**単回帰分析** (simple regression

[9] 数学では，独立変数の係数に $a_1, a_2, \ldots, a_p$，定数項に b という文字をあてて，一次関数を $Y = a_1X_1 + a_2X_2 + \cdots + a_pX_p + b$ と書くことが多いが，回帰分析では偏回帰係数に $b_1, b_2, \ldots, b_p$，定数項に b_0 という文字を割当てるのが一般的である．統計解析用のソフトウェアパッケージ SPSS においても，偏回帰係数の分析結果は B と書かれた欄に表示される．

analysis)，説明変数が 2 個以上の回帰分析を**重回帰分析** (multiple regression analysis) とよんで区別する場合も多いが，単回帰分析は重回帰分析の特別な場合とみなせるため，ここでは重回帰分析についてのみ述べ，必要に応じて単回帰分析の場合の分析法について注釈を加えることにする．

11.2.1 偏回帰係数

説明変数 $X_1, X_2, \ldots, X_p$ がある値 $x_{i1}, x_{i2}, \ldots, x_{ip}$ をとるとき，目的変数 Y の値が説明変数によって完全に説明されるのであれば，目的変数 Y は式

$$\hat{y}_i = b_0 + b_1 x_{i1} + b_2 x_{i2} + \cdots + b_p x_{ip}$$

で定義される値 $\hat{y}_i$ をとる．値 $\hat{y}_i$ を，目的変数 Y の**予測値** (predicted value) または**理論値** (theoretical value) という．目的変数 Y の測定値 y_i は，説明変数 $X_1, X_2, \ldots, X_p$ 以外の要因や偶然性によって予測値 $\hat{y}_i$ からずれると考えられる．測定値の予測値からのずれを**誤差** (error) または**残差** (residual) といい，e_i と書く．そのとき，測定値 y_i は式

$$y_i = b_0 + b_1 x_{i1} + b_2 x_{i2} + \cdots + b_p x_{ip} + e_i$$

で表現できる[10]．回帰分析では，誤差 e_i は平均値 0 の正規分布に従う確率変数の実現値であると仮定し，その絶対値ができるだけ小さくなるように偏回帰係数 $b_1, b_2, \ldots, b_p$ と切片 b_0 を定める．

いま，説明変数と目的変数の測定値の組

$$(x_{11}, x_{12}, \ldots, x_{1p}; y_1), (x_{21}, x_{22}, \ldots, x_{2p}; y_2), \ldots, (x_{N1}, x_{N2}, \ldots, x_{Np}; y_N)$$

が得られているものとする．説明変数 X_j の平均値を M_j，目的変数 Y の平均値を M_y とすると，

$$M_j = \frac{x_{1j} + x_{2j} + \cdots + x_{Nj}}{N} \quad (j = 1, 2, \ldots, p), \qquad M_y = \frac{y_1 + y_2 + \cdots + y_N}{N}$$

である．また，説明変数 X_j の標本分散を s_j^2 とすると，s_j^2 は式

$$\begin{aligned} s_j^2 &= \frac{(x_{1j} - M_j)^2 + (x_{2j} - M_j)^2 + \cdots + (x_{Nj} - M_j)^2}{N} \\ &= \frac{x_{1j}^2 + x_{2j}^2 + \cdots + x_{Nj}^2}{N} - M_j^2 \qquad (j = 1, 2, \ldots, p) \end{aligned}$$

により計算でき，目的変数 Y の標本分散を s_y^2 とすると，s_y^2 は式

$$s_y^2 = \frac{(y_1 - M_y)^2 + (y_2 - M_y)^2 + \cdots + (y_N - M_y)^2}{N} = \frac{y_1^2 + y_2^2 + \cdots + y_N^2}{N} - M_y^2$$

により計算できる．さらに，説明変数 X_j と X_k の共分散を s_{jk} とすると，

$$\begin{aligned} s_{jk} &= \frac{(x_{1j} - M_j)(x_{1k} - M_k) + (x_{2j} - M_j)(x_{2k} - M_k) + \cdots + (x_{Nj} - M_j)(x_{Nk} - M_k)}{N} \\ &= \frac{x_{1j}x_{1k} + x_{2j}x_{2k} + \cdots + x_{Nj}x_{Nk}}{N} - M_j M_k \qquad (j = 1, 2, \ldots, p;\ k = 1, 2, \ldots, p) \end{aligned}$$

---

[10] 説明変数 $X_1, X_2, \ldots, X_p$ にその測定値 $x_{i1}, x_{i2}, \ldots, x_{ip}$ を代入して，目的変数 Y の予測値 $\hat{y}_i$ を求めるための式 $Y = b_0 + b_1 X_1 + b_2 X_2 + \cdots + b_p X_p$ を**予測式** (prediction equation) とよび，目的変数 Y の測定値 y_i が満たすべき式 $y_i = b_0 + b_1 x_{i1} + b_2 x_{i2} + \cdots + b_p x_{ip} + e_i$ を回帰式とよんで区別する場合もある．

であり，説明変数 X_j と目的変数 Y の共分散を s_{jy} とすると，

$$\begin{aligned} s_{jy} &= \frac{(x_{1j}-M_j)(y_1-M_y)+(x_{2j}-M_j)(y_2-M_y)+\cdots+(x_{Nj}-M_j)(y_N-M_y)}{N} \\ &= \frac{x_{1j}y_1+x_{2j}y_2+\cdots+x_{Nj}y_N}{N}-M_jM_y \qquad (j=1,2,\ldots,p) \end{aligned}$$

である．なお，共分散 s_{jk} の定義は，$j=k$ ならば標本分散 s_j^2 の定義に一致する．そこで，以下では必要に応じて説明変数 X_j の標本分散を s_{jj} と表記することにする．

偏回帰係数と切片は，測定値の予測値からのずれができるだけ小さくなるように決定すればよいから，次式で定義される誤差 $e_1,e_2,\ldots,e_N$ の 2 乗和 q を最小にする $b_1,b_2,\ldots,b_p$ と b_0 を求めればよい．

$$\begin{aligned} q &= e_1^2+e_2^2+\cdots e_N^2 \\ &= \{y_1-(b_0+b_1x_{11}+b_2x_{12}+\cdots+b_px_{1p})\}^2 \\ &\quad+\{y_2-(b_0+b_1x_{21}+b_2x_{22}+\cdots+b_px_{2p})\}^2 \\ &\quad\quad+\cdots+\{y_N-(b_0+b_1x_{N1}+b_2x_{N2}+\cdots+b_px_{Np})\}^2 \end{aligned}$$

値 q は，一般に**残差平方和** (sum of squares of residuals) とよばれ，その値を最小にする $b_1,b_2,\ldots,b_p$ と b_0 を求める方法を**最小二乗法** (least squares method) という．

【性質】 残差平方和 q を最小にする偏回帰係数 $b_1,b_2,\ldots,b_p$ は，連立一次方程式

$$\begin{aligned} s_{11}b_1+s_{12}b_2+\cdots+s_{1p}b_p &= s_{1y}, \\ s_{21}b_1+s_{22}b_2+\cdots+s_{2p}b_p &= s_{2y}, \\ &\vdots \\ s_{p1}b_1+b_{p2}b_2+\cdots+s_{pp}b_p &= s_{py} \end{aligned}$$

の解である．この連立一次方程式を，**正規方程式** (normal equation) という．また，切片 b_0 は式

$$b_0 = M_y-(M_1b_1+M_2b_2+\cdots+M_pb_p)$$

により計算できる．

【証明】 残差平方和 q は $b_1,b_2,\ldots,b_p$ と b_0 の二次関数であるから，q を $b_1,b_2,\ldots,b_p$ および b_0 のそれぞれで偏微分して得られる関数の値を 0 おけばよい．計算の詳細は，巻末の付録 C を参照されたい．□

なお，説明変数の数が 1 個の場合，すなわち，回帰式

$$Y = b_0+b_1X$$

を用いて目的変数 Y の値を予測するとき，係数 b_1 と切片 b_0 の値は次式で計算できる．

$$b_1 = \frac{s_{xy}}{s_x^2}, \quad b_0 = M_y-M_xb_1$$

ただし，M_x と s_x^2 はそれぞれ説明変数 X の平均値と分散，s_{xy} は X と Y の共分散である．

正規方程式の係数は説明変数の共分散であり，右辺定数は説明変数と目的変数の共分散である．第 11.1 節でも述べたように，共分散の値は単位のとり方によって値の大きさが変化する．したがって，偏回帰係数 b_j の絶対値が b_k の絶対値より大きいからといって，説明変数 X_j の方が X_k より

目的変数 Y に与える影響力が大きいとはいえない．各説明変数が独立変数に与える影響の大きさを比較したい場合には，各変数を標準化したうえで偏回帰係数を計算する必要がある[11]．標準化した変数間の共分散は，標準化する前の変数間の相関係数に等しいから[12]，共分散を係数，定数にもつ正規方程式のかわりに，相関係数を係数，定数にもつ連立一次方程式

$$\begin{aligned} r_{11}\beta_1 + r_{12}\beta_2 + \cdots + r_{1p}\beta_p &= r_{1y}, \\ r_{21}\beta_1 + r_{22}\beta_2 + \cdots + r_{2p}\beta_p &= r_{2y}, \\ &\vdots \\ r_{p1}\beta_1 + r_{p2}\beta_2 + \cdots + r_{pp}\beta_p &= r_{py} \end{aligned}$$

を解けばよい．ただし，

$$\begin{aligned} r_{jj} &= 1 \qquad (j = 1, 2, \ldots, p), \\ r_{jk} &= \frac{s_{jk}}{s_j s_k} \qquad (j = 1, 2, \ldots, p;\ k = 1, 2, \ldots, p;\ j \neq k), \\ r_{jy} &= \frac{s_{jy}}{s_j s_y} \qquad (j = 1, 2, \ldots, p) \end{aligned}$$

である．上に示した相関係数を係数, 定数にもつ連立一次方程式を解くことによって得られる $\beta_1, \beta_2, \ldots, \beta_p$ を**標準偏回帰係数** (standardized partial regression coefficient) という[13]．標準偏回帰係数を用いると，各説明変数が目的変数に及ぼす影響力の強さを比較することができる．すなわち，もし $|\beta_j| > |\beta_k|$ ならば，説明変数 X_j の方が X_k より目的変数 Y に与える影響力が大きいといえる．

【性質】 標準偏回帰係数 β_j は，偏回帰係数 b_j から次式で計算できる．

$$\beta_j = \frac{b_j s_j}{s_y} \quad (j = 1, 2, \ldots, p)$$

【証明】 偏回帰係数 $b_1, b_2, \ldots, b_p$ は正規方程式の解だから，

$$s_{j1}b_1 + s_{j2}b_2 + \cdots + s_{jp}b_p = s_{jy} \quad (j = 1, 2, \ldots, p)$$

が成り立つ．この式の両辺を $s_j s_y$ で割ると

$$\frac{s_{j1}}{s_j} \times \frac{b_1}{s_y} + \frac{s_{j2}}{s_j} \times \frac{b_2}{s_y} + \cdots + \frac{s_{jp}}{s_j} \times \frac{b_p}{s_y} = \frac{s_{jy}}{s_j s_y} \quad (j = 1, 2, \ldots, p)$$

であるが，これを変形すると

---

[11] 標準化については，第 8.1 節を参照すること．

[12] 変数 X_j の平均値を M_j，標本分散を s_j^2 とするとき，X_j を標準化した変数 Z_j の値は式 $Z_j = (X_j - M_j)/s_j$ で求められる．変数 X_j の測定値 x_{ij} に対応する Z_j の値を z_{ij} とすると，変数 Z_j の平均値は 0 であるから，Z_j と Z_k の共分散は，式

$$\begin{aligned} \frac{z_{1j}z_{1k} + z_{2j}z_{2k} + \cdots + z_{Nj}z_{Nk}}{N} &= \frac{(x_{1j} - M_j)(x_{1k} - M_k) + (x_{2j} - M_j)(x_{2k} - M_k) + \cdots + (x_{Nj} - M_j)(x_{Nk} - M_k)}{N s_j s_k} \\ &= \frac{s_{jk}}{s_j s_k} = r_{jk} \end{aligned}$$

より X_j と X_k の相関係数と一致することがわかる．

[13] 標準化した変数の平均値は 0 だから，標準化した変数で記述した回帰式の切片は 0 になる．

$$r_{j1} \times \frac{b_1 s_1}{s_y} + r_{j2} \times \frac{b_2 s_2}{s_y s_2} + \cdots + r_{jp} \times \frac{b_p s_p}{s_y} = r_{jy} \quad (j = 1, 2, \ldots, p)$$

を得る．これは，

$$\beta_j = \frac{b_j s_j}{s_y} \quad (j = 1, 2, \ldots, p)$$

であることを示している．□

【例】右の表は，日平均湿度 (%)，日平均風速 (m/s)，静水面からの蒸発量 (mm/日) を 10 日間にわたって測定した結果である．蒸発量を湿度と風速から予測する回帰式を求めなさい．また，湿度と風速のどちらが蒸発量により大きく影響しているかを調べなさい．

湿度	風速	蒸発量
81	2	2
61	5	6
43	4	8
22	1	6
40	8	10
63	2	3
77	5	4
56	7	7
38	1	4
19	5	10

湿度，風速，蒸発量の平均値をそれぞれ M_1, M_2, M_y とおくと

$$M_1 = 50, \quad M_2 = 4, \quad M_y = 6$$

であり，標本分散をそれぞれ s_1^2, s_2^2, s_y^2 とおくと

$$s_1^2 = 405.4, \quad s_2^2 = 5.4, \quad s_y^2 = 7$$

である．また，湿度と風速，湿度と蒸発量，風速と蒸発量の共分散をそれぞれ s_{12}, s_{1y}, s_{2y} とおくと

$$s_{12} = 1.7, \quad s_{1y} = -36.5, \quad s_{2y} = 4.1$$

である．よって，蒸発量 Y が湿度 X_1 と風速 X_2 を用いて式

$$Y = b_0 + b_1 X_1 + b_2 X_2$$

により計算できると仮定すると，偏回帰係数 b_1, b_2 は正規方程式

$$\begin{aligned} 405.4\, b_1 + 1.7\, b_2 &= -36.5, \\ 1.7\, b_1 + 5.4\, b_2 &= \quad 4.1 \end{aligned}$$

の解である．これを解くと，

$$\begin{aligned} b_1 &= \frac{-36.5 \times 5.4 - 1.7 \times 4.1}{405.4 \times 5.4 - 1.7 \times 1.7} \approx -0.0933, \\ b_2 &= -\frac{405.4 \times 4.1 + 36.5 \times 1.7}{405.4 \times 5.4 - 1.7 \times 1.7} \approx 0.789 \end{aligned}$$

を得る．また，切片 b_0 は

$$b_0 = M_y - (M_1 b_1 + M_2 b_2) \approx 6 - \{50 \times (-0.0933) + 4 \times 0.789\} \approx 7.51$$

である．したがって，蒸発量 Y は次式で予測できる．

$$Y = 7.51 - 0.0933 X_1 + 0.789 X_2$$

なお，標準偏回帰係数は

$$\begin{aligned} \beta_1 &= \frac{b_1 s_1}{s_y} \approx -0.0933 \times \sqrt{\frac{405.4}{7}} \approx -0.710, \\ \beta_2 &= \frac{b_2 s_2}{s_y} \approx 0.789 \times \sqrt{\frac{5.4}{7}} \approx 0.693 \end{aligned}$$

であるから，日平均湿度の方がわずかに影響力が強い．□

11.2.2　決定係数

目的変数 Y の測定値は，回帰式による予測値に誤差を加えたものとみなすことができるから，式

$$y_i = \hat{y}_i + e_i \quad (i = 1, 2, \ldots, N)$$

が成り立つ．両辺から測定値 y_i $(i = 1, 2, \ldots, N)$ の平均値 M_y をひくと，

$$y_i - M_y = (\hat{y}_i - M_y) + e_i \quad (i = 1, 2, \ldots, N)$$

を得る．この式は，説明変数 $X_1, X_2, \ldots, X_p$ の値を変化させたときに生じる測定値 y_i の平均値 M_y からの変動量 $(y_i - M_y)$ が，回帰式によって説明できる変動量 $(\hat{y}_i - M_y)$ と，回帰式によって説明できない誤差 e_i に分解できることを表している．これらの変動量や誤差は，$i = 1, 2, \ldots, N$ のそれぞれに対して正になる場合と負になる場合があるので，それらの 2 乗和，すなわち，分散を用いてその大きさを評価することが望ましいが，測定値の分散も予測値の分散と誤差の分散の和になることを示すことができる．

【性質】 測定値の標本分散，予測値の標本分散，誤差の標本分散をそれぞれ $s_y^2, s_{\hat{y}}^2, s_e^2$ とすると，

$$s_y^2 = s_{\hat{y}}^2 + s_e^2$$

が成り立つ．

【証明】 偏回帰係数を最小二乗法で決定するとき，測定値の平均値を M_y，予測値の平均値を $M_{\hat{y}}$ とすると $M_y = M_{\hat{y}}$ が成り立つ．また，誤差の平均値を M_e とすると $M_e = 0$ であるが，

$$\frac{x_{1j}e_1 + x_{2j}e_2 + \cdots + x_{Nj}e_N}{N} = 0 \quad (j = 1, 2, \ldots, p)$$

も成り立つ．証明すべき等式はこれらの関係から導けるが，詳細は付録 C を参照されたい．□

回帰式が目的変数をよく説明できていれば，測定値の変動の大きさは回帰式によって計算される予測値の変動の大きさと一致するはずである．逆に，測定値の変動の大半が誤差の変動で占められていれば，回帰式は目的変数を十分に説明できていないことになる．そこで，測定値の変動から誤差による変動を取り除いた部分の占める割合，すなわち，測定値の変動のうち回帰式によって説明できる変動が占める割合を**決定係数** (coefficient of determination) といい，R^2 と書く．すなわち

$$R^2 = 1 - \frac{s_e^2}{s_y^2} = \frac{s_{\hat{y}}^2}{s_y^2}$$

である．性質 $s_y^2 = s_{\hat{y}}^2 + s_e^2$ より，R^2 は 0 以上 1 以下の値をとる．決定変数 R^2 は，回帰式が目的変数をどの程度よく説明できているかを評価する指標であり，その値が 1 に近いほど，回帰式は測定値によくあてはまっていると言える．とくに，$R^2 = 1$ ならば誤差（の分散）は 0 であるから，回帰式は目的変数を完全に説明できていることになる．逆に，$R^2 = 0$ ならば，測定値の変動はすべて誤差であり，回帰式は目的変数をまったく説明できていないことになる．

ところで，回帰式が目的変数をよく説明していれば，予測値 $\hat{y}$ が大きくなれば測定値 y も大きくなり，予測値 $\hat{y}$ が小さくなれば測定値 y も小さくなるはずである．したがって，測定値と予測値の相関係数 $r_{y\hat{y}}$ を用いて回帰式の説明力を評価することも可能である．実際，$r_{y\hat{y}}$ は**重相関係数** (multiple correlation coefficient) とよばれ，決定係数との間につぎの関係式が成り立つ．

【性質】 重相関係数の 2 乗は決定係数に等しい．すなわち，次式が成り立つ．

$$r_{y\hat{y}}^2 = R^2$$

【証明】 最小二乗法を用いて偏回帰係数を決定すると $M_y = M_{\hat{y}}$, $M_e = 0$ になることから導けるが，詳細は付録 C を参照されたい．□

説明変数の数が 1 個の場合，すなわち，回帰式

$$Y = b_0 + b_1 X$$

を用いて目的変数 Y の値を予測するとき，説明変数 X と目的変数 Y の相関係数 r_{xy} が 1 ならば (X, Y) の測定値をプロットすると 1 直線上に並び，回帰式はその直線の方程式になるはずである．逆に，r_{xy} が 0 ならばどのような回帰式も測定値にはあてはまらないと考えられる．そこで，相関係数 r_{xy} を用いて回帰式の説明力を評価できる．実際，つぎの性質が成り立つ．

【性質】 説明変数が 1 個の場合，説明変数と目的変数の相関係数の 2 乗は決定係数に等しい．すなわち，回帰式

$$Y = b_0 + b_1 X$$

の決定係数を R^2 とするとき，次式が成り立つ．

$$r_{xy}^2 = R^2$$

【証明】 予測値の標本分散 $s_{\hat{y}}^2$ が説明変数と目的変数の共分散 s_{xy} の b_1 倍になることより従うが，詳細は付録 C を参照されたい．□

この性質は，相関係数のもつ数学的意味をよく表している．実際，決定係数の定義より

$$r_{xy}^2 = R^2 = 1 - \frac{s_e^2}{s_y^2} = \frac{s_{\hat{y}}^2}{s_y^2}$$

であることに注意すると，相関係数 r_{xy} の 2 乗は変数 X と Y の間に存在する一次関数で表現される関連性の度合いを表し，残りの $1 - r_{xy}^2$ は誤差の大きさを表していることがわかる．

一方，説明変数の数が 2 個以上の場合は，説明変数の数が増えるほど決定係数の値が増加する傾向にある．そこで，決定係数の計算では，測定値や誤差の標本分散ではなく不偏分散を用いることが多い．

【性質】 測定値の不偏分散を u_y^2，誤差の不偏分散を u_e^2 とすると，これらは次式で計算される．

$$u_y^2 = \frac{(y_1 - M_y)^2 + (y_2 - M_y)^2 + \cdots + (y_N - M_y)^2}{N-1} = \frac{N}{N-1} s_y^2,$$
$$u_e^2 = \frac{e_1^2 + e_2^2 + \cdots + e_N^2}{N-p-1} = \frac{N}{N-p-1} s_e^2$$

【証明】 測定値の不偏分散については明らかであろう．回帰分析では，誤差は平均値 0 の正規分布に従うと仮定するが，誤差の母分散を σ^2 とすると

$$E(e_1^2 + e_2^2 + \cdots + e_N^2) = (N - p - 1)\sigma^2$$

であることが知られている（証明は，巻末にあげた文献 [1] を参照されたい）．これは，$(e_1^2+e_2^2+\cdots+e_N^2)/(N-p-1)$ が σ^2 の不偏推定量である，すなわち，誤差の不偏分散になることを表している．□

次式で定義される値 $\hat{R}^2$ を，**自由度調整済決定係数** (multiple correlation coefficient adjusted for the degree of freedom) という．

$$\hat{R}^2 = 1-\frac{u_e^2}{u_y^2} = 1-\frac{s_e^2/(N-p-1)}{s_y^2/(N-1)} = 1-\frac{N-1}{N-p-1}(1-R^2)$$

測定値の件数 N が十分大きければ，$\hat{R}^2$ は R^2 とほぼ同じ値になるが，N の値が小さい場合は，説明変数の個数 p が多いほど $\hat{R}^2$ の値は R^2 より小さくなる．そこで，説明変数の個数は多いが測定値の件数が十分に確保できない場合は，自由度調整済決定係数 $\hat{R}^2$ を用いて回帰式のあてはまり具合を評価する．

【例】 右の表は，ある農作物について，種まき後 1 か月を経過した時に施した追肥の量と，その作物 1 株あたりの収穫量を 10 株について測定した結果である．収穫量を追肥量から予測する回帰式を求め，決定係数を用いて説明力を評価しなさい．

追肥量	収穫量
5	46
7	62
5	44
8	53
2	39
7	41
3	37
5	43
6	49
4	51

追肥量と収穫量の平均値をそれぞれ M_x, M_y とおくと

$$M_x = 5.2,\quad M_y = 46.5$$

であり，追肥量と収穫量の標本分散，および，追肥量と収穫量の共分散をそれぞれ s_x^2, s_y^2, s_{xy} とおくと

$$s_x^2 = 3.16,\quad s_y^2 = 50.45,\quad s_{xy} = 7.9$$

である．よって，収穫量 Y が追肥量 X を用いて式

$$Y = b_0 + b_1 X$$

により計算できると仮定すると，回帰係数 b_1 と切片 b_0 は

$$b_1 = \frac{s_{xy}}{s_x^2} = \frac{7.9}{3.16} = 2.5,\quad b_0 = M_y - M_x b_1 = 46.5 - 5.2\times 2.5 = 33.5$$

である．したがって，収穫量 Y は次式で予測できる．

$$Y = 33.5 + 2.5X$$

そのとき，収穫量の予測値は右の表のように計算できるので，予測値の平均値と分散は，それぞれ

追肥量	収穫量 予測値	収穫量 測定値
5	46.0	46
7	51.0	62
5	46.0	44
8	53.5	53
2	38.5	39
7	51.0	41
3	41.0	37
5	46.0	43
6	48.5	49
4	43.5	51

$$M_{\hat{y}} = 46.5,\quad s_{\hat{y}}^2 = 19.75$$

である．よって，決定係数はつぎのように計算できる．

$$R^2 = \frac{s_{\hat{y}}^2}{s_y^2} = \frac{19.75}{50.45} \approx 0.391$$

一方，追肥量と収穫量の相関係数およびその 2 乗は，それぞれ

$$r_{xy} = \frac{7.9}{\sqrt{3.16\times 50.45}} \approx 0.626,\quad r_{xy}^2 \approx 0.391$$

である．また，収穫量の測定値と予測値の共分散は

$$s_{y\hat{y}} = 19.75$$

であるから，重相関係数およびその 2 乗は，それぞれ

$$r_{y\hat{y}} = \frac{19.75}{\sqrt{50.45 \times 19.75}} \approx 0.626, \quad r_{y\hat{y}}^2 \approx 0.391$$

と計算でき，

$$R^2 = r_{xy}^2 = r_{y\hat{y}}^2$$

であることが確かめられる．□

11.3 変数のコントロール

物理化学法則によってある変数の値が別な変数の一次関数によって計算できるとき，それらの変数の測定値の間には強い相関関係があると予想される．しかし，ある変数の値と別な変数の値の間に相関関係が認められたからといって，それらの変数の間に直接的な因果関係が存在するとは限らない．実際，まったく因果関係が存在しない 2 つのデータの測定値の間に相関関係が認められる場合も少なくない．

【例】 右の表は，ある地区に住む 10 人の子供たちの年齢と体重 (kg)，立幅跳の記録 (cm) をまとめたものである．体重，立幅跳の記録をそれぞれ変数 Y, Z で表し，それらの平均値をそれぞれ M_y, M_z とおくと

年齢	体重	立幅跳
12	48	143
6	26	131
9	28	149
11	44	191
12	45	202
7	33	147
15	54	221
8	25	130
5	20	131
15	57	225

$$M_y = 38, \quad M_z = 167$$

であり，体重，立幅跳の記録の標本分散をそれぞれ s_y^2, s_z^2 とおくと

$$s_y^2 = 156.4, \quad s_z^2 = 1334.2$$

である．また，体重と立幅跳の記録の共分散を s_{yz} とおくと

$$s_{yz} = 395.4$$

であるから，相関係数 r_{yz} は次式で計算される．

$$r_{yz} = \frac{s_{yz}}{s_y s_z} = \frac{395.4}{\sqrt{156.4 \times 1334.2}} \approx 0.866$$

すなわち，体重と立幅跳の記録の間には強い正の相関関係が認められる．しかし，立幅跳の記録を伸ばすためには体重を増やす方がよい，という主張は納得しがたいであろう．

上の表には，10 人の子供たちの年齢も示されている．いま，年齢を変数 X で表し，その平均値を M_x，標本分散を s_x^2 とおくと，

$$M_x = 10, \quad s_x^2 = 11.4$$

である．また，年齢と体重の共分散を s_{xy}，年齢と立幅跳の記録の共分散を s_{xz} とおくと

$$s_{xy} = 40.4, \quad s_{xz} = 108.2$$

であるから，相関係数 r_{xy} と r_{xz} はそれぞれ次式で計算される．

$$r_{xy} = \frac{s_{xy}}{s_x s_y} = \frac{40.4}{\sqrt{11.4 \times 156.4}} \approx 0.957, \quad r_{xz} = \frac{s_{xz}}{s_x s_z} = \frac{108.2}{\sqrt{11.4 \times 1334.2}} \approx 0.877,$$

すなわち，年齢と体重の間，年齢と立幅跳の記録の間にはいずれも強い正の相関関係が認められる．子供たちの体重や運動能力が年齢と因果関係をもつことは，誰しも納得できることである．

体重と立幅跳の記録の間に観測された強い正の相関関係は，年齢と体重の間と，年齢と立幅跳の記録の間に存在する相関関係に起因する見かけ上の相関関係であり，**擬似相関関係** (spurious correlation) とよばれる．体重と立幅跳の記録の間に存在する真の相関関係の強さを調べるためには，体重と立幅跳の記録から年齢の影響を取り除いて相関係数を計算する必要がある．□

変数 X と変数 Y の間，および，変数 X と変数 Z の間に相関関係があるとき，変数 X の影響を取り除いた変数 Y と変数 Z の相関係数は，回帰分析の考え方を用いてつぎのように計算できる．変数 Y と変数 Z の値は，それぞれ変数 X の一次関数

$$Y = b_0 + b_1 X, \quad Z = c_0 + c_1 X$$

により予測できるものと仮定する．変数 X, Y, Z の測定値の組

$$(x_1, y_1, z_1), (x_2, y_2, z_2), \ldots, (x_N, y_N, z_N)$$

が得られているとき，変数 X, Y, Z の平均値をそれぞれ M_x, M_y, M_z とおき，標本分散をそれぞれ s_x^2, s_y^2, s_z^2 とおく，また，変数 X と変数 Y，変数 X と変数 Z の共分散をそれぞれ s_{xy}, s_{xz} とおく．そのとき，第 11.2.1 節で述べたように，偏回帰係数 b_1, c_1 と切片 b_0, c_0 はそれぞれ式

$$\begin{aligned} b_1 &= \frac{s_{xy}}{s_x^2}, \quad b_0 = M_y - M_x b_1, \\ c_1 &= \frac{s_{xz}}{s_x^2}, \quad c_0 = M_z - M_x c_1 \end{aligned}$$

により計算できる．変数 Y と変数 Z の値から変数 X の影響を取り除いた値を格納する変数をそれぞれ V, W とする．変数 X の測定値 x_i に対応する変数 Y と変数 Z の予測値をそれぞれ $\hat{y}_i$, $\hat{z}_i$ とおき，変数 V と変数 W の測定値をそれぞれ v_i, w_i とおくと，

$$\begin{aligned} v_i &= y_i - \hat{y}_i = y_i - \left\{ (M_y - M_x b_1) + b_1 x_i \right\} = y_i - M_y - \frac{s_{xy}}{s_x^2}(x_i - M_x), \\ w_i &= z_i - \hat{z}_i = z_i - \left\{ (M_z - M_x c_1) + c_1 x_i \right\} = z_i - M_z - \frac{s_{xz}}{s_x^2}(x_i - M_x) \end{aligned}$$

であるから，変数 V と変数 W の平均値をそれぞれ M_v, M_w とおくと

$$M_v = 0, \quad M_w = 0$$

を得る．よって，変数 V と変数 W の標本分散をそれぞれ s_v^2, s_w^2 とおくと，

$$s_v^2 = \frac{v_1^2 + v_2^2 + \cdots + v_N^2}{N}, \quad s_w^2 = \frac{w_1^2 + w_2^2 + \cdots + w_N^2}{N}$$

であるが，$i = 1, 2, \ldots, N$ のそれぞれに対して

$$\begin{aligned} v_i^2 &= (y_i - M_y)^2 - \frac{2 s_{xy}}{s_x^2}(y_i - M_y)(x_i - M_x) + \left(\frac{s_{xy}}{s_x^2} \right)^2 (x_i - M_x)^2, \\ w_i^2 &= (z_i - M_z)^2 - \frac{2 s_{xz}}{s_x^2}(z_i - M_z)(x_i - M_x) + \left(\frac{s_{xz}}{s_x^2} \right)^2 (x_i - M_x)^2 \end{aligned}$$

が成り立つから，

$$
\begin{aligned}
s_v^2 &= s_y^2 - \frac{2s_{xy}}{s_x^2}s_{xy} + \frac{s_{xy}^2}{s_x^4}s_x^2 = s_y^2\left(1 - \frac{s_{xy}^2}{s_x^2 s_y^2}\right) = s_y^2(1 - r_{xy}^2), \\
s_w^2 &= s_z^2 - \frac{2s_{xz}}{s_x^2}s_{xz} + \frac{s_{xz}^2}{s_x^4}s_x^2 = s_z^2\left(1 - \frac{s_{xz}^2}{s_x^2 s_z^2}\right) = s_z^2(1 - r_{xz}^2)
\end{aligned}
$$

を得る．また，変数 V と変数 W の共分散を s_{vw} とおくと，$M_v = M_w = 0$ より

$$
s_{vw} = \frac{v_1 w_1 + v_2 w_2 + \cdots + v_N w_N}{N}
$$

であるが，$i = 1, 2, \ldots, N$ のそれぞれに対して

$$
\begin{aligned}
v_i w_i = (y_i - M_y)(z_i - M_z) &- \frac{s_{xz}}{s_x^2}(y_i - M_y)(x_i - M_x) \\
&- \frac{s_{xy}}{s_x^2}(z_i - M_z)(x_i - M_x) + \frac{s_{xy}s_{xz}}{s_x^4}(x_i - M_x)^2
\end{aligned}
$$

が成り立つから，

$$
\begin{aligned}
s_{vw} &= s_{yz} - \frac{s_{xy}s_{xz}}{s_x^2} - \frac{s_{xy}s_{xz}}{s_x^2} + \frac{s_{xy}s_{xz}}{s_x^2} \\
&= s_{yz} - \frac{s_{xy}s_{xz}}{s_x^2} \\
&= s_y s_z\left(\frac{s_{yz}}{s_y s_z} - \frac{s_{xy}}{s_x s_y}\frac{s_{xz}}{s_x s_z}\right) \\
&= s_y s_z(r_{yz} - r_{xy}r_{xz})
\end{aligned}
$$

を得る．以上により，変数 V と変数 W の相関係数を r_{vw} とおくと，その値は式

$$
r_{vw} = \frac{s_{vw}}{s_v s_w} = \frac{r_{yz} - r_{xy}r_{xz}}{\sqrt{1 - r_{xy}^2}\sqrt{1 - r_{xz}^2}}
$$

により計算できる．相関係数 r_{vw} は，変数 X の影響を取り除いた変数 Y と変数 Z の相関係数であり，**偏相関係数** (partial correlation coefficient) とよばれる．

【例】 上に述べた 10 人の子供の体重と立幅跳の記録の例において，年齢，体重，立幅跳の記録をそれぞれ変数 X, Y, Z とするとき，これらの変数の間の相関係数は

$$
r_{xy} \approx 0.957, \quad r_{xz} \approx 0.877, \quad r_{yz} \approx 0.866
$$

である．よって，Y と Z の偏相関係数は

$$
\frac{r_{yz} - r_{xy}r_{xz}}{\sqrt{1 - r_{xy}^2}\sqrt{1 - r_{xz}^2}} \approx \frac{0.026711}{\sqrt{0.084151}\sqrt{0.230871}} \approx 0.191
$$

である．したがって，体重と立幅跳の記録の間にはみかけ上非常に強い正の相関があるが，年齢の影響を取り除くと，体重と立幅跳の記録の相関は非常に弱いことがわかる．□

一方，重回帰分析における説明変数の中に相関関係の強い変数が含まれている場合には，たとえ決定係数が十分大きくても，目的変数の予測式として適切でないことが少なくない．

【例】右の表は，ある県の 10 の市にある鉄道の駅について，駅のある市の人口（万人），1 日あたりの平均乗降客数（千人），1 日に発着する列車本数（十本），駅構内にある売店の 1 日あたりの平均売上高（万円）をまとめたものである．人口，乗降客数，列車本数，売上高をそれぞれ変数 X_1, X_2, X_3, Y で表し，その平均値をそれぞれ M_1, M_2, M_3, M_y とおくと，

人口	乗降客数	列車本数	売上高
35	25	30	28
32	18	30	24
21	23	20	35
31	22	30	28
28	24	30	32
20	13	20	22
7	15	10	24
12	11	15	18
15	16	15	20
9	13	10	19

$$M_1 = 21, \quad M_2 = 18, \quad M_3 = 21, \quad M_y = 25$$

であり，標本分散をそれぞれ $s_1^2, s_2^2, s_3^2, s_y^2$ とおくと，

$$s_1^2 = 92.4, \quad s_2^2 = 23.8, \quad s_3^2 = 64.0, \quad s_4^2 = 28.8$$

である．また，人口と乗降客数，人口と列車本数，乗降客数と列車本数の共分散をそれぞれ s_{12}, s_{13}, s_{23} とおくと，

$$s_{12} = 36.2, \quad s_{13} = 75.5, \quad s_{23} = 29.5$$

であり，相関係数はつぎのように計算される．

$$r_{12} = \frac{s_{12}}{s_1 s_2} \approx 0.77, \quad r_{13} = \frac{s_{13}}{s_1 s_3} \approx 0.98, \quad r_{23} = \frac{s_{23}}{s_2 s_3} \approx 0.76$$

さらに，人口と売上高，乗降客数と売上高，列車本数と売上高の共分散をそれぞれ s_{1y}, s_{2y}, s_{3y} とおくと，

$$s_{1y} = 29.2, \quad s_{2y} = 23.5, \quad s_{3y} = 25.0$$

であり，相関係数はつぎのように計算される．

$$r_{1y} = \frac{s_{1y}}{s_1 s_y} \approx 0.57, \quad r_{2y} = \frac{s_{2y}}{s_2 s_y} \approx 0.89, \quad r_{3y} = \frac{s_{3y}}{s_3 s_y} \approx 0.58$$

売上高 Y が人口 X_1，乗降客数 X_2，列車本数 X_3 を用いて式

$$Y = b_0 + b_1 X_1 + b_2 X_2 + b_3 X_3$$

により計算できると仮定すると，偏回帰係数 b_1, b_2, b_3 は正規方程式

$$\begin{aligned} 92.4b_1 + 36.2b_2 + 75.5b_3 &= 29.2, \\ 36.2b_1 + 23.8b_2 + 29.5b_3 &= 23.2, \\ 75.5b_1 + 29.5b_2 + 64.0b_3 &= 25.0 \end{aligned}$$

の解である．これを解くと[14)]，

$$b_1 \approx -0.603, \quad b_2 \approx 1.23, \quad b_3 \approx 0.536$$

を得る．また，切片 b_0 はつぎのように計算できる．

$$b_0 = M_y - (M_1 b_1 + M_2 b_2 + M_3 b_3) \approx 25 - (-21 \times 0.603 + 18 \times 1.23 + 21 \times 0.536) \approx 4.31$$

よって，売上高 Y は人口 X_1，乗降客数 X_2，列車本数 X_3 を用いて式

$$Y = 4.31 - 0.603X_1 + 1.23X_2 + 0.536X_3$$

により予測できると考えられる．

統計解析ソフトウェアを用いて計算すると，この回帰式の決定係数は 0.84 という高い値であることが確かめられる．しかし，この回帰式にはつぎのような問題点が存在する．人口 X_1 と売上高 Y の相関係数 r_{1y} は，0.57 という正の値であるから，駅が存在する市の人口 X_1 が多いほど，駅の売店の売上高 Y は多くなるはずであるが，回帰式における X_1 の係数 b_1 は -0.603 という負の値になっている．したがって，決定係数だけから判断するとあてはまりのよい回帰式のように見えるが，売上高の予測モデルとしては妥当でないと言わざるを得ない．□

説明変数の中に強い相関関係をもつ変数が含まれている場合や，一部の説明変数の値が他のいくつかの説明変数の一次関数で予測できる場合，説明変数に**多重共線性** (multicolinearity) があるという．多重共線性があると，上の例に示すように，目的変数と正の相関関係をもつ説明変数の偏回帰係数が負になるなど，回帰式としての妥当性が損なわれるため，関係する説明変数を回帰式から取り除くなどの対策をとることが望ましい．回帰式に組み込む説明変数の選択については，目的変数との偏相関係数が最も大きい変数から順に採用するなど，さまざまな方法が提案されている．その詳細については，巻末にあげた文献 [1] などを参照されたい．

---

14) 一般に，連立一次方程式

$$a_{i1}x_1 + a_{i2}x_2 + \cdots + a_{in}x_n = b_i \quad (i = 1, 2, \ldots, n)$$

がただ 1 つの解をもつとき，その値は

$$x_i = \frac{\det A_i}{\det A} \quad (i = 1, 2, \ldots, n)$$

で与えられる．これを，**クラメルの公式** (Cramer's rule) という．ただし，A は a_{ij} を (i, j) 成分とする $n \times n$ 行列，A_i は行列 A の第 i 列をもとの連立一次方程式の右辺ベクトル $(b_1, b_2, \ldots, b_n)^\top$ で置き換えた行列を表す．また，$\det A$ は A の行列式であり，とくに $n = 3$ のとき，

$$\det A = a_{11}a_{22}a_{33} + a_{12}a_{23}a_{31} + a_{13}a_{21}a_{32} - a_{13}a_{22}a_{31} - a_{12}a_{21}a_{33} - a_{11}a_{23}a_{32}$$

により計算できる．

演習問題

1. つぎの表は，ある中古車販売店で取り扱っている中古の普通乗用車の走行開始時からの経過年数と販売価格（万円）の一覧である．

年数	販売価格
3	150
8	70
2	185

年数	販売価格
12	33
5	195
7	160

年数	販売価格
3	95
10	120
6	40

年数	販売価格
4	52

(a) 経過年数と販売価格のそれぞれについて，平均値を求めなさい．

(b) 経過年数と販売価格のそれぞれについて，標本分散を求めなさい．

(c) 経過年数と販売価格の共分散および相関係数を求めなさい．

(d) 販売価格を経過年数から予測する回帰式を求めなさい．

(e) 設問 (d) で求めた回帰式の決定係数および自由度調整済決定係数を求めなさい．

2. つぎの表は，ある地区に住む小学 6 年生 10 人について，身長，座高，前腕（ひじから手首まで）の長さ（単位はいずれも cm）を測定した結果である．

身長	座高	前腕の長さ
144	75	23
143	82	21
137	69	20
151	77	25

身長	座高	前腕の長さ
134	74	19
145	70	22
147	66	21
138	79	22

身長	座高	前腕の長さ
141	66	24
150	72	23

(a) 身長，座高，前腕の長さのそれぞれについて，平均値を求めなさい．

(b) 身長，座高，前腕の長さのそれぞれについて，標本分散を求めなさい．

(c) 身長と座高の共分散および相関係数を求めなさい．

(d) 身長と前腕の長さの共分散および相関係数を求めなさい．

(e) 前腕の長さを身長から予測する回帰式を求めなさい．

(f) 設問 (e) で求めた回帰式の決定係数および自由度調整済決定係数を求めなさい．

3. つぎの表は，ある町の 10 枚の水田について，含水率（水の重さ ÷ 土の重さ），田植えをした日の平均気温（°C），田植え 2 週間後におけるある生物の発生数（個体/m^2）を調査した結果である．

含水率	平均気温	発生数
27	21	26
33	27	28
37	19	8
29	26	37

含水率	平均気温	発生数
36	24	26
36	23	26
30	23	43
34	25	40

含水率	平均気温	発生数
40	22	26
28	20	30

(a) 含水率，平均気温，発生数のそれぞれについて，平均値を求めなさい．

(b) 含水率，平均気温，発生数のそれぞれについて，標本分散を求めなさい．

(c) 含水率と平均気温の共分散を求めなさい．

(d) 含水率と発生数の共分散を求めなさい．

(e) 平均気温と発生数の共分散を求めなさい．

(f) 発生数を含水率と平均気温から予測する回帰式を求めなさい．

(g) 含水率と平均気温のどちらが発生数に強く影響しているかを調べなさい．

4. つぎの表は，ある県の 20 の市に 1 つずつある市立図書館について，その図書館がある市の人口（万人），登録者（万人），蔵書数（十万冊），貸出数（十万冊／年）を調査した結果である．

人口	登録者	蔵書数	貸出数
81	9	17	27
122	14	16	22
51	8	10	22
72	10	20	24
83	13	17	23
98	12	21	53
96	14	19	38
193	25	13	22
81	11	12	21
136	17	13	29

人口	登録者	蔵書数	貸出数
62	7	14	10
109	16	21	14
111	14	15	24
89	13	18	48
97	10	15	34
162	20	16	60
55	8	15	35
83	12	26	43
106	14	27	27
113	13	15	24

(a) 人口，登録者，蔵書数，貸出数のそれぞれについて，平均値を求めなさい．

(b) 人口，登録者，蔵書数，貸出数のそれぞれについて，標本分散を求めなさい．

(c) 人口と登録者，人口と蔵書数，登録者と蔵書数の共分散を求めなさい．

(d) 人口と貸出数，登録者と貸出数，蔵書数と貸出数の共分散を求めなさい．

(e) 貸出数を人口，登録者，蔵書数の全部または一部から予測する回帰式を求めなさい．ただし，上の各設問の結果をもとに，回帰式に組み込む説明変数を選択すること．

(f) 設問 (e) で構成した回帰式において，どの説明変数が貸出数に最も強く影響しているかを調べなさい．

5. つぎのページの表は，ある大学に在籍する 20 人の学生の入試成績と，春学期試験における心理学の成績，数学の成績の一覧表である．

(a) 入試，心理学，数学のそれぞれについて，平均値を求めなさい．

(b) 入試，心理学，数学のそれぞれについて，標本分散を求めなさい．

(c) 入試と心理学，入試と数学，心理学と数学のそれぞれの組合せについて，共分散および相関係数を求めなさい．

入試	心理学	数学
93	100	90
88	90	88
58	59	58
68	78	76
66	73	67
75	76	74
59	56	61

入試	心理学	数学
66	69	65
86	90	85
66	69	60
80	69	90
78	75	82
73	69	63
67	67	69

入試	心理学	数学
78	78	75
86	83	83
78	84	79
64	56	62
66	65	65
65	74	68

(d) 心理学の成績と数学の成績の間の相関関係に，入試成績の影響があるかどうかを調べなさい．

第12章　母集団の推定

統計学というと，たくさんのデータを度数分布表やヒストグラムに整理したり，平均値や分散を計算したりすることであると単純に考えがちであるが，得られたデータやそこから計算される統計量をどのような目的で使うかによって，大きく 2 つに分類できる．手元にあるデータの特徴を把握するために，グラフを描いたり統計量を計算したりしてデータを整理・要約する統計を**記述統計** (descriptive statistics) という．これに対して，手元にあるのはもとになる非常に大きな集団から抽出した一部のデータであり，手元にあるデータの統計量を計算することによって，その背後にある集団の分布を推測することを目的とする統計を**推測統計** (inductive statistics) という．この章では，推測統計のうち，もとの集団の平均値や分散を推定する方法を学ぶ．

12.1　母集団と標本

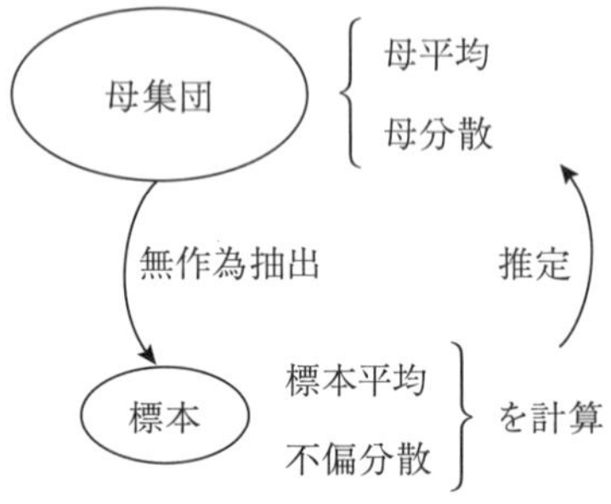

その特性を知りたい対象物全体の集まりを，**母集団** (population) という．母集団に所属するすべての対象物に対して測定を行う調査を**全数調査** (complete survey) というが，母集団の規模が大きい場合は，整理と分析に時間がかかりすぎて現実的でない場合も少なくない[1)]．そこで，母集団の中からいくつかの対象物を**標本** (sample) として抽出し，これらに対してのみ測定を行う**標本調査** (sample survey) が一般的である．

標本調査によって母集団の特性を適切に推測するためには，標本が母集団の縮図になるように，偏りなく標本を抽出する必要がある．標本の抽出にはさまざまな方法が提案されているが，最も一般的な方法は，サイコロを振るなどの方法によって，母集団からランダムに標本を抽出する**無作為抽出法** (random sampling) である．

以下では，母集団の平均値を**母平均** (population mean) とよび，記号 μ で表す．また，母集団の分散を**母分散** (population variance) とよび，記号 σ^2 で表す[2)]．一方，母集団から無作為抽出した大きさ N の標本を $x_1, x_2, \ldots, x_N$ とする．母集団から標本をランダムに抽出する操作はある種の試行であるから，標本 $x_1, x_2, \ldots, x_N$ は確率変数である[3)]．推測統計においては，抽出した標本の平均値 M，標本分散 s^2，不偏分散 u^2 などの統計量を用いて母集団の特性値 μ や σ^2 を推定する．なお，母平均と区別するために，標本の平均値

$$M = \frac{x_1 + x_2 + \cdots + x_N}{N}$$

を**標本平均** (sample mean) とよぶことがある．

---

1) 国勢調査は全数調査とみなすことができるが，すべての結果が公表されるまでに 3 年程度かかっている．

2) 第 10.2 節で学んだように，データの総数を N とするとき，分散には分母が N のものと分母が $N-1$ のものがあった．母集団が十分小さく，母集団に所属する全データから母分散を計算することができるならば，母分散は分母が N の式に従って計算すべき分散である．一般には，母集団のサイズは非常に大きいため，分散の定義式を用いてその値を計算することはないし，N が十分大きい場合は，分母が N であっても $N-1$ であっても計算結果はほとんど変わらない．したがって，母分散の分母がいくらであるかをさほど気にする必要はない．

3) したがって，本来ならば $X_1, X_2, \ldots, X_N$ のように大文字で表記すべきところである．

【性質】標本分散を s^2 とおき，不偏分散を u^2 とするとき，次式が成り立つ．

$$u^2 = \frac{N}{N-1}s^2$$

【証明】標本分散と不偏分散の定義より明らかである．□

12.2 点推定

標本から計算される 1 つの値を用いて母集団の特性値を推定することを，**点推定** (point estimation) という．母集団から標本を無作為抽出するとき，標本は確率変数とみなすことができるので，標本から計算される統計量も確率変数である．点推定は，確率変数である標本統計量の期待値が，母集団の対応する統計量に一致することに基づいている．

【定義】標本から計算されるパラメータの期待値が母集団のある統計量に等しいとき，そのパラメータを当該統計量の**不偏推定量** (unbiased estimator) という．□

つぎの性質は，母集団がどのような分布に従っていても，標本が無作為抽出されていれば，標本平均と不偏分散によって母平均と母分散を点推定できることを示している．

【性質】任意の分布に従う母集団から標本を無作為抽出するとき，標本平均と不偏分散はそれぞれ母平均と母分散の不偏推定量である．

【証明】母平均が μ，母分散が σ^2 の母集団から，標本 $x_1, x_2, \ldots, x_N$ を無作為抽出することを考える．そのとき，$x_1, x_2, \ldots, x_N$ はいずれも確率変数とみなすことができ，それらの期待値と分散は

$$E(x_i) = \mu, \quad V(x_i) = \sigma^2 \ \ (i = 1, 2, \ldots, N)$$

である．よって，標本平均

$$M = \frac{x_1 + x_2 + \cdots + x_N}{N}$$

も確率変数であり，

$$E(M) = \frac{E(x_1) + E(x_2) + \cdots + E(x_N)}{N} = \frac{\mu + \mu + \cdots + \mu}{N} = \mu\,,$$
$$V(M) = \frac{V(x_1) + V(x_2) + \cdots + V(x_N)}{N^2} = \frac{\sigma^2 + \sigma^2 + \cdots + \sigma^2}{N^2} = \frac{\sigma^2}{N}$$

が成り立つ[4]．また，分散の性質

$$V(x_i) = E(x_i^2) - E(x_i)^2 \ \ (i = 1, 2, \ldots, N), \quad V(M) = E(M^2) - E(M)^2$$

より

$$E(x_i^2) = V(x_i) + E(x_i)^2 = \sigma^2 + \mu^2 \ \ (i = 1, 2, \ldots, N), \quad E(M^2) = V(M) + E(M)^2 = \frac{\sigma^2}{N} + \mu^2$$

を得る．標本分散

$$s^2 = \frac{x_1^2 + x_2^2 + \cdots + x_N^2}{N} - M^2$$

[4] 第 8.1 節と第 8.3 節で述べた確率変数の期待値と分散に関する性質を用いている．

および，不偏分散

$$u^2 = \frac{N}{N-1}s^2$$

も確率変数だから，次式が成り立つ．

$$\begin{aligned} E(u^2) &= \frac{N}{N-1}E(s^2) \\ &= \frac{N}{N-1}\left\{\frac{E(x_1^2)+E(x_2^2)+\cdots+E(x_N^2)}{N} - E(M^2)\right\} \\ &= \frac{N}{N-1}\left\{(\sigma^2+\mu^2) - \left(\frac{\sigma^2}{N}+\mu^2\right)\right\} \\ &= \frac{N}{N-1}\left(1-\frac{1}{N}\right)\sigma^2 \\ &= \sigma^2 \end{aligned}$$

結局，$E(M) = \mu$ と $E(u^2) = \sigma^2$ がいえたから，M と u^2 はそれぞれ μ と σ の不偏推定量である．□

【例】 ある町小学 4 年生男子の中から無作為抽出した 10 人について握力 (kg) を測定したところ，

$$12, 16, 24,\ 6, 15,\ 7, 10, 21,\ 6, 13$$

というデータが得られた．母平均と母分散はいくらであると推定されるか．

標本平均は

$$M = \frac{12+16+24+6+15+7+10+21+6+13}{10} = \frac{130}{10} = 13\ \text{(kg)}$$

だから，偏差は

$$-1,\ 3, 11, -7,\ 2, -6, -3,\ 8, -7,\ 0$$

である．したがって，不偏分散は

$$\begin{aligned} u^2 &= \frac{(-1)^2+3^2+11^2+(-7)^2+2^2+(-6)^2+(-3)^2+8^2+(-7)^2+0^2}{10-1} \\ &= \frac{1+9+121+49+4+36+9+64+49+0}{9} = \frac{342}{9} = 38 \end{aligned}$$

と計算できる．よって，母平均の不偏推定量は 13，母分散の不偏推定量は 38 である．なお，標本分散を式

$$s^2 = \frac{12^2+16^2+24^2+6^2+15^2+7^2+10^2+21^2+6^2+13^2}{10} - 13^2 = \frac{2032}{10} - 169 = 34.2$$

により計算したのち，不偏分散を次式により求めてもよい．

$$u^2 = \frac{10}{10-1}s^2 = \frac{10\times 34.2}{9} = 38 \quad \square$$

12.3 区間推定

母集団のパラメータを 1 つの値で推定するのではなく，ある確率でその値が存在する区間を明らかにする方法を**区間推定** (interval estimation) という．区間推定は，つぎのような考え方に基づいている．母集団から大きさ N の標本 $x_1, x_2, \ldots, x_N$ を無作為抽出するとき，これらは互いに独立で同じ分布に従う確率変数とみなすことができる．そこで，これらの標本 $x_1, x_2, \ldots, x_N$ と，推定したい母集団のパラメータ θ の関数を $V(x_1, x_2, \ldots, x_N; \theta)$ とおくと[5]，関数 V のとる値も確率変数になる．関数 V の分布がパラメータ θ に依存しなければ，0 以上 1 以下の任意の確率 α に対して，右の図のように[6]

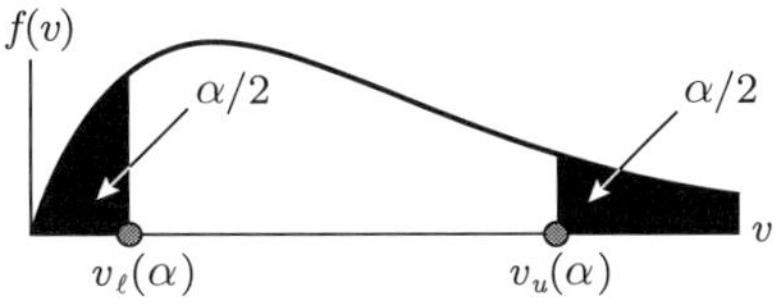

$$V(x_1, x_2, \ldots, x_N; \theta) \leqq v_\ell(\alpha)$$

になる確率が $\alpha/2$ であり，かつ

$$V(x_1, x_2, \ldots, x_N; \theta) \geqq v_u(\alpha)$$

になる確率が $\alpha/2$ であるような $v_\ell(\alpha)$ と $v_u(\alpha)$ の値を求めることができる[7]．そのとき，不等式

$$v_\ell(\alpha) \leqq V(x_1, x_2, \ldots, x_N; \theta) \leqq v_u(\alpha)$$

が成り立つ確率は $1-\alpha$ であるから，この不等式を θ について解くことにより，確率 $1-\alpha$ で不等式

$$\Theta_\ell(x_1, x_2, \ldots, x_N; \alpha) \leqq \theta \leqq \Theta_u(x_1, x_2, \ldots, x_N; \alpha)$$

が成り立つような $\Theta_\ell(x_1, x_2, \ldots, x_N; \alpha)$ と $\Theta_u(x_1, x_2, \ldots, x_N; \alpha)$ の値を求めることができる[8]．確率 α としては，0.05 または 0.01 を用いることが多い．確率 α を 0.05 とするとき，$1-\alpha = 0.95$ であるから，上の不等式で定められる θ の存在範囲を θ の 95 % **信頼区間** (confidence interval) という．確率 α が 0.01 ならば $1-\alpha = 0.99$ であるから，$[\Theta_\ell, \Theta_u]$ を θ の 99 % 信頼区間という．

12.3.1 母比率の区間推定

視聴率や内閣支持率のように，母集団の中である事がらが起きている比率を推定することを考える．母集団は，ある事がらが起きているものとその事がらが起きていないものの 2 通りの対象物だけから成り，その事がらが起きている対象物の比率は ρ であるとする[9]．母集団から 1 個の標本を無作為抽出するとき，その標本においてその事がらが起きている確率は ρ と考えられる．したがって，大きさ N の標本を抽出したとき，その事がらが起きている標本の数を X とすると，X は二項分布 $B_{N,\rho}(x)$ に従う確率変数になる[10]．第 8.3 節で述べたように，X を標準化することによって得られる確率変数

$$Z = \frac{X - N\rho}{\sqrt{N\rho(1-\rho)}} = \frac{\dfrac{X}{N} - \rho}{\sqrt{\dfrac{\rho(1-\rho)}{N}}} = \frac{p - \rho}{\sqrt{\dfrac{\rho(1-\rho)}{N}}}$$

---

5) θ はギリシャ文字の小文字で，「シータ」と読む．

6) この図は，確率変数 V の確率密度関数のグラフである．

7) V の分布が θ に依存しなければ，v_ℓ と v_u を α のみに依存する値として求めることができる．

8) パラメータ θ の値が Θ_ℓ 以上 Θ_u 以下であると推定できる確率が $1-\alpha$ である，という意味である．

9) ρ はアルファベットの p に相当するギリシャ文字で「ロー」と読む．

10) 二項分布については，第 7 章を参照すること．

は，標本の大きさ N を十分大きくとると近似的に標準正規分布に従う．ただし，

$$p = \frac{X}{N}$$

は，抽出した大きさ N の標本においてその事がらが起きている比率である．

標準正規分布に従う確率変数 Z がある値 z 以上になる確率が α 以下であるような z の最小値を $z(\alpha)$ と書く[11]．そのとき，右図からわかるように，確率 $1-(\alpha/2)\times 2 = 1-\alpha$ で不等式

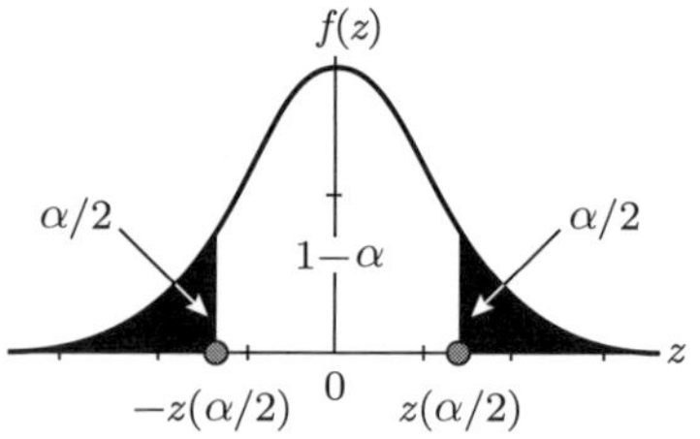

$$-z(\alpha/2) \leqq \frac{p-\rho}{\sqrt{\dfrac{\rho(1-\rho)}{N}}} \leqq z(\alpha/2)$$

が成り立つ．この不等式は

$$(p-\rho)^2 \leqq z(\alpha/2)^2 \times \frac{\rho(1-\rho)}{N}$$

と書き換えられるが，これをさらに変形すると，ρ に関する 2 次不等式

$$\left\{1+\frac{z(\alpha/2)^2}{N}\right\}\rho^2 - 2\left\{p+\frac{z(\alpha/2)^2}{2N}\right\}\rho + p^2 \leqq 0$$

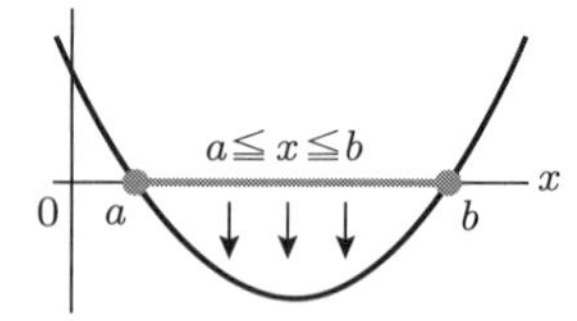

二次不等式
$f(x)=(x-a)(x-b)\leqq 0$
を満たす x の範囲

を得る．この 2 次不等式を解くと，母比率 ρ は確率 $1-\alpha$ で条件

$$\frac{p+\dfrac{z(\alpha/2)^2}{2N}-z(\alpha/2)\sqrt{\dfrac{p(1-p)}{N}+\left\{\dfrac{z(\alpha/2)}{2N}\right\}^2}}{1+\dfrac{z(\alpha/2)^2}{N}} \leqq \rho \leqq \frac{p+\dfrac{z(\alpha/2)^2}{2N}+z(\alpha/2)\sqrt{\dfrac{p(1-p)}{N}+\left\{\dfrac{z(\alpha/2)}{2N}\right\}^2}}{1+\dfrac{z(\alpha/2)^2}{N}}$$

を満たすことがわかる．

正規分布表からわかるように，$\alpha = 0.05$ のとき $z(\alpha/2)$ は 1.960 であるから，N が十分大きければ，

$$\frac{z(\alpha/2)^2}{2N},\quad \frac{z(\alpha/2)}{2N},\quad \frac{z(\alpha/2)^2}{N}$$

の値はいずれも無視できるほど小さい．よって，N が十分大きければ，確率 $1-\alpha$ で不等式

$$p - z(\alpha/2)\sqrt{\frac{p(1-p)}{N}} \leqq \rho \leqq p + z(\alpha/2)\sqrt{\frac{p(1-p)}{N}}$$

が近似的に成り立つ．この不等式は，母比率 ρ に関する確率 $1-\alpha$ の信頼区間を与えている．

以上をまとめると，つぎの性質が成り立つ．

【性質】 大きさ N の標本において，注目する事がらが起きている標本の比率が p であるとき，N が十分大きければ，母比率 ρ の 95 % 信頼区間は，不等式

$$p - 1.960\sqrt{\frac{p(1-p)}{N}} \leqq \rho \leqq p + 1.960\sqrt{\frac{p(1-p)}{N}}$$

で与えられる．また，ρ の 99 % 信頼区間は，不等式

---

[11] 正規分布表から $z(\alpha)$ の値をみつける方法については，第 8.2 節を参照すること．

$$p - 2.576\sqrt{\frac{p(1-p)}{N}} \leqq \rho \leqq p + 2.576\sqrt{\frac{p(1-p)}{N}}$$

で与えられる[12)]．□

【例】 ある地域から無作為抽出した 100 世帯に対してある番組を見たかどうか尋ねたところ，「見た」と答えた世帯は 10 世帯であった．この番組の視聴率の 95 % 信頼区間と 99 % 信頼区間を求めなさい．

標本の大きさ $N = 100$，観測比率 $p = 0.1$ だから，母比率 ρ の 95 % 信頼区間は

$$0.1 - 1.960\sqrt{\frac{0.1 \times 0.9}{100}} \leqq \rho \leqq 0.1 + 1.960\sqrt{\frac{0.1 \times 0.9}{100}}$$

より $0.04120 \leqq \rho \leqq 0.15880$，すなわち，約 4.1 % から 15.9 % である．また，99 % 信頼区間は

$$0.1 - 2.576\sqrt{\frac{0.1 \times 0.9}{100}} \leqq \rho \leqq 0.1 + 2.576\sqrt{\frac{0.1 \times 0.9}{100}}$$

より $0.02272 \leqq \rho \leqq 0.17728$，すなわち，約 2.3 % から 17.7 % である．□

この例からわかるように，推定の信頼性をあげようとすると，信頼区間の幅が広がってしまう．一方，つぎの例からわかるように，標本のサイズを大きくすると，信頼区間の幅を縮小できる．

【例】 同じ番組について，上の例の 4 倍の 400 世帯に対して調査したところ，「見た」と答えた世帯は 40 世帯であった．この番組の視聴率の 95 % 信頼区間を求めなさい．

標本の大きさ $N = 400$，観測比率 $p = 0.1$ だから，母比率 ρ の 95 % 信頼区間は

$$0.1 - 1.960\sqrt{\frac{0.1 \times 0.9}{400}} \leqq \rho \leqq 0.1 + 1.960\sqrt{\frac{0.1 \times 0.9}{400}}$$

より $0.07060 \leqq \rho \leqq 0.12940$，すなわち，約 7.1 % から 12.9 % であり，信頼区間の幅は半分になる．□

注目する事がらの起きる比率がある程度予測できるとき，信頼区間の幅を一定の値以下にするために必要な標本のサイズを求めることも可能である．

【例】 ある番組の視聴率は，無作為抽出した 100 世帯に対する予備調査の結果から，10 % 前後であることが予想されている．そのとき，この番組の視聴率の 95 % 信頼区間を ±2% の誤差で推定するには，標本の大きさをどれくらいにすればよいか．

観測比率が $p = 0.1$ のとき，標本の大きさを N とした場合における母比率 ρ の 95 % 信頼区間は

$$0.1 - 1.960\sqrt{\frac{0.1 \times 0.9}{N}} \leqq \rho \leqq 0.1 + 1.960\sqrt{\frac{0.1 \times 0.9}{N}}$$

であるから，式

$$1.960\sqrt{\frac{0.1 \times 0.9}{N}} \leqq 0.02$$

---

12) 付録 D に示す正規分布表からは，Z が 2.57 以上になる確率が 0.00508 であり，Z が 2.58 以上になる確率が 0.00494 であることしかわからない．たとえば，`Excel` の関数 `NORMALSINV(1 - 0.005)` を用いると，Z が 2.576 以上になる確率が 0.005 であることがわかる．よって，$\alpha = 0.01$ のとき，$z(\alpha/2) = 2.576$ である．

を満たす N の範囲を求めればよい．これを解くと，$N \geqq 29.4^2 = 864.36$ である．□

この例からわかるように，

$$e = \sqrt{\frac{p(1-p)}{N}}$$

は，信頼区間の幅，すなわち，観測比率 p から母比率 ρ を推定する際の誤差の基準になる値である．その意味で，e を観測比率 p の**標準誤差** (standard error) という[13)]．

12.3.2　母分散の区間推定

平均値や分散は未知であるが，正規分布に従うことはわかっている母集団から大きさ N の標本 $x_1, x_2, \ldots, x_N$ を無作為抽出し，これらの標本から計算される統計量を用いて，母集団の分散の信頼区間を求めることを考える．母平均を μ，母分散を σ^2 と書き，抽出した標本から計算される標本平均を M，不偏分散を u^2 とおくと，

$$M = \frac{x_1 + x_2 + \cdots + x_N}{N}, \quad u^2 = \frac{(x_1 - M)^2 + (x_2 - M)^2 + \cdots + (x_N - M)^2}{N-1}$$

であり，M と u^2 はそれぞれ μ と σ^2 の不偏推定量である．任意の添字 $i = 1, 2, \ldots, N$ に対して

$$(x_i - M)^2 = \Big\{(x_i - \mu) + (\mu - M)\Big\}^2 = (x_i - \mu)^2 + 2(x_i - \mu)(\mu - M) + (\mu - M)^2$$

が成り立つことに注意すると，不偏分散 u^2 は

$$\begin{aligned} u^2 &= \frac{1}{N-1}\Big\{(x_1 - \mu)^2 + (x_2 - \mu)^2 + \cdots + (x_N - \mu)^2 \\ &\qquad + 2(x_1 + x_2 + \cdots + x_N - N\mu)(\mu - M) + N(\mu - M)^2\Big\} \\ &= \frac{1}{N-1}\Big\{(x_1 - \mu)^2 + (x_2 - \mu)^2 + \cdots + (x_N - \mu)^2 - N(\mu - M)^2\Big\} \end{aligned}$$

と書き換えられるから，

$$\frac{u^2}{\sigma^2/(N-1)} = \left\{\left(\frac{x_1 - \mu}{\sigma}\right)^2 + \left(\frac{x_2 - \mu}{\sigma}\right)^2 + \cdots + \left(\frac{x_N - \mu}{\sigma}\right)^2\right\} - \left(\frac{M - \mu}{\sigma/\sqrt{N}}\right)^2$$

を得る．ここで，$x_1, x_2, \ldots, x_N$ は平均 μ，標準偏差 σ の正規分布に従う独立な確率変数とみなせるから，

$$\frac{x_1 - \mu}{\sigma}, \ \frac{x_2 - \mu}{\sigma}, \ \ldots, \ \frac{x_N - \mu}{\sigma}$$

は標準正規分布に従う独立な確率変数である，よって，

$$\left(\frac{x_1 - \mu}{\sigma}\right)^2 + \left(\frac{x_2 - \mu}{\sigma}\right)^2 + \cdots + \left(\frac{x_N - \mu}{\sigma}\right)^2$$

---

13) 観測比率 p は標本から計算される統計量であり，母比率 ρ を中心として確率的に変動する確率変数とみなすことができる．標準誤差は，標本統計量を確率変数とみた場合の標準偏差のことである．

は自由度 N の χ^2 分布に従う[14]．また，第 8.3 節の最後の例で考えたように，標本平均 M は平均 μ，標準偏差 $\sigma/\sqrt{N}$ の正規分布に従う確率変数である．したがって，M を標準化することによって得られる確率変数

$$Z = \frac{M-\mu}{\sigma/\sqrt{N}}$$

は標準正規分布に従うから，その 2 乗 $\left\{(M-\mu)/(\sigma/\sqrt{N})\right\}^2$ は自由度 1 の χ^2 乗分布に従う．よって，χ^2 分布の再生性より，これらの差で定義される確率変数

$$Y = \frac{u^2}{\sigma^2/(N-1)}$$

は，自由度 $N-1$ の χ^2 乗分布に従う．

自由度 $N-1$ の χ^2 乗分布に従う確率変数 Y がある値 y 以上になる確率が $\alpha/2$ 以下であるような y の最小値を $y_{N-1}(\alpha/2)$ と書く[15]．そのとき，下の図からわかるように，Y が y 以下になる確率が $\alpha/2$ 以下であるような y の最大値は $y_{N-1}(1-\alpha/2)$ と書けるから，確率 $1-2\times\alpha/2 = 1-\alpha$ で不等式

$$y_{N-1}(1-\alpha/2) \leqq \frac{u^2}{\sigma^2/(N-1)} \leqq y_{N-1}(\alpha/2)$$

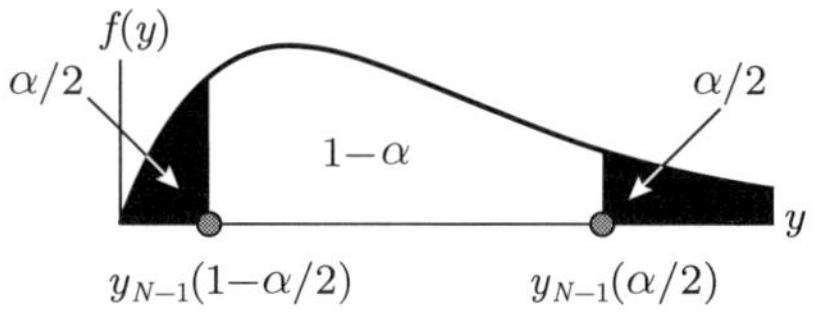

が成り立つ．この不等式を σ^2 について解くと，母分散 σ^2 に関する確率 $1-\alpha$ の信頼区間が得られる．

【性質】 正規分布に従う母集団から無作為抽出された大きさ N の標本の不偏分散が u^2 であるとき，母分散 σ^2 に関する確率 $1-\alpha$ の信頼区間は，つぎの不等式で与えられる．

$$\frac{(N-1)u^2}{y_{N-1}(\alpha/2)} \leqq \sigma^2 \leqq \frac{(N-1)u^2}{y_{N-1}(1-\alpha/2)} \quad \square$$

【例】 正規分布に従う母集団から大きさ 30 の標本を無作為抽出したところ，不偏分散は $u^2 = 2.5^2 = 6.25$ であった．母分散 σ^2 の 95 % 信頼区間と，99% 信頼区間を求めなさい．

χ^2 分布表より，$y_{30-1}(0.05/2) \approx 45.7$, $y_{30-1}(1-0.05/2) \approx 16.0$ であるから，95% 信頼区間は

$$\frac{(30-1)\times 6.25}{45.7} \leqq \sigma^2 \leqq \frac{(30-1)\times 6.25}{16.0}$$

より $3.96 \leqq \sigma^2 \leqq 11.3$ である[16]．また，$y_{30-1}(0.01/2) \approx 52.3$, $y_{30-1}(1-0.01/2) \approx 13.1$ であるから，99 % 信頼区間は

$$\frac{(30-1)\times 6.25}{52.3} \leqq \sigma^2 \leqq \frac{(30-1)\times 6.25}{13.1}$$

より $3.46 \leqq \sigma^2 \leqq 13.8$ である．□

---

14) 第 8.4 節で述べた χ^2 乗分布の定義を参照すること．
15) χ^2 乗分布表から $y_{N-1}(\alpha/2)$ の値をみつける方法については，第 8.4 節を参照すること．
16) 不等号を使わずに [3.96, 11.3] のように書くことも多い．

12.3.3 母平均の区間推定

平均値は未知であるが，正規分布に従うことはわかっている母集団から大きさ N の標本 $x_1, x_2, \ldots,$ x_N を無作為抽出し，これらの標本から計算される統計量を用いて，母集団の平均値の信頼区間を求めることを考える．母平均を μ，母分散を σ^2 と書き，抽出した標本から計算される標本平均を M，不偏分散を u^2 とする．第8.3節の最後の例でみたように，標本平均 M は平均 μ，標準偏差 $\sigma/\sqrt{N}$ の正規分布に従う確率変数であるから，M を標準化することによって得られる確率変数

$$Z = \frac{M - \mu}{\sigma/\sqrt{N}}$$

は標準正規分布に従う．標準正規分布に従う確率変数 Z が 1.960 以上になる確率と -1.960 以下になる確率はともに 0.025 だったから，確率 $1 - 0.025 \times 2 = 0.95$ で不等式

$$-1.960 \leqq \frac{M - \mu}{\sigma/\sqrt{N}} \leqq 1.960$$

が成り立つ．この不等式を少し変形すると，

$$M - 1.960 \times \frac{\sigma}{\sqrt{N}} \leqq \mu \leqq M + 1.960 \times \frac{\sigma}{\sqrt{N}}$$

を得るが，これは，母分散 σ^2 が既知の場合における母平均 μ の 95 % 信頼区間である．同様に，μ の 99 % 信頼区間はつぎの不等式で与えられる．

$$M - 2.576 \times \frac{\sigma}{\sqrt{N}} \leqq \mu \leqq M + 2.576 \times \frac{\sigma}{\sqrt{N}}$$

【例】 分散が $4^2 = 16$ の正規分布に従う母集団から大きさ 10 の標本を無作為抽出し，標本平均を求めたところ $M = 18.3$ であった．そのとき，母平均 μ の 95 % 信頼区間と 99 % 信頼区間を求めなさい．

95 % 信頼区間は

$$18.3 - 1.960 \times \frac{4}{\sqrt{10}} \leqq \mu \leqq 18.3 + 1.960 \times \frac{4}{\sqrt{10}}$$

より，$15.82 \leqq \mu \leqq 20.78$ である．同様に 99 % 信頼区間は

$$18.3 - 2.576 \times \frac{4}{\sqrt{10}} \leqq \mu \leqq 18.3 + 2.576 \times \frac{4}{\sqrt{10}}$$

より $15.04 \leqq \mu \leqq 21.56$ である．□

現実には，母分散も未知であると考えられるため，上に示した信頼区間はあまり実用的ではない．そこで，母分散 σ^2 の不偏推定量である標本分散 u^2 を用いることを考える．第12.3.2節で述べたように，式

$$Y = \frac{u^2}{\sigma^2/(N-1)}$$

で定義される確率変数 Y は，自由度 $N-1$ の χ^2 乗分布に従う．また，確率変数

$$Z = \frac{M - \mu}{\sigma/\sqrt{N}}$$

は標準正規分布に従う．ここで，確率変数 Z に含まれる母集団の標準偏差 σ を不偏標準偏差 u で置き換えた統計量を T とすると，

$$T = \frac{M-\mu}{u/\sqrt{N}} = \frac{\dfrac{M-\mu}{\sigma/\sqrt{N}}}{\sqrt{\dfrac{\left\{\dfrac{u^2}{\sigma^2/(N-1)}\right\}}{N-1}}} = \frac{Z}{\sqrt{Y/(N-1)}}$$

であるから，T は自由度 $N-1$ の t 分布に従うことがわかる[17]．

自由度 $N-1$ の t 分布に従う確率変数 T がある値 t 以上になる確率が $\alpha/2$ 以下であるような t の最小値を $t_{N-1}(\alpha/2)$ と書く[18]．そのとき，確率 $1-\dfrac{\alpha}{2}\times 2 = 1-\alpha$ で不等式

$$-t_{N-1}(\alpha/2) \leqq \frac{M-\mu}{u/\sqrt{N}} \leqq t_{N-1}(\alpha/2)$$

が成り立つ．この不等式を μ について解くと，母平均 μ に関する確率 $1-\alpha$ の信頼区間が得られる．

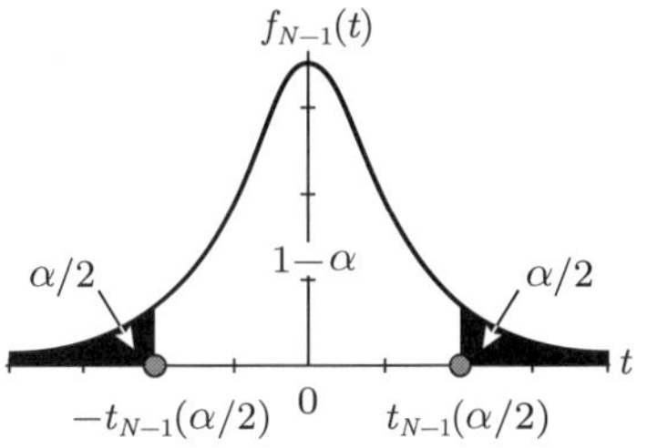

【性質】 正規分布に従う母集団から無作為に抽出された大きさ N の標本の標本平均が M，不偏分散が u^2 であるとき，母平均 μ に関する確率 $1-\alpha$ の信頼区間は，不等式

$$M - t_{N-1}(\alpha/2)\frac{u}{\sqrt{N}} \leqq \mu \leqq M + t_{N-1}(\alpha/2)\frac{u}{\sqrt{N}}$$

で与えられる．□

母平均の信頼区間において，

$$e = \frac{u}{\sqrt{N}}$$

は，母平均 μ の値を標本平均 M から推定する際の誤差を決める基準になる値，すなわち，標本平均 M の標準誤差 である．

【例】 正規分布に従う母集団から大きさ 10 の標本を無作為抽出したところ，標本平均は $M=18.3$，不偏分散は $u^2 = 2.5^2 = 6.25$ であった．母平均 μ の 95 % 信頼区間と，99% 信頼区間を求めなさい．

t 分布表より，$t_{10-1}(0.05/2) \approx 2.26$ であるから，95% 信頼区間は

$$18.3 - 2.26 \times \frac{2.5}{\sqrt{10}} \leqq \mu \leqq 18.3 + 2.26 \times \frac{2.5}{\sqrt{10}}$$

より $16.5 \leqq \mu \leqq 20.1$ である．また，$t_{10-1}(0.01/2) \approx 3.25$ であるから，99 % 信頼区間は

$$18.3 - 3.25 \times \frac{2.5}{\sqrt{10}} \leqq \mu \leqq 18.3 + 3.25 \times \frac{2.5}{\sqrt{10}}$$

より $15.7 \leqq \mu \leqq 20.9$ である．□

---

[17] 第 8.4 節で述べた t 分布の定義を参照すること．

[18] t 分布表から $t_{N-1}(\alpha/2)$ の値をみつける方法については，第 8.4 節を参照すること．

演習問題

1. つぎのデータは，正規分布に従う母集団から無作為抽出した 20 個のデータである．

$$76, 39, 67, 69, 70, 48, 68, 48, 73, 64, 86, 54, 82, 53, 76, 70, 76, 96, 51, 96$$

(a) 母平均の不偏推定量を求めなさい．

(b) 母分散の不偏推定量を求めなさい．

(c) 母分散が 245 であることがわかっているとき，母平均の 95 % 信頼区間を求めなさい．

(d) 母分散が不明であるとき，母平均の 95 % 信頼区間を求めなさい．

(e) 母分散の 95 % 信頼区間を求めなさい．

2. ある喫茶店で，店内を禁煙にするかどうかを検討するために来店者 N 人の喫煙状況を調査したところ，喫煙者の比率は 10 % だった．

(a) $N = 50$ 人のとき，喫煙者の比率の 95 % 信頼区間を求めなさい．

(b) $N = 100$ 人のとき，喫煙者の比率の 95 % 信頼区間を求めなさい．

(c) 喫煙者の比率が 10 % 前後と予想されるとき，その 95 % 信頼区間の誤差を ± 2 % 以内にするには，何人の来店者に対して調査をする必要があるか．

3. つぎの表は，ある町に住む 14824 世帯の中から無作為抽出した 25 世帯に対して，

「家」　　欄：居住している家は持家か否か（1：持家，0：借家など）

「預貯金」欄：預貯金残高（単位：十万円）

を調査した結果である．

家	預貯金
1	62
0	51
1	66
1	46
0	66

家	預貯金
1	58
0	54
0	43
1	52
1	54

家	預貯金
1	56
0	50
0	55
0	43
0	43

家	預貯金
1	48
0	33
0	31
0	41
1	59

家	預貯金
0	48
0	48
0	47
0	41
1	55

(a) 預貯金残高の母平均の不偏推定量を求めなさい．

(b) 預貯金残高の母分散の不偏推定量を求めなさい．

(c) 預貯金残高が正規分布に従うと仮定できるとき，その母平均の 95 % 信頼区間を求めなさい．

(d) 預貯金残高が正規分布に従うと仮定できるとき，その母分散の 95 % 信頼区間を求めなさい．

(e) この町の 14824 世帯の中で，持家に住む世帯の比率の 95 % 信頼区間を求めなさい．

4. つぎの表は，ある町の小学 6 年生全員の中から無作為抽出した 21 人の児童に対して，

「左右」　欄：右利きか左利きか，
「利き手」　欄：利き手の握力 (kg)，
「非利き手」欄：利き手でない手の握力 (kg)

を調査した結果である．

左右	利き手	非利き手
右	25	22
左	14	11
右	13	11
右	18	21
右	21	22
左	24	19
右	22	18

左右	利き手	非利き手
右	20	14
右	15	12
右	20	15
右	23	20
右	15	18
右	19	17
右	19	21

左右	利き手	非利き手
右	30	25
右	16	13
右	12	16
左	19	21
右	23	19
右	23	20
右	29	23

(a) 利き手，非利き手のそれぞれについて，握力の母平均の不偏推定量を求めなさい．

(b) 利き手，非利き手のそれぞれについて，握力の母分散の不偏推定量を求めなさい．

(c) 握力は正規分布に従うと仮定できるとき，利き手，非利き手のそれぞれについて，その母平均の 95 % 信頼区間を求めなさい[19]．

(d) 握力は正規分布に従うと仮定できるとき，利き手，非利き手のそれぞれについて，その母分散の 95 % 信頼区間を求めなさい．

(e) この町の小学 6 年生全員の中で，左利きの人の比率の 95 % 信頼区間を求めなさい．

5. つぎの表は，ある町の 40 ~ 60 歳の男女 21850 人から無作為抽出した 25 人の住民に対して，

「脂物」欄：脂っこい食べ物の好み（0：嫌い，1：どちらともいえない，2：好き），
「LDL」欄：血液 1 dL 中に含まれる LDL コレステロール重量 (mg)

を調査した結果である．

脂物	LDL
1	97
1	96
2	115
2	170
1	111

脂物	LDL
1	88
2	151
0	127
1	82
0	86

脂物	LDL
0	76
0	56
2	171
2	117
0	117

脂物	LDL
0	76
1	133
2	152
1	74
0	91

脂物	LDL
1	108
1	129
2	121
2	99
0	107

(a) 脂っこい食べ物が嫌いな人，どちらともいえない人，好きな人のそれぞれについて，血液 1 dL 中に含まれる LDL コレステロール重量の母平均の不偏推定量を求めなさい[20]．

---

[19] 利き手の母平均と非利き手の母平均に差があるか否かは，第 15 章の演習問題 1 で検定する．

[20] 脂っこい食べ物に対する好みによって，血液 1 dL 中に含まれる LDL コレステロール重量の母平均に違いがあるか否かは，第 16 章の演習問題 3 で検定する．

(b) 脂っこい食べ物が嫌いな人，どちらともいえない人，好きな人のそれぞれについて，血液 1 dL 中に含まれる LDL コレステロール重量の母分散の不偏推定量を求めなさい．

(c) 血液 1 dL 中に含まれる LDL コレステロール重量は正規分布に従うと仮定できるとき，脂っこい食べ物が嫌いな人，どちらともいえない人，好きな人のそれぞれについて，その母平均の 95 % 信頼区間を求めなさい．

(d) 血液 1 dL 中に含まれる LDL コレステロール重量は正規分布に従うと仮定できるとき，脂っこい食べ物が嫌いな人，どちらともいえない人，好きな人のそれぞれについて，その母分散の 95 % 信頼区間を求めなさい．

(e) この町の 40 ~ 60 歳の男女 21850 人の中で，脂っこい食べ物が好きな人の比率の 95 % 信頼区間を求めなさい．

第13章　母集団の検定

工場の生産ラインでは，与えられた設計品質を目標に製品を製造するが，さまざまな要因によって製品の品質が確率的に変動することも少なくない．品質管理の現場では，製造された製品から無作為抽出した標本の品質を測定し，その結果をもとにこの製造ラインが設計品質に従って製品を製造できているかを評価する．この章以降で学ぶさまざまな統計的手法は，母平均や母分散が目標値通りであるか否かなど，母集団の統計量に関するさまざまな**仮説** (hypothesis) を[1]，標本に対する統計量を用いて評価する手法である．

13.1　仮説検定の考え方

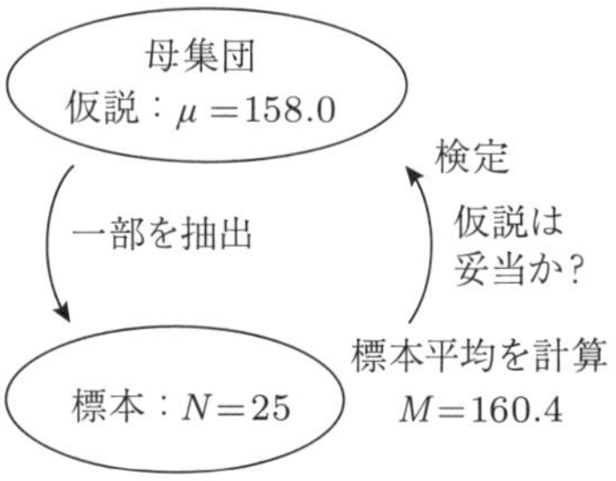

全国の大学 1 年生女子の身長の平均値は 158.0 cm である，という調査結果があったとする．あるとき，K 大学の 1 年生女子から無作為抽出した 25 人の身長を測定し，その平均値を計算したところ 160.4 cm であった．そのとき，「K 大学の 1 年生女子の身長の平均値は，全国平均とは異なる」といえるだろうか？

この例において，母集団は K 大学の 1 年生女子全体の集合であり，無作為に選ばれた 25 人が母集団から抽出された標本である．全国の平均値から考えると母平均は 158.0 であると考えるのが普通であるが，標本平均が 160.4 であったため，母平均は 158.0 とは異なる，あるいは，158.0 より大きいのではないかと予想される．そこで，K 大学の 1 年生女子の身長の平均値，すなわち，母平均に関する仮説をたてて，この仮説のもとで標本から計算できる統計量の値を確率的に評価し，その結果をもとに仮説が妥当かどうかを検証することが考えられる．このような統計的手法を，**仮説検定** (hypothesis test)，あるいは，**統計的検定** (statistical test) という．

仮説検定において，仮説の妥当性を検証するために確率的評価を行う統計量を**検定統計量** (test statistic) という．検定統計量は，検証すべき仮説が成り立つという仮定のもとで標本から計算される値であるため，確率変数と考える必要がある．したがって，その分布が標準正規分布，χ^2 分布，F 分布，t 分布などになれば，付録 D ～ G に掲げた数表を用いて，検定統計量が標本から計算された値以上になる確率や，計算された値以下になる確率を求めることができる．もし，その確率が十分小さければ，仮説を却下するのが妥当である．仮説検定において，仮説を却下することを**棄却** (reject) するといい，却下しないことを**採択** (accept) するという．また，仮説を棄却するか否かを判断する確率の閾値を**有意水準** (significant level) といい，仮説を棄却する検定統計量の範囲を，**棄却域** (rejection region) という．

有意水準としては，5 % (0.05)，あるいは，1 % (0.01) を用いるのが普通である．有意水準 5 % で仮説を棄却するのは，仮説が正しいという仮定のもとで，検定統計量が標本から計算される値になる確率が 5 % 未満の場合である．これは，仮説が正しくないと結論しても，その結論がまちがっている確率はたかだか 5 % であることを意味しているので[2]，仮説は正しくないと結論づけるのが妥

---

[1] 実際に観測された現象を説明するための命題であって，真偽がまだ明らかでないものを仮説という．

[2] 仮説が正しいにもかかわらず正しくないと結論づけてしまうことを，**第 1 種の誤り** (error of the first kind) という．逆に，仮説が正しくないにもかかわらず正しいと結論づけてしまうことを，**第 2 種の誤り** (error of the second kind) という．有意水準は，第 1 種の誤りが発生する確率を制御するパラメータである．

当であると考えられる．一方，有意水準 5 % で仮説を採択するのは，仮説が正しいという仮定のもとで，検定統計量が標本から計算される値になる確率が 5 % 以上ある場合である．これは，仮説が正しくないと結論すると，その結論がまちがっている危険性が少なくとも 5 % はあることを意味しているので，仮説が正しくないと結論づけるには不十分であると考える．つまり，仮説を採択したといっても，決して仮説が正しいと結論づけたわけではなく，手元にある標本からは仮説が正しくないと結論するには不十分であることがわかったにすぎない．

以上の議論からわかるように，仮説検定は，母集団に関する仮説を棄却できるか否かを標本統計量をもとに検証する手法であり，仮説を棄却することが目標になっている．そこで，最初に立てる母集団に関する仮説を**帰無仮説** (null hypothesis) といい，記号 H_0 で表す．一方，帰無仮説が棄却されたときに正しいと結論づけられる仮説を**対立仮説** (alternative hypothesis) といい，記号 H_1 で表す．繰り返しになるが，帰無仮説が採択されても，手元にある標本からは対立仮説が正しいと結論するには不十分であることがわかっただけであり，対立仮説が全面的に否定されたわけではないことに注意しよう．

仮説検定を用いると，帰無仮説が棄却できるかどうか，すなわち，対立仮説が確率的に正しいとみなせるかどうかを検証できる．したがって，仮説検定により証明したいことを対立仮説として，その反対の命題を帰無仮説とすればよいように思われる．しかし，帰無仮説とすることができる命題は，それが正しいと仮定することによって，検定統計量が標準正規分布，χ^2 分布，F 分布，t 分布などに従う確率変数になり，その実現値がある値以上になる確率を求められる命題に限られる．したがって，母集団が質的データをとる対象物の集合である場合は，

- 各カテゴリの出現頻度が期待度数に等しい

のような命題に限られる．一方，母集団が量的データをとる対象物の集合である場合は，

- 母平均 μ がある値 μ_0 に等しい，
- 母分散 σ^2 がある値 σ_0^2 に等しい

のような命題に限られる．また，A と B という 2 個の母集団がある場合は

- 母集団 A の平均値 μ_A と母集団 B の平均値 μ_B が等しい，
- 母集団 A の分散 σ_A^2 と母集団 B の分散 σ_2 が等しい

のような命題に限られることに注意しなければならない．たとえば，母集団の平均値 μ がある値 μ_0 に等しいことを証明したい場合でも，帰無仮説を $\mu \neq \mu_0$ とすることはできない．

上に述べた K 大学の 1 年生女子の身長に関する問題の場合，帰無仮説は

$$H_0 : \mu = 158.0$$

であるが，対立仮説のたて方，すなわち，帰無仮説を棄却する状況の設定方法にはいくつかの考え方がある．標本平均 M が 158.0 より著しく大きい場合だけ帰無仮説を棄却したい場合は，対立仮説を

$$H_1 : \mu > 158.0$$

とおく．逆に，標本平均 M が 158.0 より著しく小さい場合だけ帰無仮説を棄却したい場合は，対立仮説を

$$H_1 : \mu < 158.0$$

とおく．これら 2 つの場合は，右図のように棄却域が検定統計量の従う分布の片側だけにあるため，**片側検定** (one-tailed test) とよばれる．一方，標本平均 M が μ と著しく異なる場合，すなわち，M が 158.0 より著しく大きい場合も小さい場合も帰無仮説を棄却したい場合は，対立仮説を

$$H_1 : \mu \neq 158.0$$

とおく．この場合は，棄却域が検定統計量の従う分布の両側にあるため，**両側検定** (two-tailed test) とよばれる．

以上の議論をまとめると，仮説検定の手順はつぎのようになる．

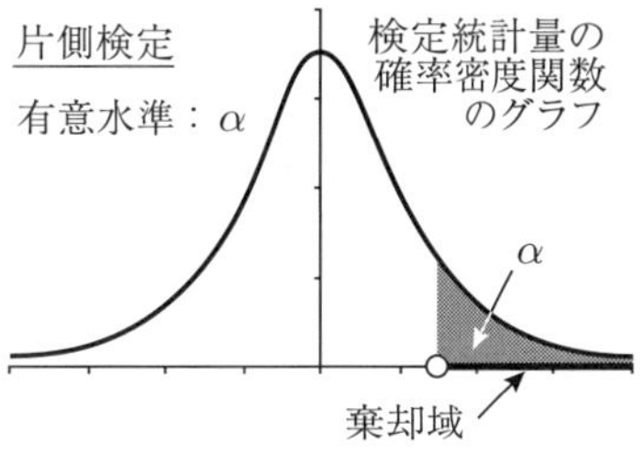

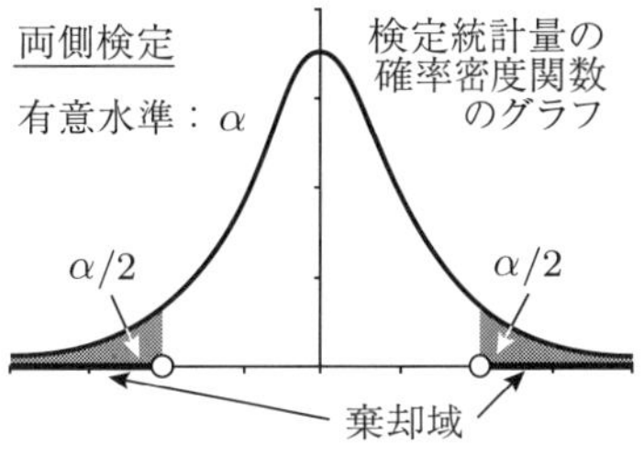

【手順】 母集団から無作為抽出された標本をもとに，母集団の統計量をつぎの手順で評価する．

(1) 帰無仮説と対立仮説を設定する．
(2) 帰無仮説のもとで，標本からその実現値を計算できる検定統計量を選択する．
(3) 有意水準を設定する．
(4) 検定統計量の実現値を計算する．
(5) 検定統計量が棄却域に含まれていれば帰無仮説を棄却し，さもなければ，帰無仮説を採択する．□

13.2 母平均の検定

分散が σ^2 の正規分布に従うことがわかっている母集団から無作為抽出した大きさ N の標本の平均値を M，不偏分散を u^2 とする．標本を調査するまでは，母平均 μ がある値 μ_0 に等しいと考えられていたとしよう．そのとき，帰無仮説を

$$H_0 : \mu = \mu_0$$

とおくと，第 12.3.3 節で述べたように，標本平均 M を標準化することによって得られる統計量

$$Z = \frac{M - \mu_0}{\sigma/\sqrt{N}}$$

は標準正規分布に従う[3]．また，Z に含まれる σ を u で置き換えた統計量

$$T = \frac{M - \mu_0}{u/\sqrt{N}}$$

は自由度 $N-1$ の t 分布に従う．よって，母分散 σ^2 の値がわかっていれば，帰無仮説 H_0 の妥当性を検証するための検定統計量として Z を使用する．また，σ^2 の値がわかっていなければ，H_0 の妥当性を検証するための検定統計量として T を使用する．

標本を調査した結果，その平均値 M が μ_0 よりかなり大きい値であることがわかったときは，帰無仮説 H_0 が棄却されたときの結論である対立仮説を

$$H_1 : \mu > \mu_0$$

3) 帰無仮説に従って，μ が μ_0 に書き換えられている．

とおいて片側検定を試みればよい．実際，有意水準 α に対して条件

$$Z > z(\alpha) \quad \text{または} \quad T > t_{N-1}(\alpha)$$

が成り立てば，帰無仮説を棄却し，対立仮説を採択する．すなわち，母平均 μ は μ_0 より大きいと結論できる．ただし，$z(\alpha)$ は，標準正規分布に従う確率変数がある値 z 以上になる確率が α 以下であるような z の最小値であり[4]．$t_{N-1}(\alpha)$ は，自由度 $N-1$ の t 分布に従う確率変数がある値 t 以上になる確率が α 以下であるような t の最小値である[5]．なお，条件

$$Z \leqq z(\alpha) \quad \text{または} \quad T \leqq t_{N-1}(\alpha)$$

が成り立つときは，帰無仮説は採択され，μ が μ_0 より大きいとはいえないという結論になる．

逆に，標本平均 M が μ_0 よりかなり小さい値であることがわかったときは，対立仮説を

$$H_1 : \mu < \mu_0$$

とおいて片側検定を試みる．そのとき，有意水準を α とすると，帰無仮説の棄却域は次式で与えられる．

$$Z < -z(\alpha) \quad \text{または} \quad T < -t_{N-1}(\alpha)$$

一方，母平均の値が μ_0 とは異なることだけを検証したいときは，対立仮説を

$$H_1 : \mu \neq \mu_0$$

とおいて両側検定を行えばよい．有意水準 α に対して条件

$$|Z| > z(\alpha/2) \quad \text{または} \quad |T| > t_{N-1}(\alpha/2)$$

が成り立てば，帰無仮説を棄却し，対立仮説を採択する．すなわち，母平均 μ の値は μ_0 ではないと結論できる．なお，条件

$$|Z| \leqq z(\alpha/2) \quad \text{または} \quad |T| \leqq t_{N-1}(\alpha/2)$$

が成り立つときは，帰無仮説は採択され，μ が μ_0 と異なるとはいえないという結論になる．

【例】 K 大学の 1 年生女子の身長は，分散 $6^2 = 36$ の正規分布に従っているという．無作為抽出した 25 人の身長の平均値が 160.4 cm であったとき，母平均 μ は全国平均値の 158.0 cm より高いといえるか．有意水準 5 % で検定しなさい．

母平均を μ と書き，帰無仮説 H_0 と対立仮説 H_1 をそれぞれ

$$H_0 : \mu = 158.0,$$
$$H_1 : \mu > 158.0$$

とおいて片側検定を行う．母分散 σ^2 は 6^2 であることがわかっているから，検定統計量として

$$Z = \frac{M - \mu_0}{\sigma/\sqrt{N}} = \frac{M - 158.0}{6.0/\sqrt{25}}$$

を用いる．統計量 Z は標準正規分布に従い，$M = 160.4$ よりその実現値は

---

4) 正規分布表を用いて $z(\alpha)$ の値を求める方法については，第 8.2 節を参照すること．

5) t 分布表を用いて $t_{N-1}(\alpha)$ の値を求める方法については，第 8.4 節を参照すること．

$$Z = \frac{160.4 - 158.0}{6.0 \div 5} = 2.4 \div 1.2 = 2.0$$

である．一方，有意水準を $\alpha = 0.05$ に設定すると，片側検定の棄却域は

$$Z > z(0.05) \approx 1.645$$

であるから，$Z = 2.0$ はこれに含まれる．よって，帰無仮説は棄却され，$\mu > 158.0$，すなわち，K 大学の 1 年生女子の平均身長は全国平均より大きいという結論を得る．□

【例】K 大学の 1 年生女子の身長は正規分布に従っているが，平均や分散は不明であるという．無作為抽出した 25 人の身長の平均値が 160.4 cm で，不偏分散が $u^2 = 7^2$ であったとき，母平均 μ は全国平均値の 158.0 cm と異なるといえるか．有意水準 5 % で検定しなさい．

母平均を μ と書き，帰無仮説 H_0 と対立仮説 H_1 をそれぞれ

$$H_0 : \mu = 158.0,$$
$$H_1 : \mu \neq 158.0$$

とおいて両側検定を行う．母分散が未知であるから，検定統計量として

$$T = \frac{M - \mu_0}{u/\sqrt{N}} = \frac{M - 158.0}{7/\sqrt{25}}$$

を用いる．統計量 T は自由度 $N - 1 = 25 - 1 = 24$ の t 分布に従い，$M = 160.4$ よりその実現値は

$$T = \frac{160.4 - 158.0}{7 \div 5} = 2.4 \div 1.4 \approx 1.71$$

である．一方，有意水準を $\alpha = 0.05$ に設定すると，両側検定の棄却域は

$$|\,T\,| > t_{N-1}(0.05/2) = t_{24}(0.025) \approx 2.064$$

であるから，$T = 1.71$ はこれに含まれない．よって，帰無仮説は採択され，$\mu \neq 158.0$ とはいえない，すなわち，K 大学の 1 年生女子の平均身長は全国平均と異なるとはいえないという結論を得る．□

容易に確かめられるように，母平均の 95 % 信頼区間

$$M - z(0.025) \times \frac{\sigma}{\sqrt{N}} \leqq \mu \leqq M + z(0.025) \times \frac{\sigma}{\sqrt{N}}$$

あるいは

$$M - t_{N-1}(0.025) \times \frac{\sigma}{\sqrt{N}} \leqq \mu \leqq M + t_{N-1}(0.025) \times \frac{\sigma}{\sqrt{N}}$$

に μ_0 が含まれていなければ，帰無仮説

$$H_0 : \mu = \mu_0$$

は有意水準 α の両側検定において棄却される．

13.3　母分散の検定

正規分布に従うことがわかっている母集団から無作為抽出した大きさ N の標本の不偏分散を u^2 とする．標本を調査するまでは，母分散 σ^2 がある値 σ_0^2 に等しいと考えられていたとしよう．そのとき，帰無仮説を

$$H_0 : \sigma^2 = \sigma_0^2$$

とおくと，第 12.3.2 節で述べたように，統計量

$$Y = \frac{u^2}{\sigma_0^2/(N-1)}$$

は自由度 $N-1$ の χ^2 分布に従う．ここで，確率変数 Y がある値 y 以上になる確率が α 以下であるような y の最小値を $y_{N-1}(\alpha)$ と書くことにする[6]．母分散の検定は，不偏分散 u^2 の値があらかじめ想定していた母分散の値 σ_0^2 と大きく異なるとき，母分散が σ_0^2 であるという帰無仮説 H_0 を棄却できるか否かを，検定統計量 Y の実現値に基づいて検証する仮説検定である．

対立仮説の設定の仕方にはいくつかのヴァリエーションがある．不偏分散 u^2 の値が σ_0^2 に比べてかなり大きい場合は，対立仮説を

$$H_1 : \sigma^2 > \sigma_0^2$$

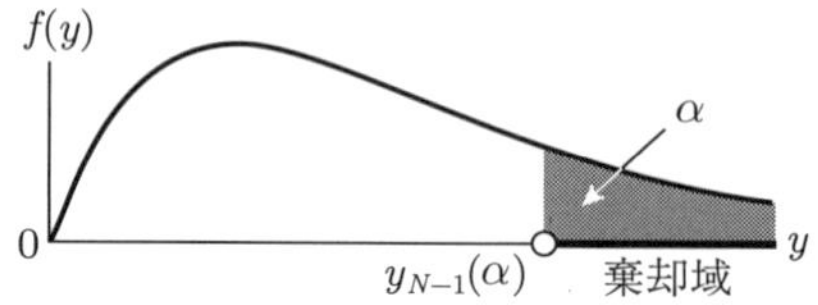

とおいて，片側検定を試みる．実際，有意水準 α に対して条件

$$Y > y_{N-1}(\alpha)$$

が成り立てば，帰無仮説を棄却し，対立仮説を採択する．すなわち，σ^2 は σ_0^2 より大きいと結論できる．

不偏分散 u^2 の値が σ_0^2 に比べてかなり小さい場合は，対立仮説を

$$H_1 : \sigma^2 < \sigma_0^2$$

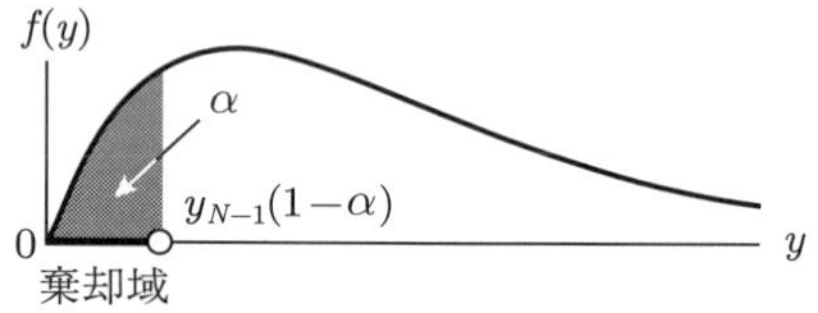

とおいて，片側検定を試みる．実際，有意水準 α に対して条件

$$Y < y_{N-1}(1-\alpha)$$

が成り立てば，帰無仮説を棄却し，対立仮説を採択する．すなわち，σ^2 は σ_0^2 より小さいと結論できる．

一方，母分散の値が σ_0^2 と異なることだけを検証したい場合は，対立仮説を

$$H_1 : \sigma^2 \neq \sigma_0^2$$

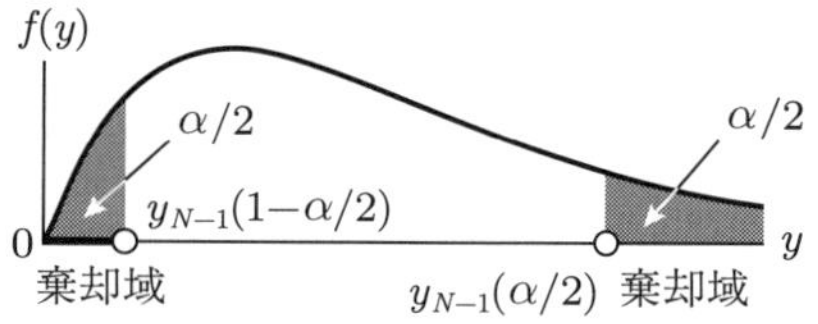

とおいて，両側検定を試みる．有意水準 α に対して条件

$$Y < y_{N-1}(1-\alpha/2) \quad または \quad Y > y_{N-1}(\alpha/2)$$

が成り立てば，帰無仮説を棄却し，対立仮説を採択する．すなわち，母分散 σ^2 の値は σ_0^2 ではないと結論できる．

---

[6] χ^2 分布表を用いて $y_{N-1}(\alpha)$ の値を求める方法については，第 8.4 節を参照すること．

【例】ある工場では，長さ 30 mm のクギを製造しているが，使用している機械の老朽化で，製造されるクギの長さに標準偏差で 0.5 mm ものばらつきが生じることが問題になっていた．そこで新しい機械を導入し，試運転で製造したクギの中から無作為抽出した 25 本の製品の長さを測定したところ，標準偏差は 0.3 mm であった．製造されるクギの長さが正規分布に従っているとき，新しい機械の導入によって長さのばらつきが小さくなったか否かを，有意水準 5 % で検定しなさい．

新しい機械で製造した製品の長さの母分散を σ^2 と書き，帰無仮説 H_0 と対立仮説 H_1 をそれぞれ

$$H_0 : \sigma^2 = 0.5^2,$$
$$H_1 : \sigma^2 < 0.5^2$$

とおいて片側検定を行う．検定統計量として

$$Y = \frac{u^2}{\sigma_0^2/(N-1)} = \frac{u^2}{0.5^2/(25-1)}$$

を用いると，Y は自由度 $N-1$ の χ^2 分布に従う．また，$u^2 = 0.3^2$ だから，統計量 Y の実現値は

$$Y = \frac{0.3^2}{0.5^2/(25-1)} = \frac{0.09 \times 24}{0.25} = 8.64$$

である．有意水準を $\alpha = 0.05$ に設定すると，片側検定の棄却域は

$$Y < Y_{25-1}(1-0.05) \approx 13.8$$

であるから，$Y = 8.64$ はこれに含まれる．よって，帰無仮説は棄却され，$\sigma^2 < 0.5^2$，すなわち，長さのばらつきは改善されたといえる．□

母平均の検定の場合と同様に，母分散に関する確率 $1-\alpha$ の信頼区間

$$\frac{(N-1)u^2}{y_{N-1}(\alpha/2)} \leqq \sigma^2 \leqq \frac{(N-1)u^2}{y_{N-1}(1-\alpha/2)}$$

に σ_0^2 が含まれていなければ，帰無仮説

$$H_0 : \sigma^2 = \sigma_0^2$$

は有意水準 α の両側検定で棄却される．

13.4 母比率の検定

第 12.3.1 節では，母集団においてある事がらが起きている比率を区間推定する方法を学んだ．ここでは，標本においてその事がらが起きている比率をもとに，母集団における比率が想定されていた値と同じであるか否かを検定する方法を学ぶ．

母集団から無作為抽出した大きさ N の標本において，注目する事がらが起きている標本の数を X とする．標本を調査するまでは，母集団においてその事がらが起きている比率 ρ がある値 ρ_0 に等しいと考えられていたとしよう．そのとき，帰無仮説を

$$H_0 : \rho = \rho_0$$

とおき，大きさ N の標本の中でその事がらが起きている比率を

$$p = \frac{X}{N}$$

とすると，第 12.3.1 節で述べたように，統計量

$$Z = \frac{p - \rho_0}{\sqrt{\dfrac{\rho_0(1-\rho_0)}{N}}}$$

は N が十分大きければ近似的に標準正規分布に従う．

観測比率 p が ρ_0 よりかなり大きい値であることがわかったときは，対立仮説を

$$H_1 : \rho > \rho_0$$

とおいて片側検定を試みる．有意水準を α とするとき，帰無仮説の棄却域は

$$Z > z(\alpha)$$

である．ただし，$z(\alpha)$ は標準正規分布に従う確率変数がある値 z 以上になる確率が α 以下であるような z の最小値で，正規分布表より求めることができる．観測比率 p が ρ_0 よりかなり小さい値であることがわかったときは，対立仮説を

$$H_1 : \rho < \rho_0$$

とおいて片側検定を試みる．そのとき，帰無仮説の棄却域は次式で与えられる．

$$Z < -z(\alpha)$$

母比率が ρ_0 とは異なることを検証したいときは，対立仮説を

$$H_1 : \rho \neq \rho_0$$

とおいて両側検定を行えばよい．有意水準を α とするとき，帰無仮説の棄却域は

$$|Z| > z(\alpha/2)$$

である．

【例】 ある硬貨を 100 回投げる実験を行ったところ，表が 58 回出た．この硬貨はゆがんでいるといえるか，有意水準 5 % で検定しなさい．

この硬貨を 1 回投げたときに表が出る確率を ρ と書き，帰無仮説 H_0 と対立仮説 H_1 をそれぞれ

$$H_0 : \rho = 0.5,$$
$$H_1 : \rho \neq 0.5$$

とおいて，両側検定を行う．検定統計量として

$$Z = \frac{p - \rho_0}{\sqrt{\dfrac{\rho_0(1-\rho_0)}{N}}} = \frac{p - 0.5}{\sqrt{\dfrac{0.5 \times (1-0.5)}{100}}}$$

を用いると，Z は近似的に標準正規分布に従う．また，観測比率は $p = 0.58$ だから，統計量 Z の実現値は

$$Z = \frac{0.58 - 0.5}{0.5 \div 10} = 0.08 \div 0.05 = 1.6$$

である．一方，有意水準を $\alpha = 0.05$ に設定すると，両側検定の棄却域は

$$|Z| > z(0.05/2) = 1.96$$

であるから，$Z = 1.6$ はこれに含まれない．よって，帰無仮説は採択される．すなわち，この硬貨はゆがんでいるとはいえない．□

演習問題

1. あるネジ工場では，長さが平均値 50.0 mm，分散 0.16 の正規分布に従うように機械を調整して製造を行ってきた．最近，納入先からネジの長さが仕様通りになっていないのではないかというクレームがついたので，16 本の製品を無作為抽出して長さ (mm) を測定したところ，

   49.8, 50.3, 49.5, 49.7, 50.2, 49.3, 49.6, 50.5, 49.8, 49.2, 49.6, 50.1, 50.1, 49.7, 49.2, 50.2

   という結果が得られた．母分散は 0.16 のまま変化していないと仮定して，母平均が 50.0 mm であるといえるか否か，有意水準 5 % で検定しなさい．

2. ある中学校では，以前から 50 m 走の記録が良くないことが問題になっていた．平成 24 年度に在籍している 14 歳の男子生徒から無作為抽出した 25 人の記録（秒）は，つぎの通りである．

   7.7, 8.0, 8.2, 7.1, 9.5, 8.1, 7.6, 7.6, 8.9, 7.6, 6.7, 7.6, 7.6, 7.5, 6.5, 7.3, 7.8, 7.4, 7.7, 6.9, 8.3, 6.6, 8.4, 7.4, 8.5

   (a) この 25 人の記録の標本平均と不偏分散を求めなさい．

   (b) 文部科学省が発表している平成 24 年度体力・運動能力調査の結果によると，14 歳男子の 50 m 走の全国平均値は 7.5 秒である．この中学校の記録が全国平均より悪いか否かを有意水準 5 % で検定しなさい．

3. 庭に敷く玉砂利は，粒径の標準偏差が平均値の 10 % 程度であると見ばえが最もよくなるという．ある造園会社では，粒系 20 mm の玉砂利 30 kg を袋詰めして販売しているが，袋詰め時に無作為に 25 粒を取り出して粒径を検査し，標準偏差が 20 mm の 10 %，すなわち，2 mm と判定できたものだけを合格として出荷している．ある袋から無作為抽出した 25 粒の粒径（mm）が

   17, 19, 16, 15, 23, 19, 22, 21, 20, 22, 17, 20, 18, 21, 25, 23, 24, 20, 22, 20, 18, 20, 20, 21, 17

   であったとき，この袋は検査に合格するか否かを，有意水準 5 % で検定しなさい．

4. ある飲料メーカでは，毎日 8 時から 23 時まで 80 g 入りの乳酸菌飲料を製造している．原材料の性質上，ノズルに詰まりが生じて封入量に変動が生じやすいため，毎時 1 本ずつのサンプルを無作為抽出して内容量を測定し，その日に製造した製品の内容量の母分散が 1 を越えていると判定されたら，翌日に製造ラインを停止してノズルを洗浄することにしている．しかし，今週は猛暑が続くと予想されたため，週の途中で母分散が 1 を越えても製造ラインを停止せず，ノズルの洗浄を日曜日まで待つことにした．つぎのページの表は，この週の月曜日から土曜日までの内容量（g）の測定結果である．本来の規則通りにノズルの洗浄を行うとすれば，何曜日にノズルの洗浄を行うべきであったか，有意水準 5 % で検定しなさい．

時	8	9	10	11	12	13	14	15	16	17	18	19	20	21	22	23
月	81	80	81	80	80	80	81	80	79	79	78	79	80	81	81	80
火	81	81	80	79	78	78	79	79	81	80	80	81	81	81	80	81
水	81	81	82	83	82	82	81	82	81	80	79	80	79	80	81	82
木	81	82	81	79	79	78	79	81	81	80	79	79	79	79	81	82
金	81	82	81	80	79	78	78	79	81	82	81	81	79	78	79	81
土	82	80	79	78	77	77	77	79	80	82	80	79	78	79	78	79

5. 平成 22 年国勢調査の人口等基本集計結果によると，日本全国において住宅に住む一般世帯の持家の割合は 61.9 % である．

(a) ある町において無作為抽出した 50 世帯に対して，現在居住している家が持家であるかどうかを尋ねたところ，全体の 70 % の 35 世帯が持家であると答えた．この町の持家率は全国平均値に比べて高いといえるか，有意水準 5 % で検定しなさい．

(b) 別な町において無作為抽出した 200 世帯に対して，現在居住している家が持家であるかどうかを尋ねたところ，全体の 70 % の 140 世帯が持家であると答えた．この町の持家率は全国平均値に比べて高いといえるか，有意水準 5 % で検定しなさい．

6. つぎの表は，県議会が制定を審議している条例案について，この県にある A, B, C, D, E, F, G, H の 8 市において，無作為抽出した住民 500 人に賛否を調査した結果をまとめたものである．

	A 市	B 市	C 市	D 市	E 市	F 市	G 市	H 市	計
賛成	21	31	39	12	40	32	16	55	246
反対	29	49	21	18	60	18	24	35	254
計	50	80	60	30	100	50	40	90	500

(a) 有意水準 5 % で賛成の住民の方が多いと判定される市をあげなさい．

(b) 有意水準 5 % で反対の住民の方が多いと判定される市をあげなさい．

(c) 有意水準 5 % で住民の賛成と反対が半々であると判定される市をあげなさい．

第14章　χ^2 検定

第 13.4 節では，母集団において注目する 1 つの事がらが起きている比率 ρ がある値 ρ_0 に等しいという帰無仮説を棄却できるか否かを，標準正規分布に従う統計量を用いて検定する方法を学んだ．この章では，起こり得る事がらが複数考えられるとき[1)]，それぞれの事がらの起きる確率がある分布に等しいという帰無仮説を棄却できるか否かを，χ^2 分布に従う統計量を用いて検定する方法を学ぶ．

簡単のために，起こり得る事がらは A と B の 2 つだけであり，母集団において事がら A が起きている確率を ρ と書くことにする．そのとき，事がら B が起きている確率は $1-\rho$ と書け，それらの値の組 $(\rho, 1-\rho)$ があるベクトル $(\rho_0, 1-\rho_0)$ になると期待されているものとする．母集団から無作為抽出した大きさ N の標本において，事がら A が起きている標本の数が X，事がら B が起きている標本の数が $N-X$ であるとき，事がら A と B の観測比率の組 $\bigl(X/N, (N-X)/N\bigr)$ が $(\rho_0, 1-\rho_0)$ と大幅に異なるベクトルになっていれば，母集団における分布 $(\rho, 1-\rho)$ もベクトル $(\rho_0, 1-\rho_0)$ からずれていることが予想される．そこで，帰無仮説 H_0 と対立仮説 H_1 をそれぞれ

$$
\begin{aligned}
H_0 &: (\rho, 1-\rho) = (\rho_0, 1-\rho_0), \\
H_1 &: (\rho, 1-\rho) \neq (\rho_0, 1-\rho_0)
\end{aligned}
$$

とおいて，帰無仮説 H_0 が棄却できるか否かを検定する．

帰無仮説の妥当性を検証するには，大きさ N の標本においてそれぞれの事がらが起きている標本の数と，帰無仮説のもとでそれぞれの事がらが起きると期待される回数のずれを評価すればよい．ただし，ずれは正の値にも負の値にもなり得るので，分散と同様にずれの 2 乗を評価する．また，N が大きいとずれの絶対値も大きくなるから，期待値で割ることにより標準化した値

$$
Y = \frac{(X-N\rho_0)^2}{N\rho_0} + \frac{\Bigl\{(N-X) - N(1-\rho_0)\Bigr\}^2}{N(1-\rho_0)}
$$

で評価する[2)]．ここで，$p = X/N$ とおくと，p は確率変数であり，

$$
Y = \frac{1}{N}\left(\frac{1}{\rho_0} + \frac{1}{1-\rho_0}\right)(X-N\rho_0)^2 = \frac{N(p-\rho_0)^2}{\rho_0(1-\rho_0)}
$$

と書き換えられるから，

$$
Z = \frac{p-\rho_0}{\sqrt{\dfrac{\rho_0(1-\rho_0)}{N}}}
$$

とおくと，$Y = Z^2$ であることがわかる．第 12.3.1 節で述べたように，N が十分大きければ Z は近似的に標準正規分布に従うから，Y は自由度 1 の χ^2 分布に従う[3)]．また，帰無仮説のもとでは，

[1)] たとえば，サイコロを振るのであれば，1 の目が出る，2 の目が出る，...，6 の目が出るという 6 通りの事がらが起き得る．

[2)] 右辺第 1 項は，事がら A が起きている標本の数と，事がら A の起きる回数の期待値の差の 2 乗を，事がら A の起きる回数の期待値で割った値であり，第 2 項は，事がら B が起きている標本の数と，事がら B の起きる回数の期待値の差の 2 乗を，事がら B の起きる回数の期待値で割った値である．

[3)] 第 8.4 節で述べたように，標準正規分布に従う n 個の独立な確率変数の 2 乗和は，自由度 n の χ^2 分布に従う．

p が ρ_0 より大きくなっても小さくなっても統計量 Y の値は大きくなるから，Y を検定統計量として片側検定を行えばよい．そこで，有意水準 α に対して条件

$$Y > y_1(\alpha)$$

が成り立てば，帰無仮説を棄却し，対立仮説を採択する．ただし，$y_1(\alpha)$ は自由度 1 の χ^2 分布に従う確率変数がある値 y 以上になる確率が α 以下であるような y の最小値であり，χ^2 分布表から求められる．この検定法は，起こり得る事がらが 3 つ以上ある場合にも拡張できる．

14.1 適合度検定

起こり得る事がらが $\mathrm{A}_1, \mathrm{A}_2, \ldots, \mathrm{A}_k$ の k 通りあり，母集団においてそれぞれの事がらが起きている確率を $\rho_1, \rho_2, \ldots, \rho_k$ と書くことにする．また，条件

$$\rho_{10} + \rho_{20} + \cdots + \rho_{k0} = 1, \quad \rho_{10} > 0,\ \rho_{20} > 0,\ \ldots,\ \rho_{k0} > 0$$

を満たす $\rho_{10}, \rho_{20}, \ldots, \rho_{k0}$ が与えられており，$(\rho_1, \rho_2, \ldots, \rho_k)$ の値はベクトル $(\rho_{10}, \rho_{20}, \ldots, \rho_{k0})$ になると期待されているものとする．

母集団から無作為抽出した大きさ N の標本において，事がら $\mathrm{A}_1, \mathrm{A}_2, \ldots, \mathrm{A}_k$ が起きている標本の数をそれぞれ $X_1, X_2, \ldots, X_k$ とすると，

$$X_1 + X_2 + \cdots + X_k = N$$

である．また，

$$p_1 = \frac{X_1}{N}, \quad p_2 = \frac{X_2}{N}, \ \ldots, \ p_k = \frac{X_k}{N}$$

とおくと

$$p_1 + p_2 + \cdots + p_k = 1$$

であるが，標本におけるそれぞれの事がらの観測比率の組 $(p_1, p_2, \ldots, p_k)$ が $(\rho_{10}, \rho_{20}, \ldots, \rho_{k0})$ と大幅に異なるベクトルになっていれば，母集団の分布 $(\rho_1, \rho_2, \ldots, \rho_k)$ も $(\rho_{10}, \rho_{20}, \ldots, \rho_{k0})$ からずれていることが予想される．そこで，帰無仮説 H_0 と対立仮説 H_1 をそれぞれ

$$H_0 : (\rho_1, \rho_2, \ldots, \rho_k) = (\rho_{10}, \rho_{20}, \ldots, \rho_{k0}),$$
$$H_1 : (\rho_1, \rho_2, \ldots, \rho_k) \neq (\rho_{10}, \rho_{20}, \ldots, \rho_{k0})$$

とおき，帰無仮説 H_0 が棄却できるか否かを検定する．

検定統計量としては，それぞれの事がらが起きている標本の数と，帰無仮説のもとでそれぞれの事がらが起きると期待される回数の差の 2 乗を，期待回数で割ることにより標準化した値の総和

$$Y = \frac{(X_1 - N\rho_{10})^2}{N\rho_{10}} + \frac{(X_2 - N\rho_{20})^2}{N\rho_{20}} + \cdots + \frac{(X_k - N\rho_{k0})^2}{N\rho_{k0}}$$

を用いる．統計量 Y は，近似的に自由度 $k-1$ の χ^2 分布に従うことが知られているので[4]，有意水準 α に対して条件

[4] 母平均や母分散など，母集団が従う分布を特徴づけるパラメータに何の制限も設けない場合である．

$$Y > y_{k-1}(\alpha)$$

が成り立てば帰無仮説を棄却し，対立仮説を採択する．この検定方法は，**適合度検定** (goodness-of-fit test) とよばれている．

適合度検定は，抽出された標本の分布から，母集団がある特定の分布に従っているとみなしてよいかを検定する方法であると考えることもできる．ただし，母集団が従う分布に関して，それを特徴づけるパラメータを ℓ 個指定する必要がある場合には，統計量 Y は自由度 $k-\ell-1$ の χ^2 分布に従うとして検定を行う必要がある．

【例】 あるサイコロを 60 回投げたところ，つぎの表ような結果になった．このサイコロはゆがみのない正しいサイコロといえるか否かを有意水準 5 % で検定しなさい．

サイコロの目	1	2	3	4	5	6
観測度数	14	8	13	8	6	11

このサイコロにおいて，$1, 2, \ldots, 6$ の目が出る確率をそれぞれ $\rho_1, \rho_2, \ldots, \rho_6$ と書く．ゆがみのない正しいサイコロであれば，いずれの目が出る確率も 1/6 になるはずである．そこで，帰無仮説 H_0 と対立仮説 H_1 をそれぞれ

$$H_0 : (\rho_1, \rho_2, \ldots, \rho_6) = \left(\frac{1}{6}, \frac{1}{6}, \ldots, \frac{1}{6}\right),$$
$$H_1 : (\rho_1, \rho_2, \ldots, \rho_6) \neq \left(\frac{1}{6}, \frac{1}{6}, \ldots, \frac{1}{6}\right)$$

とおく．標本の大きさは $N = 60$ であるから，$1 \sim 6$ の目の出る回数の期待値はいずれも $60 \times 1/6 = 10$ 回である．よって，$1, 2, \ldots, 6$ の目が出る回数をそれぞれ $X_1, X_2, \ldots, X_6$ と書き，検定統計量として

$$Y = \frac{(X_1 - N\rho_{10})^2}{N\rho_{10}} + \frac{(X_2 - N\rho_{20})^2}{N\rho_{20}} + \cdots + \frac{(X_6 - N\rho_{60})^2}{N\rho_{60}}$$
$$= \frac{(X_1 - 10)^2 + (X_2 - 10)^2 + \cdots + (X_6 - 10)^2}{10}$$

を用いると，Y は近似的に自由度 $6 - 1 = 5$ の χ^2 分布に従う．また，観測度数は

$$X_1 = 14, \quad X_2 = 8, \quad X_3 = 13, \quad X_4 = 8, \quad X_5 = 6, \quad X_6 = 11$$

であるから，統計量 Y の実現値として

$$Y = \frac{4^2 + (-2)^2 + 3^2 + (-2)^2 + (-4)^2 + 1^2}{10} = 5$$

を得る．有意水準を $\alpha = 0.05$ とすると，棄却域は

$$Y > y_{6-1}(0.05) \approx 11.07$$

であるから，$Y = 5$ はこれに含まれない．よって，帰無仮説は採択され，このサイコロにゆがみがあるとはいえないという結論を得る．□

14.2　独立性の検定

母集団から無作為抽出した N 人の被験者に，A と B の 2 問から成るアンケートを実施することを考える．ただし，A は $\mathrm{a}_1, \mathrm{a}_2, \ldots, \mathrm{a}_\ell$ の ℓ 個の選択肢から 1 つを選ぶ質問であり，B は $\mathrm{b}_1, \mathrm{b}_2, \ldots, \mathrm{b}_m$ の m 個の選択肢から 1 つを選ぶ質問である．質問 A に a_i，質問 B に b_j と答えた被験者の人数を X_{ij} とおくと，このアンケートの結果は右のような表に整理できる．表の計欄に示す $X_{i\cdot}$ と $X_{\cdot j}$ は，それぞれ質問 A に a_i と答えた被験者の総数と質問 B に b_j と答えた被験者の総数であり，

質問		B				計
	回答	b_1	b_2	$\cdots$	b_m	
A	a_1	X_{11}	X_{12}	$\cdots$	X_{1m}	$X_{1\cdot}$
	a_2	X_{21}	X_{22}	$\cdots$	X_{2m}	$X_{2\cdot}$
	$\vdots$	$\vdots$	$\vdots$	$\ddots$	$\vdots$	$\vdots$
	a_ℓ	$X_{\ell 1}$	$X_{\ell 2}$	$\cdots$	$X_{\ell m}$	$X_{\ell\cdot}$
計		$X_{\cdot 1}$	$X_{\cdot 2}$	$\cdots$	$X_{\cdot m}$	N

$$
\begin{aligned}
X_{i\cdot} &= X_{i1} + X_{i2} + \cdots + X_{im} \quad (i = 1, 2, \ldots, \ell), \\
X_{\cdot j} &= X_{1j} + X_{2j} + \cdots + X_{\ell j} \quad (j = 1, 2, \ldots, m)
\end{aligned}
$$

および

$$
X_{1\cdot} + X_{2\cdot} + \cdots + X_{\ell\cdot} = N = X_{\cdot 1} + X_{\cdot 2} + \cdots + X_{\cdot m}
$$

が成り立つ．第 **4.1** 節でも学んだように，この表は，クロス集計表あるいは分割表とよばれている．

母集団から無作為抽出した 1 人の被験者が，質問 A に a_i，質問 B に b_j と回答する確率を p_{ij} と書く．また，式

$$
\begin{aligned}
p_{i\cdot} &= p_{i1} + p_{i2} + \cdots + p_{im} \quad (i = 1, 2, \ldots, \ell), \\
p_{\cdot j} &= p_{1j} + p_{2j} + \cdots + p_{\ell j} \quad (j = 1, 2, \ldots, m)
\end{aligned}
$$

により $p_{i\cdot}, p_{\cdot j}$ を定義すると，$p_{i\cdot}$ は母集団から無作為抽出した 1 人の被験者が，質問 A に a_i と回答する確率を表し，$p_{\cdot j}$ は母集団から無作為に抽出した 1 人の被験者が，質問 B に b_j と回答する確率を表す．質問 A に a_i と回答した被験者が質問 B に b_j と回答する条件付確率は，$p_{ij}/p_{i\cdot}$ で与えられるが，第 **4.3** 節で学んだように，条件

$$
\frac{p_{1j}}{p_{1\cdot}} = \frac{p_{2j}}{p_{2\cdot}} = \cdots = \frac{p_{\ell j}}{p_{\ell\cdot}} = p_{\cdot j} \quad (j = 1, 2, \ldots, m)
$$

が成り立つならば質問 A と質問 B は独立であり[5]，同時確率と周辺確率の間に次式が成り立つ[6]．

$$
p_{ij} = p_{i\cdot} p_{\cdot j} \quad (i = 1, 2, \ldots, \ell;\ j = 1, 2, \ldots, m)
$$

また，質問 A と質問 B が独立であるとき，$p_{i\cdot}$ と $p_{\cdot j}$ の推定量は，それぞれクロス集計表の周辺確率 $X_{i\cdot}/N$ と $X_{\cdot j}/N$ と等しくなるから[7]．無作為抽出された N 人の被験者の中で質問 A に a_i，質問 B に b_j と回答する被験者の数の期待値 $E(X_{ij})$ は次式で計算できる．

---

[5] 同様に，質問 B に b_j と回答した被験者が，質問 A に a_i と回答する条件付確率は，$p_{ij}/p_{\cdot j}$ で与えられるが，条件 $p_{i1}/p_{\cdot 1} = p_{i2}/p_{\cdot 2} = \cdots = p_{im}/p_{\cdot m} = p_{i\cdot}\ (i = 1, 2, \ldots, \ell)$ が成り立つならば，やはり質問 A と質問 B は独立である．

[6] 第 **4.3** 節で述べた性質を参照すること．

[7] クロス集計表の各欄の実現値に対する対数尤度関数を最大化する $p_{i\cdot}$ と $p_{\cdot j}$ の最尤推定量として求められるが，詳細は文献 [3] などを参照すること．

$$E(X_{ij}) = Np_{ij} = Np_{i\cdot}p_{\cdot j} = \frac{X_{i\cdot}X_{\cdot j}}{N}$$

質問 A に a_i，質問 B に b_j と回答した被験者の観測度数 X_{ij} がその期待値 $E(X_{ij})$ から大幅にずれていれば，質問 A と質問 B は独立でないことが予想される．そこで，帰無仮説 H_0 と対立仮説 H_1 をそれぞれ

H_0：質問 A と質問 B は独立である[8)]，
H_1：質問 A と質問 B には関連性がある

とおき，帰無仮説 H_0 が棄却できるか否かを検定する．

検定統計量としては，クロス集計表の各欄に書かれた観測度数 X_{ij} と，帰無仮説のもとでの期待度数 $E(X_{ij})$ の差の 2 乗を，期待度数で割ることにより標準化した値の総和

$$\begin{aligned} Y = & \frac{(X_{11} - X_{1\cdot}X_{\cdot 1}/N)^2}{X_{1\cdot}X_{\cdot 1}/N} + \frac{(X_{12} - X_{1\cdot}X_{\cdot 2}/N)^2}{X_{1\cdot}X_{\cdot 2}/N} + \cdots + \frac{(X_{1m} - X_{1\cdot}X_{\cdot m}/N)^2}{X_{1\cdot}X_{\cdot m}/N} \\ & + \frac{(X_{21} - X_{2\cdot}X_{\cdot 1}/N)^2}{X_{2\cdot}X_{\cdot 1}/N} + \frac{(X_{22} - X_{2\cdot}X_{\cdot 2}/N)^2}{X_{2\cdot}X_{\cdot 2}/N} + \cdots + \frac{(X_{2m} - X_{2\cdot}X_{\cdot m}/N)^2}{X_{2\cdot}X_{\cdot m}/N} + \\ & + \cdots \\ & + \frac{(X_{\ell 1} - X_{\ell\cdot}X_{\cdot 1}/N)^2}{X_{\ell\cdot}X_{\cdot 1}/N} + \frac{(X_{\ell 2} - X_{\ell\cdot}X_{\cdot 2}/N)^2}{X_{\ell\cdot}X_{\cdot 2}/N} + \cdots + \frac{(X_{\ell m} - X_{\ell\cdot}X_{\cdot m}/N)^2}{X_{\ell\cdot}X_{\cdot m}/N} \end{aligned}$$

を用いる．標本の大きさ N が十分大きいとき，統計量 Y は近似的に自由度 $(\ell-1)(m-1)$ の χ^2 分布に従うことが知られているので，有意水準 α に対して条件

$$Y > y_{(\ell-1)(m-1)}(\alpha)$$

が成り立てば帰無仮説を棄却し，対立仮説を採択する．この検定方法は，**独立性の検定** (test for independence) とよばれている[9)]．

【例】 右の表は，小学 3 年生の男女 55 人にかけっこと水泳の好き嫌いを聞いた結果である．性別により好き嫌いに差があるか，条件付確率を用いて調べなさい．

		かけっこ		計
		好き	嫌い	
性別	男	18	12	30
	女	15	10	25
計		33	22	55

		水泳		計
		好き	嫌い	
性別	男	8	22	30
	女	14	11	25
計		22	33	55

かけっこが好きな子供の割合を性別ごとおよび全員について計算すると

$$男子 : \frac{18}{30} = \frac{3}{5}, \quad 女子 : \frac{15}{25} = \frac{3}{5}, \quad 全員 : \frac{33}{55} = \frac{3}{5}$$

となってすべて等しいから，性別とかけっこ好き嫌いは独立，すなわち，性別によって好き嫌いに差がないと考えられる．一方，水泳が好きな人の割合を性別ごとおよび全員について計算すると

$$男子 : \frac{8}{30} = \frac{4}{15}, \quad 女子 : \frac{14}{25}, \qquad 全員 : \frac{22}{55} = \frac{2}{5}$$

8) 数学的に記述すれば，$p_{ij} = p_{i\cdot}p_{\cdot j}$ $(i = 1, 2, \ldots, \ell;\ j = 1, 2, \ldots, m)$ である．
9) 適合度検定と独立性の検定をあわせて，$\boldsymbol{\chi^2}$ **検定** (chi-square test) という．

となって一致しない．よって，性別と水泳の好き嫌いは独立でない，すなわち，性別によって好き嫌いに差があると予想される．□

【例】 上の例に示したクロス集計表について，性別と水泳の好き嫌いは独立であるか否かを有意水準 5 % で検定しなさい．

帰無仮説 H_0 と対立仮説 H_1 をそれぞれ

H_0 : 性別と水泳の好き嫌いは独立である，
H_1 : 性別と水泳の好き嫌いには関連性がある

とおく．帰無仮説のもとで，性別ごとに水泳の好きな人の数，嫌いな人の数の期待値は，

男子で水泳が好きな人の数の期待値 : $\dfrac{30 \times 22}{55} = 12$,

男子で水泳が嫌いな人の数の期待値 : $\dfrac{30 \times 33}{55} = 18$,

女子で水泳が好きな人の数の期待値 : $\dfrac{25 \times 22}{55} = 10$,

女子で水泳が嫌いな人の数の期待値 : $\dfrac{25 \times 33}{55} = 15$

期待度数		水泳 好き	水泳 嫌い	計
性別	男	12	18	30
	女	10	15	25
計		22	33	55

と計算できるから，男子で水泳が好きな人と嫌いな人，女子で水泳が好きな人と嫌いな人の観測度数をそれぞれ X_{11} と X_{12} および X_{21} と X_{22} と書き，検定統計量として

$$Y = \frac{(X_{11} - 12)^2}{12} + \frac{(X_{12} - 18)^2}{18} + \frac{(X_{21} - 10)^2}{10} + \frac{(X_{22} - 15)^2}{15}$$

を用いると，Y は近似的に自由度 $(2-1) \times (2-1) = 1$ の χ^2 分布に従う．また，統計量 Y の実現値は

$$Y = \frac{(8-12)^2}{12} + \frac{(22-18)^2}{18} + \frac{(14-10)^2}{10} + \frac{(11-15)^2}{15} = \frac{16}{12} + \frac{16}{18} + \frac{16}{10} + \frac{16}{15} = \frac{44}{9} \approx 4.89$$

と計算できる．一方，有意水準を $\alpha = 0.05$ に設定すると，棄却域は

$$Y > y_1(0.05) \approx 3.84$$

であるから，$Y \approx 4.89$ はこれに含まれる．よって，帰無仮説は棄却され，性別と水泳の好き嫌いは独立ではない，すなわち，関連性があると結論される．□

演習問題

1. いつもむずかしい問題を出題することで有名な Y 先生は，あるとき 4 つの選択肢から正解と思うものを 1 つだけ選択して解答する試験問題を 4 題出題した．この試験を受験した 256 人の学生の成績は，つぎの表の通りであった．

正解数	0	1	2	3	4	計
人数	63	108	63	18	4	256

(a) 256 人の学生が 4 題の問題のそれぞれに対して 4 つの選択肢からまったくランダムに解答したとき，正解数が 0, 1, 2, 3, 4 である学生の数はそれぞれ何人になると期待されるか．

(b) この試験の成績から判断すると，学生はまったくランダムに解答したわけではない，すなわち，Y 先生の問題を解く力があるといえるか，有意水準 5 % で検定しなさい．

2. ある植物には，同じ種であっても花茎の長いもの（以下 A 型という）と短いもの（以下 a 型という），葉の切れ込みが深いもの（以下 B 型という）と浅いもの（以下 b 型という）がある．ある町に生息するこの植物を無作為に 256 株選んで調査したところ，AB 型が 135 株，Ab 型が 57 株，aB 型が 40 株，ab 型が 24 株であった．

(a) A 型が a 型に比べて優性，かつ，B 型が b 型に比べて優性であり，これらの形質が独立であれば，AB 型，Ab 型，aB 型，ab 型の出現比率は $9:3:3:1$ になるという．そのとき，256 株の形質を調べると，各型の植物は何株になると期待されるか．

(b) 調査結果から判断すると，AB 型，Ab 型，aB 型，ab 型の出現比率は $9:3:3:1$ であるといえるか，有意水準 5 % で検定しなさい．

3. ある病気に対して開発されたワクチンの効果をみるために，ワクチンを接種した 40 人とワクチンを接種しなかった 60 人に対して，その病気にかかるかどうかを 1 年間にわたって追跡調査した．その結果，ワクチンを接種した人のうちの 8 人と，ワクチンを接種しなかった人のうちの 24 人がこの病気にかかったことがわかった．

(a) このワクチンは病気にかかることを抑える効果がまったくないと仮定するとき，ワクチンを接種した人とワクチンを接種しなかった人のそれぞれの中で，何人がこの病気にかかると予想されるか．小数第 1 位まで求めなさい．

(b) ワクチンを接種した人と接種しなかった人のそれぞれの中で実際にこの病気にかかった人の数を比較することによって，このワクチンは効果があるといえるか否かを，有意水準 5 % で検定しなさい．

4. ある大学の男子学生 260 人と女子学生 240 人に対して，赤，緑，黒の中から好きな色を 1 つだけ選んでもらったところ，つぎの表のような結果になった．

	赤	緑	黒	計
男	88	81	91	260
女	92	94	54	240
計	180	175	145	500

(a) 性別の違いによって色の好みに差がないと仮定したとき，男女それぞれにおいて赤，緑，黒を選ぶ人は何人になると期待されるか．小数第 1 位まで求めなさい．

(b) 性別の違いによって色の好みに差があるか否かを，有意水準 5 % で検定しなさい．

5. ある大学では，1 年生 250 人をランダムに A, B, C, D, E, F の 6 組に分けて数学の授業を行っている．6 つの組とも担任者は同一の教員であり，授業内容や試験問題も同一である．つぎの表は，ある年の受講者の成績をまとめたものである[10)]．

	秀	優	良	可	不可	計
A 組	6	9	15	5	5	40
B 組	5	8	19	8	5	45
C 組	5	5	11	10	9	40
D 組	5	8	15	6	6	40
E 組	9	11	10	5	5	40
F 組	5	7	12	14	7	45
計	35	48	82	48	37	250

(a) 各組の受講者の数学に関する学力分布にまったく差がないと仮定したとき，それぞれの組において，秀，優，良，可，不可の成績がつく人は何人になると期待されるか．小数第 2 位まで求めなさい．

(b) 上の表を見ると，C 組では他の組に比べて可や不可の成績がついた学生が多く，E 組では他の組に比べて秀や優の成績がついた学生が多い．そこで，組によって成績の分布に差があるか否かを，有意水準 5 % で検定しなさい．

6. 香川県民 100 人に対して，今住んでいる家が自分自身または家族の所有する家（以下「持家」という）であるか否か（以下「借家」という）を調査したところ，居住地別につぎの表のような結果になった[11)]．なお，表には各居住地の 2014 年 4 月現在の人口も掲載している[12)]．

居住地	人口	回答者	持家	借家
高松市	419,011	32	16	16
丸亀市	110,301	10	6	4
坂出市	53,715	8	6	2
善通寺市	32,975	6	5	1
観音寺市	61,041	8	6	2

居住地	人口	回答者	持家	借家
さぬき市	50,811	8	6	2
東かがわ市	31,775	6	5	1
三豊市	66,468	8	7	1
郡部	154,400	14	13	1
合計	980,497	100	70	30

(a) 100 人の回答者を人口に比例して 8 つの市と郡部に割り振るとき，各市と郡部からそれぞれ何人ずつの回答者が選ばれることが期待されるか，小数第 2 位を四捨五入して答えなさい．

(b) 8 つの市と郡部から偏りなく回答者が選ばれているか否か，有意水準 5 % で検定しなさい．

(c) 持家に住んでいる人の割合は居住する市郡によって違いがないと仮定すると，8 つの市と郡

10) 試験の答案を 100 点満点で採点し，90 点以上の人には「秀」，80 点以上 90 点未満の人には「優」，70 点以上 80 点未満の人には「良」，60 点以上 70 点未満の人には「可」，60 点未満の人には「不可」の成績をつけるものとする．

11) 平成 22 年国勢調査の人口等基本集計結果によると，住宅に住む一般世帯の持ち家の割合は，香川県において 70.3 %である．

12) 香川県人口移動調査報告 `http://www.pref.kagawa.jp/toukei/Population.htm` による．

部の各回答者のうち,「持家」,「借家」と回答する人の数はそれぞれ何人になると期待されるか,小数第 2 位を四捨五入して答えなさい.

(d) 持家に住んでいる人の割合は居住する市郡によって違いがあるか否かを,有意水準 5 % で検定しなさい.

第15章 t 検定

第 8.3 節の最後の例で学んだように，平均値 μ，標準偏差 σ の正規分布に従う母集団から無作為抽出した大きさ N の標本の標本平均を M，不偏分散を u^2 とするとき，M は平均値 μ，標準偏差 $\sigma/\sqrt{N}$ の正規分布に従う確率変数になる．よって，第 12.3.3 節でみたように，M を標準化した統計量

$$Z = \frac{M - \mu}{\sigma/\sqrt{N}}$$

は標準正規分布に従い，母分散 σ^2 を不偏分散 u^2 で置き換えた統計量

$$T = \frac{M - \mu}{u/\sqrt{N}}$$

は自由度 $N-1$ の t 分布に従う．第 13.2 節では，Z あるいは T を検定統計量とすることによって，母平均 μ が想定された値 μ_0 と異なることを統計的に検証する方法を学んだ．

正規分布の再生性より，正規分布に従う確率変数の和や差もまた正規分布に従うことに注意すると，同様な方法で標準正規分布あるいは t 分布に従う検定統計量を構成すれば，複数の統計データの和や差の平均値に対する仮説検定も行うことができる．この章では，2 つの統計データに意味のある違いがあるか否かを t 分布に従う統計量を用いて検証する **t 検定** (t test) について学ぶ．

統計データの差に関する検定は，2 つのデータをどのように取得するかによって，大きく 2 種類に分類される．まず，第 15.1 節では，1 つの母集団から 2 件 1 組の統計データを取得して，それらに差があるか否かを検定する方法を学ぶ．たとえば，あるトレーニングが競技記録の改善に有効であるか否かを検証するには，そのトレーニングを受けた被験者からトレーニング前の記録とトレーニング後の記録を取得し，その差の平均値が 0 でないことを検定すればよい．つぎに，第 15.2 節では，2 つの独立な母集団のそれぞれから，同じ種類のデータを 1 つずつ抽出し，それぞれの平均値に差があるか否かを検定する方法を学ぶ．たとえば，ある農作物の成長に A という肥料と B という肥料のどちらが有効であるかを検証するには，肥料 A を与えた畑と，肥料 B を与えた畑のそれぞれから検証する農作物を収穫し，収穫量の平均値の大小を比較すればよい．なお，母集団の分散に関する情報をどの程度利用できるかによって，検定の方法が多少異なることに注意する必要がある．

15.1 対応がある場合

第 14.2 節では，1 つの母集団から無作為抽出した N 個の標本のそれぞれが A, B という 2 つの質的データをもつとき，それらのデータが独立であるのか，それとも，何らかの関連性をもつのかを検定する方法を学んだ．この節では，抽出したそれぞれの標本が X, Y という 2 つの量的データをもつとき，それらの間に意味のある違いがあるかどうかを検定する方法を学ぶ．なお，X と Y はそれぞれが平均値をとることに意味のある比例尺度か間隔尺度のデータであり，その値の差 $X-Y$ によって違いを評価することが妥当であるような同種のデータであるものとする[1]．一般に，1 つ

[1] 同じ母集団から得られる 1 組のデータであっても，身長と体重のように単位やオーダも異なる異なる種類のデータの関連性を比較する場合には，第 11.1 節で述べた相関分析を用いる．

の標本から採取される複数のデータで，同一の事がらに関連する同種のデータを**対応のあるデータ** (paired data) という．

平均値 μ_x，標準偏差 σ_x の正規分布に従う確率変数 X と，平均値 μ_y，標準偏差 σ_y の正規分布に従う確率変数 Y の組 (X, Y) をデータとしてもつ母集団から無作為抽出した大きさ N の標本を

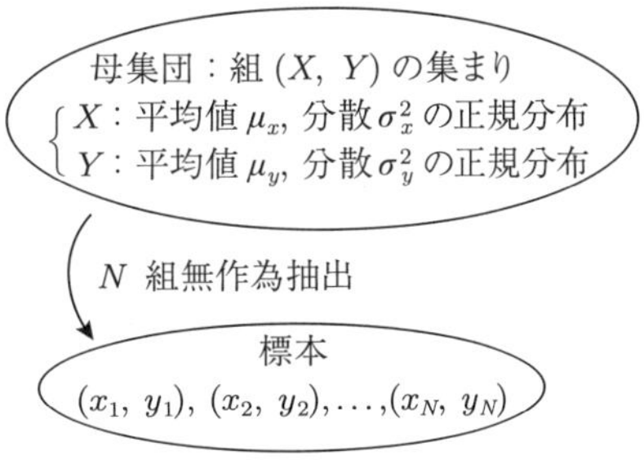

$$(x_1, y_1), (x_2, y_2), \ldots, (x_N, y_N)$$

とする．第 8.3 節で述べた正規分布の再生性より，式

$$W = X - Y$$

で定義される確率変数 W は正規分布に従い，その平均値を μ，分散を σ^2 と書くと，次式が成り立つ．

$$\mu = \mu_x - \mu_y, \quad \sigma^2 = \sigma_x^2 + \sigma_y^2$$

確率変数 X と Y がとる値に意味のある違いがあるか否かを検証するためには，帰無仮説 H_0 を

$$H_0 : \mu_x = \mu_y \quad \text{すなわち} \quad \mu = 0$$

とおいて，これを棄却できるか否かを検定すればよい．各標本を構成する 2 つのデータの差を

$$w_1 = x_1 - y_1, \quad w_2 = x_2 - y_2, \ \ldots, \ w_N = x_N - y_N$$

で定義すると，$w_1, w_2, \ldots, w_N$ の標本平均と不偏分散は，それぞれ次式で計算できる．

$$M = \frac{(x_1 - y_1) + (x_2 - y_2) + \cdots + (x_N - y_N)}{N},$$
$$u^2 = \frac{(x_1 - y_1 - M)^2 + (x_2 - y_2 - M)^2 + \cdots + (x_N - y_N - M)^2}{N - 1}$$

そのとき，標本平均 M は平均値 μ，標準偏差 $\sigma/\sqrt{N}$ の正規分布に従う確率変数であるから，M を標準化した確率変数は標準正規分布に従う．よって，帰無仮説のもとで，統計量

$$Z = \frac{M}{\sigma/\sqrt{N}}$$

も標準正規分布に従い[2]，Z に含まれる σ を u で置き換えた統計量

$$T = \frac{M}{u/\sqrt{N}}$$

は自由度 $N-1$ の t 分布に従う．

各標本を構成する 2 つのデータ x_i と y_i を比べたときに，全体として x_i の方が y_i より大きいと推測されるならば，対立仮説 H_1 を

$$H_1 : \mu_x > \mu_y \quad \text{すなわち} \quad \mu > 0$$

とおいて片側検定を行う．有意水準 α に対して，条件

$$T > t_{N-1}(\alpha)$$

が成り立てば帰無仮説を棄却し，対立仮説を採択する．すなわち，X の母平均 μ_x の方が Y の母平均 μ_y よりも大きいと結論できる．ただし，$t_{N-1}(\alpha)$ は，自由度 $N-1$ の t 分布に従う確率変数がある値 t

---

[2] M の Z 得点は $(M - \mu)/(\sigma/\sqrt{N})$ であるが，帰無仮説に従って $\mu = 0$ とおけば統計量 Z を得る．

以上になる確率が α 以下であるような t の最小値である[3]．逆に，条件

$$T \leqq t_{N-1}(\alpha)$$

が成り立てば，帰無仮説は採択され，X の母平均 μ_x が Y の母平均 μ_y よりも大きいとはいえないという結論になる．一方，全体的に x_i の方が y_i より小さいと推測されるときは，対立仮説 H_1 を

$$H_1 : \mu_x < \mu_y \quad \text{すなわち} \quad \mu < 0$$

とおいて片側検定を行う．そのとき，有意水準を α とすると，帰無仮説の棄却域は次式で与えられる．

$$T < -t_{N-1}(\alpha)$$

2 つのデータ X と Y の母平均に差があるか否かだけを検証したいときは，対立仮説を

$$H_1 : \mu_x \neq \mu_y \quad \text{すなわち} \quad \mu \neq 0$$

とおいて両側検定を行う．有意水準を α とするとき，両側検定では条件

$$|T| > t_{N-1}(\alpha/2)$$

が成り立てば，帰無仮説を棄却し，対立仮説を採択する．すなわち，X の母平均 μ_x と Y の母平均 μ_y に意味のある差があると結論できる[4]．逆に，条件

$$|T| \leqq t_{N-1}(\alpha/2)$$

が成り立てば，帰無仮説は採択され，X の母平均 μ_x と Y の母平均 μ_y に意味のある差は認められないという結論になる．この検定方法は，**対応のある t 検定** (paired t test) とよばれている．

【例】 右の表は，ある町に住む 20 歳の女性から無作為抽出した 10 人の被験者に対して，安静状態で息を吸った時の 1 分間の脈拍数と息を吐いた時の 1 分間の脈拍数を測定した結果である[5]．息を吸った時と吐いた時で安静時脈拍数の平均値に差があるか否かを，有意水準 5 % で検定しなさい．

被験者	1	2	3	4	5	6	7	8	9	10
吸息時	74	64	65	63	70	65	58	75	63	73
吐息時	69	66	56	65	63	62	51	63	66	69

被験者	1	2	3	4	5	6	7	8	9	10
差	5	−2	9	−2	7	3	7	12	−3	4

各被験者について息を吸った時の脈拍数から息を吐いた時の脈拍数をひくと，上の表の「差」欄に示す値になる．差が正のものと負のものが混在しているので，帰無仮説 H_0 と対立仮説 H_1 をそれぞれ

H_0 : 息を吸った時と吐いた時で安静時脈拍数の平均値に差はない，
H_1 : 息を吸った時と吐いた時で安静時脈拍数の平均値に差がある

とおいて両側検定を行う．差の標本平均と不偏分散をそれぞれ M, u^2 とおき，標本の大きさを N と書くと，検定統計量

[3] t 分布表を用いて $t_{N-1}(\alpha)$ の値を求める方法については，第 8.4 節を参照すること．
[4] 意味のある差があることを，**有意差** (significant difference) があるという．
[5] 年齢と性別を固定すれば，脈拍数の分布は正規分布に従うことを想定している．

$$T = \frac{M}{u/\sqrt{N}}$$

は自由度 $N-1$ の t 分布に従う．いま，$N=10$ であり，M と u^2 は

$$M = \frac{5-2+9-2+7+3+7+12-3+4}{10} = 4,$$

$$u^2 = \frac{1}{10-1}\left\{(5-4)^2+(-2-4)^2+(9-4)^2+(-2-4)^2+(7-4)^2 + (3-4)^2+(7-4)^2+(12-4)^2+(-3-4)^2+(4-4)^2\right\} = \frac{230}{9}$$

であるから，統計量 T の実現値として

$$T = \frac{4}{\sqrt{23/9}} = \frac{12}{\sqrt{23}} \approx 2.50$$

を得る．一方，有意水準を 0.05 とすると，帰無仮説の棄却域は

$$|T| > t_{10-1}(0.05/2) \approx 2.26$$

であるから，T の値はこれに含まれる．よって，帰無仮説は棄却され，息を吸った時と吐いた時で安静時脈拍数の平均値に差があると結論できる．□

15.2 対応がない場合

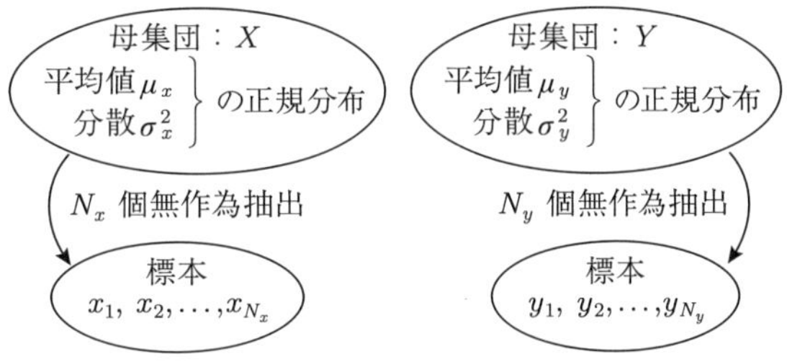

つぎに，正規分布に従う 2 つの独立な母集団のそれぞれから同じ種類のデータを無作為抽出し，それらの標本平均を比較することによって 2 つの母集団の平均値に差があるか否かを検定する．いま，平均値 μ_x，標準偏差 σ_x の正規分布に従う母集団から無作為抽出した大きさ N_x の標本を $x_1, x_2, \ldots, x_{N_x}$ とおき，平均値 μ_y，標準偏差 σ_y の正規分布に従うもう 1 つの母集団から無作為抽出した大きさ N_y の標本を $y_1, y_2, \ldots, y_{N_y}$ とする[6]．

標本 $x_1, x_2, \ldots, x_{N_x}$ の標本平均を M_x，不偏分散を u_x^2 とすると

$$M_x = \frac{x_1+x_2+\cdots+x_{N_x}}{N_x},$$

$$u_x^2 = \frac{(x_1-M_x)^2+(x_2-M_x)^2+\cdots+(x_{N_x}-M_x)^2}{N_x-1}$$

であり，標本 $y_1, y_2, \ldots, y_{N_y}$ の標本平均を M_y，不偏分散を u_y^2 とすると

$$M_y = \frac{y_1+y_2+\cdots+y_{N_y}}{N_y},$$

$$u_y^2 = \frac{(y_1-M_y)^2+(y_2-M_y)^2+\cdots+(y_{N_y}-M_y)^2}{N_y-1}$$

[6] それぞれの集団から抽出する標本の数は大きく違わないことが望ましいが，必ずしも同数である必要はない．

である．そのとき，標本平均の差 $M_x - M_y$ に関してつぎの性質が成り立つ．

【性質】 次式で定義される統計量 Z_{xy} は，標準正規分布に従う．

$$Z_{xy} = \frac{(M_x - M_y) - (\mu_x - \mu_y)}{\sqrt{\sigma_x^2/N_x + \sigma_y^2/N_y}}$$

【証明】 第 8.3 節で学んだように，標本平均 M_x は，平均値 μ_x，標準偏差 $\sigma_x/\sqrt{N_x}$ の正規分布に従う確率変数であり，標本平均 M_y は，平均値 μ_y，標準偏差 $\sigma_y/\sqrt{N_y}$ の正規分布に従う確率変数である．よって，正規分布の再生性より，$M_x - M_y$ は，平均値 $\mu_x - \mu_y$，分散 $\sigma_x^2/N_x + \sigma_y^2/N_y$ の正規分布に従う．統計量 Z_{xy} は $M_x - M_y$ を標準化した確率変数であるから，結果が従う．□

2 つの母集団の平均値 μ_x と μ_y に差があるか否かを検証するには，帰無仮説 H_0 を

$$\mu_x = \mu_y \quad \text{すなわち} \quad \mu_x - \mu_y = 0$$

とおいて，これを棄却できるか否かを検定すればよい．検定統計量として

$$Z = \frac{M_x - M_y}{\sqrt{\sigma_x^2/N_x + \sigma_y^2/N_y}}$$

を用いると，上の性質より統計量 Z は帰無仮説のもとで標準正規分布に従う．ただし，検定統計量 Z には，通常はその値が未知である 2 つの母集団の分散 σ_x^2 と σ_y^2 が含まれている．以下では，これらの値を標本から計算できる統計量で代用する 2 通りの方法を述べる．

15.2.1　等分散性が仮定できる場合

2 つの母集団から抽出するのは同種のデータであるため，母分散 σ_x^2 と σ_y^2 の値そのものは不明であっても，それらの値が等しいことを仮定できる場合も少なくない[7)]．そこで，

$$\sigma_x^2 = \sigma_y^2 = \sigma^2$$

であると仮定すると，帰無仮説 H_0 のもとで標準正規分布に従う統計量 Z は

$$Z = \frac{M_x - M_y}{\sqrt{\sigma^2(1/N_x + 1/N_y)}} = \frac{M_x - M_y}{\sigma}\sqrt{\frac{N_x N_y}{N_x + N_y}}$$

と書き換えられる．つぎの性質は，母分散 σ^2 の不偏推定量を与える．

【性質】 統計量 u^2 を式

$$\begin{aligned} u^2 &= \frac{(x_1 - M_x)^2 + (x_2 - M_x)^2 + \cdots + (x_{N_x} - M_x)^2 + (y_1 - M_y)^2 + (y_2 - M_y)^2 + \cdots + (y_{N_y} - M_y)^2}{N_x + N_y - 2} \\ &= \frac{(N_x - 1)u_x^2 + (N_y - 1)u_y^2}{N_x + N_y - 2} \end{aligned}$$

で定義するとき，

$$E(u^2) = \sigma^2$$

---

7) 2 つの母集団の分散が等しいことを検証するための仮説検定の方法については，第 16.1 を参照すること．

が成り立つ．すなわち，u^2 は σ^2 の不偏推定量である．

【証明】第 8.1 節で述べた性質より

$$E(u^2) = \frac{(N_x - 1)E(u_x^2) + (N_y - 1)E(u_y^2)}{N_x + N_y - 2}$$

を得るが，第 12.2 節で述べたように，

$$E(u_x^2) = \sigma_x^2, \quad E(u_y^2) = \sigma_y^2$$

であるから，$\sigma_x^2 = \sigma_y^2 = \sigma^2$ より $E(u^2) = \sigma^2$ を得る．□

統計量 Z に含まれる σ を不偏推定量 u で置き換えるために，u^2 の従う分布を考える．

【性質】統計量

$$Y = \frac{u^2}{\sigma^2/(N_x + N_y - 2)}$$

は，自由度 $N_x + N_y - 2$ の χ^2 分布に従う確率変数である．

【証明】統計量 u^2 の定義と $\sigma_x^2 = \sigma_y^2 = \sigma^2$ より

$$Y = \frac{(N_x + N_y - 2)u^2}{\sigma^2} = \frac{(N_x - 1)u_x^2 + (N_y - 1)u_y^2}{\sigma^2} = \frac{u_x^2}{\sigma_x^2/(N_x - 1)} + \frac{u_y^2}{\sigma_y^2/(N_y - 1)}$$

を得る．第 12.3.2 節で述べたように，式

$$Y_x = \frac{u_x^2}{\sigma_x^2/(N_x - 1)}, \quad Y_y = \frac{u_y^2}{\sigma_y^2/(N_y - 1)}$$

で定義される Y_x と Y_y はそれぞれ自由度 $N_x - 1, N_y - 1$ の χ^2 分布に従う．よって，χ^2 分布の再生性より，$Y = Y_x + Y_y$ は自由度 $N_x + N_y - 2$ の χ^2 分布に従う．□

つぎの性質は，等分散性が仮定できる場合の検定統計量を与える．

【性質】帰無仮説 H_0 のもとで，統計量

$$T = \frac{M_x - M_y}{\sqrt{u^2(1/N_x + 1/N_y)}} = \frac{M_x - M_y}{u}\sqrt{\frac{N_x N_y}{N_x + N_y}}$$

は自由度 $N_x + N_y - 2$ の t 分布に従う．

【証明】求める統計量 T は，帰無仮説 H_0 のもとで標準正規分布に従う確率変数 Z と，自由度 $N_x + N_y - 2$ の χ^2 分布に従う確率変数 Y を用いて，

$$T = \frac{Z}{\sqrt{\dfrac{Y}{N_x + N_y - 2}}}$$

と書けるから，第 8.4 節で述べた t 分布の定義より，T は自由度 $N_x + N_y - 2$ の t 分布に従う．□

正規分布に従う 2 つの母集団において，分散が等しいと仮定できるとき，その平均値に意味のある差があるか否かを検定する手順は，つぎのようにまとめられる．この検定方法は，**対応のない t 検定** (Student's t test)[8]，あるいは，**2 標本 t 検定** (two-samples t test) とよばれる．

[8] Student は，この方法を提案した William Sealy Gosset のペンネームである．

(1) 一方の母集団から大きさ N_x の標本 $x_1, x_2, \ldots, x_{N_x}$ を無作為抽出し，もう一方の母集団から大きさ N_y の標本 $y_1, y_2, \ldots, y_{N_y}$ を無作為抽出する．前者の母平均を μ_x，後者の母平均を μ_y とおく．

(2) 標本平均 M_x, M_y と，全標本の不偏分散 u^2 をそれぞれ次式で計算する．

$$M_x = \frac{x_1 + x_2 + \cdots + x_{N_x}}{N_x},$$
$$M_y = \frac{y_1 + y_2 + \cdots + y_{N_y}}{N_y},$$
$$u^2 = \frac{(x_1-M_x)^2+(x_2-M_x)^2+\cdots+(x_{N_x}-M_x)^2+(y_1-M_y)^2+(y_2-M_y)^2+\cdots+(y_{N_y}-M_y)^2}{N_x+N_y-2}$$

(3) M_x が M_y よりかなり大きいときは，帰無仮説 H_0 と対立仮説 H_1 をそれぞれ

$$H_0 : \mu_x = \mu_y,$$
$$H_1 : \mu_x > \mu_y$$

とおいて片側検定を試みる．逆に，M_y が M_x よりかなり大きいときは，帰無仮説 H_0 と対立仮説 H_1 をそれぞれ

$$H_0 : \mu_x = \mu_y,$$
$$H_1 : \mu_x < \mu_y$$

とおいて片側検定を試みる．2 つの母集団の母平均が異なることだけを検証したいときは，帰無仮説 H_0 と対立仮説 H_1 をそれぞれ

$$H_0 : \mu_x = \mu_y,$$
$$H_1 : \mu_x \neq \mu_y$$

とおいて両側検定を試みる．

(4) 次式で定義される検定統計量 T の実現値を求める．

$$T = \frac{M_x - M_y}{\sqrt{u^2(1/N_x + 1/N_y)}} = \frac{M_x - M_y}{u}\sqrt{\frac{N_x N_y}{N_x + N_y}}$$

(5) 有意水準 α を設定し，対立仮説に応じて棄却域をつぎのように定める．

$$T > t_{N_x+N_y-2}(\alpha) \quad (\text{対立仮説が } \mu_x > \mu_y \text{ のとき}),$$
$$T < -t_{N_x+N_y-2}(\alpha) \quad (\text{対立仮説が } \mu_x < \mu_y \text{ のとき}),$$
$$|T| > t_{N_x+N_y-2}(\alpha/2) \quad (\text{対立仮説が } \mu_x \neq \mu_y \text{ のとき})$$

(6) 検定統計量 T の実現値が棄却域に含まれれば，帰無仮説を棄却して対立仮説を採択する．さもなければ，帰無仮説を採択する．□

【例】右の表は，ある町の高校 3 年生から無作為抽出した 8 人と，大学 1 年生から無作為抽出した 10 人に対して，今月の睡眠時間の平均値を調査した結果である．受験勉強に忙しい高校 3 年生の方が大学 1 年生よりも平均的な睡眠時間が短いか否かについて，有意水準 5 % で検定しなさい．ただし，睡眠時間の母分散は等しいとする．

高校 3 年生	8.5,	6.2,	5.8,	5.7,	7.0,	5.5,	5.2,	6.5		
大学 1 年生	5.4,	7.4,	8.9,	8.1,	8.4,	6.9,	6.4,	7.1,	7.2,	8.2

高校 3 年生と大学 1 年生の標本平均をそれぞれ M_1, M_2 とおくと

$$M_1 = \frac{8.5 + 6.2 + 5.8 + 5.7 + 7.0 + 5.5 + 5.2 + 6.5}{8} = 6.3,$$
$$M_2 = \frac{5.4 + 7.4 + 8.9 + 8.1 + 8.4 + 6.9 + 6.4 + 7.1 + 7.2 + 8.2}{10} = 7.4$$

であり，高校 3 年生の方が睡眠時間が短そうである．また，高校生と大学生の不偏分散をそれぞれ u_1^2, u_2^2 とおくと

$$\begin{aligned} u_1^2 &= \frac{1}{8-1}\{(8.5-6.3)^2 + (6.2-6.3)^2 + (5.8-6.3)^2 + (5.7-6.3)^2 \\ &\qquad +(7.0-6.3)^2 + (5.5-6.3)^2 + (5.2-6.3)^2 + (6.5-6.3)^2\} \\ &= \frac{7.84}{7} = 1.12, \\ u_2^2 &= \frac{1}{10-1}\{(5.4-7.4)^2 + (7.4-7.4)^2 + (8.9-7.4)^2 + (8.1-7.4)^2 + (8.4-7.4)^2 \\ &\qquad +(6.9-7.4)^2 + (6.4-7.4)^2 + (7.1-7.4)^2 + (7.2-7.4)^2 + (8.2-7.4)^2\} \\ &= \frac{9.76}{9} \approx 1.08 \end{aligned}$$

であり，母分散に大きな違いはなさそうである．そこで，高校 3 年生の母平均を μ_1，大学 1 年生の母平均を μ_2 と書き，帰無仮説 H_0 と対立仮説 H_1 をそれぞれ

$$H_0 : \mu_1 = \mu_2,$$
$$H_1 : \mu_1 < \mu_2$$

とおいて片側検定を行う．母分散は等しいと仮定されているので，検定統計量として

$$T = \frac{M_1 - M_2}{\sqrt{u^2(1/N_1 + 1/N_2)}}$$

を用いる．ただし，N_1, N_2 はそれぞれ高校 3 年生と大学 1 年生の標本の大きさであり，u^2 は母分散の不偏推定量である．統計量 T は自由度 $N_1 + N_2 - 2 = 8 + 10 - 2 = 16$ の t 分布に従うから，有意水準を 0.05 とすると，帰無仮説の棄却域は

$$T < -t_{16}(0.05) \approx -1.75$$

である．一方，母分散の不偏推定量 u^2 は

$$u^2 = \frac{(N_1-1)u_1^2 + (N_2-1)u_2^2}{N_1 + N_2 - 2} = \frac{7.84 + 9.76}{8 + 10 - 2} = \frac{17.6}{16} = 1.1$$

と計算できるから，検定統計量 T の実現値は

$$T = \frac{6.3 - 7.4}{\sqrt{1.1 \times (1/8 + 1/10)}} = -\frac{2\sqrt{11}}{3} \approx -2.21$$

であり，棄却域に含まれる．よって，帰無仮説は棄却され，高校 3 年生の睡眠時間の平均値の方が大学 1 年生の睡眠時間の平均値より短いと結論できる．□

15.2.2　等分散性が仮定できない場合

帰無仮説

$$H_0 : \mu_x = \mu_y$$

のもとで，標準正規分布に従う統計量

$$Z = \frac{M_x - M_y}{\sqrt{\sigma_x^2/N_x + \sigma_y^2/N_y}}$$

に含まれる母分散 σ_x^2 と σ_y^2 の値が不明で，それらの値が等しいことも仮定できない場合は，σ_x^2 をその不偏推定量である u_x^2 で置き換え，σ_y^2 をその不偏推定量である u_y^2 で置き換えることによって得られる値

$$\tilde{T} = \frac{M_x - M_y}{\sqrt{u_x^2/N_x + u_y^2/N_y}}$$

を検定統計量として用いる．標本の大きさ N_x および N_y が十分大きければ[9]，統計量 $\tilde{T}$ は帰無仮説 H_0 のもとで，近似的に自由度

$$n = \frac{\left(\dfrac{u_x^2}{N_x} + \dfrac{u_y^2}{N_y}\right)^2}{\dfrac{\left(\dfrac{u_x^2}{N_x}\right)^2}{N_x - 1} + \dfrac{\left(\dfrac{u_y^2}{N_y}\right)^2}{N_y - 1}}$$

の t 分布に従うことが知られている[10]．なお，検定統計量が $\tilde{T}$ になること，自由度が n になることを除けば，具体的な検定方法は第 15.2.1 節で述べた対応のない t 検定の場合と同様である．等分散性が仮定できない場合の検定方法は，**Welch の検定** (Welch test) とよばれる．

【例】 ある大学では，統計学の授業を 2 組に分けて実施しているが，同じ試験問題を用いて成績を評価している．右の表は，1 組と 2 組のそれぞれから無作為抽出した 10 人の成績である．1 組の成績の平均値と 2 組の成績の平均値に意味のある差があるか否かを，有意水準 5 % で検定しなさい．

1 組	74,	75,	79,	76,	75,	73,	77,	75,	77,	79
2 組	75,	68,	76,	64,	69,	72,	74,	77,	73,	72

9) N_x と N_y がいずれも 10 以上であればよいと言われている．

10) n は一般に整数にはならないので，棄却域を求める際に付録 G に掲載する t 分布表を用いることができない．しかし，Excel の関数 TINV(α, n) を用いると，自由度が整数でない場合でも $t_n(\alpha/2)$ の値を求めることができる．なお，片側検定の場合は，TINV($2\alpha, n$) によって $t_n(\alpha)$ を求めればよい．

1 組と 2 組の標本平均をそれぞれ M_1, M_2 とおくと

$$M_1 = \frac{74+75+79+76+75+73+77+75+77+79}{10} = 76,$$
$$M_2 = \frac{75+68+76+64+69+72+74+77+73+72}{10} = 72$$

であり，成績の平均値に差がありそうである．また，1 組と 2 組の不偏分散をそれぞれ u_1^2, u_2^2 とおくと

$$\begin{aligned} u_1^2 &= \frac{1}{10-1}\{(74-76)^2+(75-76)^2+(79-76)^2+(76-76)^2+(75-76)^2 \\ &\qquad +(73-76)^2+(77-76)^2+(75-76)^2+(77-76)^2+(79-76)^2\} \\ &= \frac{36}{9} = 4, \\ u_2^2 &= \frac{1}{10-1}\{(75-72)^2+(68-72)^2+(76-72)^2+(64-72)^2+(69-72)^2 \\ &\qquad +(72-72)^2+(74-72)^2+(77-72)^2+(73-72)^2+(72-72)^2\} \\ &= \frac{144}{9} = 16 \end{aligned}$$

を得る．そこで，1 組の母平均を μ_1，2 組の母平均を μ_2 と書き，帰無仮説 H_0 と対立仮説 H_1 をそれぞれ

$$H_0 : \mu_1 = \mu_2,$$
$$H_1 : \mu_1 \neq \mu_2$$

とおいて両側検定を行う．母分散に関する情報がまったくないので，検定統計量として

$$\tilde{T} = \frac{M_1 - M_2}{\sqrt{u_1^2/N_1 + u_2^2/N_2}}$$

を用いる．ただし，N_1, N_2 はそれぞれ 1 組と 2 組の標本の大きさである．統計量 $\tilde{T}$ は近似的に自由度

$$n = \frac{\left(\dfrac{u_1^2}{N_1} + \dfrac{u_2^2}{N_2}\right)^2}{\dfrac{\left(\dfrac{u_1^2}{N_1}\right)^2}{N_1-1} + \dfrac{\left(\dfrac{u_2^2}{N_2}\right)^2}{N_2-1}} = \frac{\left(\dfrac{4}{10} + \dfrac{16}{10}\right)^2}{\dfrac{\left(\dfrac{4}{10}\right)^2}{10-1} + \dfrac{\left(\dfrac{16}{10}\right)^2}{10-1}} = \frac{900}{68} \approx 13.2$$

の t 分布に従うから，有意水準を 0.05 とすると，両側検定の棄却域は

$$\left|\tilde{T}\right| > t_{13.2}(0.025) \approx 2.16$$

である．一方，統計量 $\tilde{T}$ の実現値は

$$\tilde{T} = \frac{76-72}{\sqrt{4/10+16/10}} = \frac{4}{\sqrt{2}} = 2\sqrt{2} \approx 2.83$$

であるから，棄却域に含まれる．よって，帰無仮説は棄却され，1 組の成績の平均値と 2 組の成績の平均値に差があると結論できる．□

演習問題

1. つぎの表は，ある町の小学 6 年生全員の中から無作為抽出した 21 人の児童の性別と，

「利き手」 欄：利き手の握力 (kg)，

「非利き手」欄：利き手でない手の握力 (kg)

を調査した結果である[11]．

性別	利き手	非利き手
男	25	22
女	14	11
男	13	11
男	18	21
男	21	22
男	24	19
女	22	18

性別	利き手	非利き手
女	20	14
男	15	12
女	20	15
男	23	20
女	15	18
女	19	17
女	19	21

性別	利き手	非利き手
男	30	25
女	16	13
女	12	16
男	19	21
男	23	19
女	23	20
女	29	23

(a) この町の小学 6 年生全体について，利き手の握力の平均値の方が非利き手の握力の平均値より大きいか否かを，有意水準 5 % で検定しなさい．

(b) この町の小学 6 年生全体について，男子の利き手の握力の平均値と女子の利き手の握力の平均値に差があるか否かを，有意水準 5 % で検定しなさい．ただし，男子の母分散と女子の母分散は等しいと仮定する[12]．

2. ある中学校では，50 m 走の記録を伸ばすために，希望者に対して 2 年生の夏休みに合宿練習を行っている．つぎの表は，ある年の 2 年生男子生徒の中から無作為抽出した 25 人の 7 月および 9 月の記録（秒）と，合宿練習への参加状況をまとめたものである[13]．

7 月	合宿練習	9 月
7.7	不参加	7.7
8.0	参加	7.4
8.2	参加	7.8
7.1	参加	7.2
9.5	参加	9.3
8.1	不参加	8.0
7.6	参加	7.8
7.6	不参加	7.7
8.9	参加	8.3

7 月	合宿練習	9 月
7.6	参加	7.3
6.7	不参加	6.8
7.6	参加	7.1
7.6	参加	7.4
7.5	参加	7.1
6.5	不参加	6.5
7.3	参加	7.0
7.8	不参加	7.7
7.4	参加	7.6

7 月	合宿練習	9 月
7.7	不参加	7.7
6.9	不参加	6.9
8.3	参加	8.0
6.6	不参加	6.6
8.4	不参加	8.4
7.4	参加	7.5
8.5	参加	8.7

(a) 合宿練習が 50 m 走の記録に何らかの影響を及ぼしているかを検証したい．そこで，合宿練習の参加者について，7 月の記録の平均値と 9 月の記録の平均値に差があるか否かを有意水準 5 % で検定しなさい．

---

[11] 性別欄を除いて，第 12 章の演習問題 4 と同じデータである．

[12] 実際に男子の母分散と女子の母分散が等しいか否かは，第 16 章の演習問題 1 で検定する．

[13] 7 月の記録は，第 13 章の演習問題 2 と同じデータである．

(b) 50 m 走の記録の良くない人が合宿練習に積極的に参加しているかを検証したい．そこで，合宿練習の参加者の 7 月の記録の平均値が，不参加者の 7 月の記録の平均値に比べて悪いか否かを有意水準 5 % で検定しなさい．ただし，参加者の 7 月の記録の母分散と不参加者の 7 月の記録の母分散は等しいと仮定する．

3. つぎの表は，ある小学校前の道路に「通学路」という文字を塗装する前と後で，その小学校の正門前を通過する自動車の中から無作為抽出した大型車（ナンバープレートの分類番号上 1 桁が 1 または 2 の自動車） 15 台と小型車 25 台の速度（km/時）を測定した結果である．

塗装前	大型車	43, 44, 45, 46, 58, 43, 43, 38, 47, 49, 35, 52, 39, 24, 39
	小型車	41, 44, 38, 48, 48, 65, 48, 62, 30, 38, 73, 50, 50, 48, 67, 71, 39, 50, 68, 48, 54, 36, 60, 54, 45
塗装後	大型車	44, 40, 35, 43, 36, 30, 55, 41, 49, 29, 38, 45, 64, 40, 41
	小型車	63, 29, 46, 43, 64, 52, 33, 49, 70, 25, 50, 37, 53, 48, 62, 47, 40, 29, 45, 51, 47, 41, 46, 41, 39

(a) 「通学路」と塗装することによって，この小学校の正門前を通過する自動車の速度の平均値が減少したか否かを，上の表に示す全標本を用いて有意水準 5 % で検定しなさい．

(b) 「通学路」と塗装する前において，この小学校の正門前を通過する大型車の速度の平均値と小型車の速度の平均値に違いがあるか否かを，有意水準 5 % で検定しなさい．

4. つぎの表は，ある病院で第 2 子を出産した女性のうち，煙草を吸わない女性の中から無作為抽出した 40 人と，煙草を吸う女性の中から無作為抽出した 10 人について，その第 1 子と第 2 子の出生時体重（kg, 小数第 2 位以下四捨五入）をまとめたものである．

煙草：吸わない		煙草：吸わない		煙草：吸わない		煙草：吸わない		煙草：吸う	
第 1 子	第 2 子	第 1 子	第 2 子	第 1 子	第 2 子	第 1 子	第 2 子	第 1 子	第 2 子
2.8	2.1	3.5	3.0	3.2	3.4	3.5	3.0	2.2	2.5
3.1	3.0	2.7	3.6	3.3	3.1	3.3	3.1	2.6	2.7
3.2	2.8	3.0	2.9	3.0	3.1	2.8	2.7	2.6	3.1
3.1	2.9	2.9	3.1	3.0	2.6	2.9	3.0	3.0	2.6
3.2	2.8	3.8	3.0	3.7	2.7	3.4	3.6	3.0	2.2
3.4	2.9	3.4	2.7	3.2	2.9	3.4	2.8	2.7	2.7
2.8	3.0	3.0	3.2	3.0	3.0	3.4	3.1	2.6	3.0
3.1	2.5	2.8	2.9	3.2	3.4	2.4	3.0	2.9	3.2
3.4	2.7	3.0	3.9	2.9	3.4	2.9	3.1	3.2	2.9
3.2	2.9	2.9	3.0	2.3	3.0	2.9	3.1	3.2	3.1

(a) 第 1 子と第 2 子で，出生時体重の平均値に差があるか否かを，上の表に示す全標本を用いて有意水準 5 % で検定しなさい．

(b) 母親が喫煙すると，低体重児が生まれる危険性が高まると言われている．煙草を吸う女性から産まれた新生児の体重の平均値が，煙草を吸わない女性から生まれ新生児の体重の平均値に比べて軽いか否かを，上の表の第 1 子のデータを用いて有意水準 5 % で検定しなさい．ただし，出生時体重の母分散は，母親の喫煙の有無に関係なく等しいと仮定する．

第16章　F 検定

第 14 章で学んだ χ^2 検定は，帰無仮説のもとで χ^2 分布に従う統計量を用いる仮説検定の方法であり，第 15 章で学んだ t 検定は，帰無仮説のもとで t 分布に従う統計量を用いる仮説検定の方法であった．この章では，帰無仮説のもとで F 分布に従う統計量を用いて仮説検定を行う **F 検定** (F test) について考える．第 8.4 節で学んだように，χ^2 分布に従う 2 つの統計量の比は F 分布に従う．また，第 12.3.2 節で学んだように，正規分布に従う母集団の分散と不偏分散の比は χ^2 分布に従う．したがって，F 検定を用いると，2 つの母集団の分散の比に関する検定を行うことができる．この章では，まず，正規分布に従う 2 つの母集団の分散が等しいか否かを F 検定により検証する方法を学ぶ．さらに，実験条件の違いによるデータのばらつきと誤差によるデータのばらつきを比較することによって，正規分布に従う 2 つの母集団の平均値に差があるか否かを F 検定により検証する方法を学ぶ．

16.1　等分散性の検定

母平均や母分散は未知であるが，正規分布に従うことはわかっている 2 つの母集団 A と B のそれぞれから無作為抽出した標本から計算される統計量を用いて，A と B の母分散が等しいか否かを検定することを考える．母集団 A の母分散を σ_A^2 と書き，母集団 A から無作為抽出した大きさ N_A の標本の不偏分散を u_A^2 とする．同様に母集団 B の母分散を σ_B^2 と書き，母集団 B から無作為抽出した大きさ N_B の標本の不偏分散 u_B^2 とする．そのとき，第 12.3.2 節で学んだように，式

$$Y_A = \frac{u_A^2}{\sigma_A^2/(N_A-1)}, \quad Y_B = \frac{u_B^2}{\sigma_B^2/(N_B-1)}$$

で定義される統計量 Y_A と Y_B は，それぞれ自由度 N_A-1 および 自由度 N_B-1 の χ^2 分布に従う．したがって，第 8.4 節で述べた F 分布の定義より，

$$W_{AB} = \frac{Y_A/(N_A-1)}{Y_B/(N_B-1)} = \frac{u_A^2/\sigma_A^2}{u_B^2/\sigma_B^2}$$

は自由度 (N_A-1, N_B-1) の F 分布に従う．

不偏分散 u_A^2 が u_B^2 よりもかなり大きい場合には，母分散 σ_A^2 も σ_B^2 より大きいことが予想される．そこで，帰無仮説 H_0 と対立仮説 H_1 をそれぞれ

$$H_0 : \sigma_A^2 = \sigma_B^2,$$
$$H_1 : \sigma_A^2 > \sigma_B^2$$

とおいて，片側検定を試みる．検定統計量として

$$W = \frac{u_A^2}{u_B^2}$$

を用いると，統計量 W は帰無仮説 H_0 のもとで自由度 (N_A-1, N_B-1) の F 分布に従う[1)]．したがって，有意水準を α とするとき，条件

1) W は W_{AB} において，$\sigma_A^2 = \sigma_B^2$ とおいた値である．

$$W > w_{N_A-1, N_B-1}(\alpha)$$

が成り立てば，帰無仮説 H_0 を棄却し，対立仮説 H_1 を採択する．すなわち，母集団 A の母分散 σ_A^2 は母集団 B の母分散 σ_B^2 よりも大きいと結論できる．ただし，$w_{N_A-1, N_B-1}(\alpha)$ は，つぎの図に示すように，自由度 (N_A-1, N_B-1) の F 分布に従う確率変数 W がある値 w 以上になる確率が α 以下であるような w の最小値である[2]．逆に，条件

$$W \leqq w_{N_A-1, N_B-1}(\alpha)$$

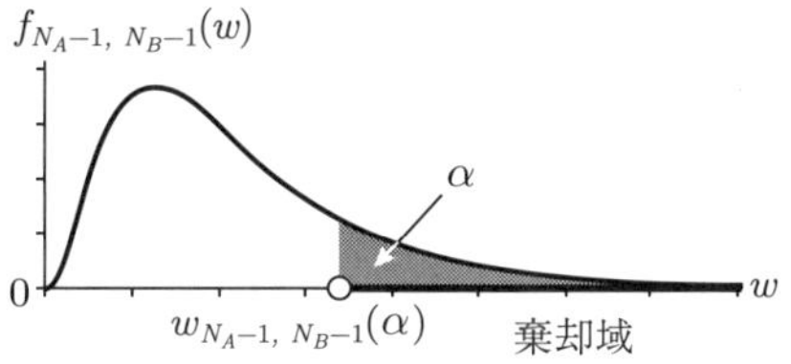

が成り立てば帰無仮説 H_0 は採択され，σ_A^2 は σ_B^2 より大きいとはいえないという結論になる．

不偏分散 u_A^2 が u_B^2 よりもかなり小さい場合には，対立仮説 H_1 を

$$H_1 : \sigma_A^2 < \sigma_B^2$$

とおいて片側検定を行う．そのとき，有意水準を α とすると，右図より帰無仮説の棄却域は次式で与えられる．

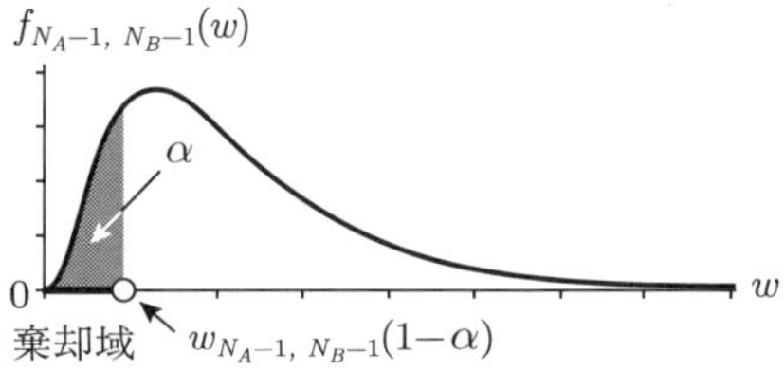

$$W < w_{N_A-1, N_B-1}(1-\alpha)$$

2 つの母集団の母分散が異なることだけを検証したい場合には，対立仮説 H_1 を

$$H_1 : \sigma_A^2 \neq \sigma_B^2$$

とおいて両側検定を試みる．有意水準を α とするとき，条件

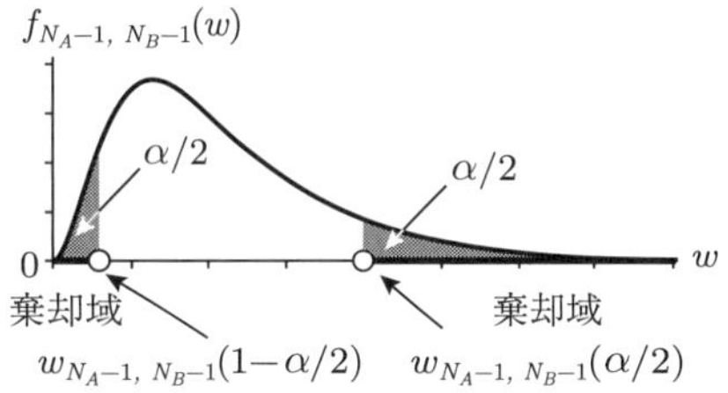

$$W < w_{N_A-1, N_B-1}(1-\alpha/2)$$

または

$$W > w_{N_A-1, N_B-1}(\alpha/2)$$

が成り立てば帰無仮説を棄却し，対立仮説を採択する．すなわち，2 つの母集団の母分散は異なると結論できる．逆に，条件

$$w_{N_A-1, N_B-1}(1-\alpha/2) \leqq W \leqq w_{N_A-1, N_B-1}(\alpha/2)$$

が成り立てば，帰無仮説を採択する．すなわち，2 つの母集団の母分散は異なるとはいえないという結論になる．

この検定は，第 15.2.1 節で述べた対応のない t 検定に先だって，2 つの母集団の分散が等しいとみなせるか否かを検証する場合などに用いられる．そのため，**等分散性の検定** (test of equality of variances) とよばれることが多い[3]．

【例】 ある町の A 中学校と B 中学校では，3 年生に共通の実力テストを実施した．A 中学校の生徒から無作為抽出した 11 人と，B 中学校の生徒から無作為抽出した 16 人の成績はつぎの表の通りである．両校とも成績は正規分布に従っていると考えられるとき，A 中学校の成績の分散と B 中学校の成績の分散が等しいか否かを有意水準 5 % で検定しなさい．

---

[2] F 分布表を用いて $w_{N_A-1, N_B-1}(\alpha)$ の値を求める方法については，第 8.4 節を参照すること．

[3] いずれか一方の母集団の母分散の方が大きいことが他の要因から予想される場合は等分散性の検定を行うことはないので，等分散性の検定では両側検定を行うのが普通である．実際，帰無仮説 $H_0 : \sigma_A^2 = \sigma_B^2$ が採択されれば，等分散とみなす．

A 中学校（点）	82,	70,	70,	64,	63,	69,	77,	74,	62,	69,	70					
B 中学校（点）	65,	75,	77,	78,	77,	75,	78,	78,	72,	63,	68,	66,	76,	71,	74,	75

A 中学校と B 中学校の標本平均をそれぞれ M_A, M_B とすると

$$M_A = \frac{82+70+70+64+63+69+77+74+62+69+70}{11} = \frac{770}{11} = 70,$$
$$M_B = \frac{65+75+77+78+77+75+78+78+72+63+68+66+76+71+74+75}{16} = \frac{1168}{16} = 73$$

を得る．また，A 中学校と B 中学校の不偏分散をそれぞれ u_A^2, u_B^2 とすると

$$u_A^2 = \frac{12^2+0^2+0^2+6^2+7^2+1^2+7^2+4^2+8^2+1^2+0^2}{11-1} = \frac{360}{10} = 36,$$
$$u_B^2 = \frac{8^2+2^2+4^2+5^2+4^2+2^2+5^2+5^2+1^2+10^2+5^2+7^2+3^2+2^2+1^2+2^2}{16-1} = \frac{372}{15} = 24.8$$

である．A 中学校の成績の母分散を σ_A^2，B 中学校の成績の母分散を σ_B^2 と書き，帰無仮説 H_0 と対立仮説 H_1 をそれぞれ

$$H_0 : \sigma_A^2 = \sigma_B^2,$$
$$H_1 : \sigma_A^2 \neq \sigma_B^2$$

とおいて両側検定を行ってみよう．検定統計量として

$$W = \frac{u_A^2}{u_B^2}$$

を用いると，帰無仮説 H_0 のもとで W は自由度 $(N_A - 1, N_B - 1) = (10, 15)$ の F 分布に従うから，有意水準を 0.05 とすると，両側検定の棄却域は

$$W < w_{10,15}(0.975) = \frac{1}{w_{15,10}(0.025)} \approx \frac{1}{3.52} \approx 0.284$$

または

$$W > w_{10,15}(0.025) \approx 3.06$$

である．統計量 W の実現値は

$$W = \frac{36}{24.8} \approx 1.45$$

であるから，棄却域に含まれない．よって，帰無仮説は採択され，A 中学校の成績の母分散と B 中学校の成績の母分散が異なっているとはいえないという結論を得る．□

16.2 分散分析

ある対象物に対して，実験条件を変えながら測定を行うとき，実験条件の違いによって測定結果に意味のある違いがあるか否かを検証することを考える．以下では

$$\begin{aligned}
\Omega_1 &: \text{実験条件を } c_1 \text{ とした場合の結果全体の集合,} \\
\Omega_2 &: \text{実験条件を } c_2 \text{ とした場合の結果全体の集合,} \\
&\vdots \qquad\qquad \vdots \\
\Omega_\ell &: \text{実験条件を } c_\ell \text{ とした場合の結果全体の集合}
\end{aligned}$$

とおき，$\Omega_1, \Omega_2, \ldots, \Omega_\ell$ に所属するデータはそれぞれ平均値 $\mu_1, \mu_2, \ldots, \mu_\ell$ の正規分布に従うものとする．そのとき，実験条件によらない値 μ を用いて $\mu_1, \mu_2, \ldots, \mu_\ell$ をそれぞれ

$$\mu_1 = \mu + d_1, \quad \mu_2 = \mu + d_2, \ \ldots, \ \mu_\ell = \mu + d_\ell$$

と書くことにすれば，$d_1, d_2, \ldots, d_\ell$ は，実験条件の違いによる測定値の差の評価値である．一方，実際の測定結果を

$$\begin{aligned}
x_{11}, x_{12}, \ldots, x_{1N_1} &: \text{母集団 } \Omega_1 \text{ から無作為抽出した大きさ } N_1 \text{ の標本,} \\
x_{21}, x_{22}, \ldots, x_{2N_2} &: \text{母集団 } \Omega_2 \text{ から無作為抽出した大きさ } N_2 \text{ の標本,} \\
&\vdots \qquad\qquad \vdots \qquad\qquad\qquad \vdots \\
x_{\ell 1}, x_{\ell 2}, \ldots, x_{\ell N_\ell} &: \text{母集団 } \Omega_\ell \text{ から無作為抽出した大きさ } N_\ell \text{ の標本}
\end{aligned}$$

とおいて，各 x_{ij} を

$$x_{ij} = \mu_i + e_{ij} \quad (j = 1, 2, \ldots, N_i;\ i - 1, 2, \ldots, \ell)$$

と書くことにすれば，$i = 1, 2, \ldots, \ell$ のそれぞれに対して，$e_{i1}, e_{i2}, \ldots, e_{iN_i}$ は実験条件を c_i とした場合におけるサンプルごとの誤差の評価値である．そのとき，実験条件の違いによる差 $d_1, d_2, \ldots, d_\ell$ が サンプルごとの誤差 $e_{11}, e_{12}, \ldots, e_{1N_1}, e_{21}, e_{22}, \ldots, e_{2N_2}, \ldots, e_{\ell 1}, e_{\ell 2}, \ldots, e_{\ell N_\ell}$ よりも有意に大きければ，実験条件の違いにより測定値に差があると結論できる．

実際の分析では，母平均 $\mu_1, \mu_2, \ldots, \mu_\ell$ および μ の値は未知であるため，その推定量として，母集団 $\Omega_1, \Omega_2, \ldots, \Omega_\ell$ から無作為抽出した標本から計算される標本平均

$$\begin{aligned}
M_1 &= \frac{x_{11} + x_{12} + \cdots + x_{1N_1}}{N_1}, \\
M_2 &= \frac{x_{21} + x_{22} + \cdots + x_{2N_2}}{N_2}, \\
&\vdots \qquad\qquad \vdots \\
M_\ell &= \frac{x_{\ell 1} + x_{\ell 2} + \cdots + x_{\ell N_\ell}}{N_\ell}
\end{aligned}$$

と，すべての標本の平均値

$$M = \frac{(x_{11} + x_{12} + \cdots + x_{1N_1}) + (x_{21} + x_{22} + \cdots + x_{2N_2}) + \cdots + (x_{\ell 1} + x_{\ell 2} + \cdots + x_{\ell N_\ell})}{N_1 + N_2 + \cdots + N_\ell}$$

を用いる．また，差 $d_1, d_2, \ldots, d_\ell$ と誤差 $e_{11}, e_{12}, \ldots, e_{1N_1}, e_{21}, e_{22}, \ldots, e_{2N_2}, \ldots, e_{\ell 1}, e_{\ell 2}, \ldots, e_{\ell N_\ell}$ は正の値にも負の値にもなり得るから，それらの 2 乗和で評価することにする．具体的には，

$$
\begin{aligned}
d_i &= \mu_i - \mu \qquad (i = 1, 2, \ldots, \ell), \\
e_{ij} &= x_{ij} - \mu_i \quad (j = 1, 2, \ldots, N_i;\ i = 1, 2, \ldots, \ell)
\end{aligned}
$$

であることに注意して，次式で定義される値 S_d と S_e を用いる．

$$
\begin{aligned}
S_d &= N_1(M_1 - M)^2 + N_2(M_2 - M)^2 + \cdots + N_\ell(M_\ell - M)^2, \\
S_e &= \{(x_{11} - M_1)^2 + (x_{12} - M_1)^2 + \cdots + (x_{1N_1} - M_1)^2\} \\
&\quad + \{(x_{21} - M_2)^2 + (x_{22} - M_2)^2 + \cdots + (x_{2N_2} - M_2)^2\} \\
&\qquad + \cdots + \{(x_{\ell 1} - M_\ell)^2 + (x_{\ell 2} - M_\ell)^2 + \cdots + (x_{\ell N_\ell} - M_\ell)^2\} \\
&= \{(x_{11}^2 + x_{12}^2 + \cdots + x_{1N_1}^2) - N_1 M_1^2\} + \{(x_{21}^2 + x_{22}^2 + \cdots + x_{2N_2}^2) - N_2 M_2^2\} \\
&\qquad + \cdots + \{(x_{\ell 1}^2 + x_{\ell 2}^2 + \cdots + x_{\ell N_\ell}^2) - N_\ell M_\ell^2\}
\end{aligned}
$$

値 S_d と S_e は，**偏差平方和** (sum of squared deviation)，あるいは，単に**平方和** (sum of square) とよばれる．とくに，S_d は ℓ 個の母集団の間での測定値の違いを評価する量であるから，級間の偏差平方和，あるいは，グループ間の平方和という．また，S_e は同一母集団内での誤差の評価値であるから，級内の偏差平方和あるいはグループ内の平方和という．

値 S_d と S_e は，測定値とその平均値の差の 2 乗をたしあわせたものであるから，これらの値をそれぞれの自由度で割ると，不偏分散が得られる．値 S_d は ℓ 個のデータ $M_1, M_2, \ldots, M_\ell$ と 1 個のパラメータ M から計算できる値であるから，その自由度を n_d とすると

$$n_d = \ell - 1$$

である．一方，値 S_e は $N_1 + N_2 + \cdots + N_\ell$ 個のデータと ℓ 個のパラメータ $M_1, M_2, \ldots, M_\ell$ から計算できる値であるから，その自由度を n_e とすると

$$n_e = (N_1 - 1) + (N_2 - 1) + \cdots + (N_\ell - 1) = N_1 + N_2 + \cdots + N_\ell - \ell$$

である．よって，実験条件の違いによる測定値の差の不偏分散 u_d^2 と，サンプルごとの差の不偏分散 u_e^2 は，それぞれ式

$$u_d^2 = \frac{S_d}{n_d}, \quad u_e^2 = \frac{S_e}{n_e}$$

により計算できる．値 u_d^2 と u_e^2 は，一般に**平均平方** (mean square) とよばれている．

値 u_d^2 と u_e^2 に対応する母集団における分散，すなわち，実験条件の違いに伴うデータの変動を表す母分散を σ_d^2，サンプルごとのデータの変動を表す母分散を σ_e^2 と書くとき，σ_d^2 が σ_e^2 よりも十分大きければ，実験条件の違いによりデータに有意な差があると考えられる．逆に，σ_d^2 が σ_e^2 と同じ程度であれば，実験条件を変えてもデータに有意な差はないと考えられる．このことを統計的に検証するために，帰無仮説 H_0 と対立仮説 H_1 をそれぞれ

$$
\begin{aligned}
H_0 &: \sigma_d^2 = \sigma_e^2, \\
H_1 &: \sigma_d^2 > \sigma_e^2
\end{aligned}
$$

とおいて，片側検定を試みる．第 16.1 節の冒頭と同様の議論を行うと，

$$W_{de} = \frac{u_d^2/\sigma_d^2}{u_e^2/\sigma_e^2}$$

が自由度 (n_d, n_e) の F 分布に従うことを示せるから，帰無仮説 H_0 のもとでは，平均平方の比

$$F = \frac{u_d^2}{u_e^2}$$

も自由度 (n_d, n_e) の F 分布に従う．したがって，有意水準を α とするとき，条件

$$F > w_{n_d, n_e}(\alpha)$$

が成り立てば，帰無仮説 H_0 を棄却し，対立仮説 H_1 を採択する．すなわち，実験条件の違いにより，結果に有意差があると結論できる．逆に，条件

$$F \leqq w_{n_d, n_e}(\alpha)$$

分散分析表

	平方和	自由度	平均平方	F 値
グループ間	S_d	n_d	u_d^2	u_d^2/u_e^2
グループ内	S_e	n_e	u_e^2	
合計	$S_d + S_e$	$n_d + n_e$		

が成り立てば，帰無仮説 H_0 が採択され，実験条件を変化させても結果に有意な差があるとはいえないという結論になる．この検定方法は，**分散分析** (analysis of variance) とよばれている[4]．また，分散分析に用いる平方和，自由度，平均平方，統計量 F の値をまとめた表を，**分散分析表** (table of analysis of variance) という．

帰無仮説 $\sigma_d^2 = \sigma_e^2$ は，実験条件を違えても結果に差がない，すなわち，$\mu_1 = \mu_2 = \cdots = \mu_\ell$ を意味しているから，実際の検定においては，帰無仮説 H_0 と対立仮説 H_1 をそれぞれ

$$H_0 : \mu_1 = \mu_2 = \cdots = \mu_\ell,$$
$$H_1 : \mu_1 = \mu_2 = \cdots = \mu_\ell \text{ ではない}$$

と書くことが多い．すなわち，分散分析は，分散の比の値を調べることによって母集団の平均値に差があるか否かを検定する方法である．また，第 15.2 節で述べた対応のない t 検定が 2 つの母集団の平均値に差があるか否かを検証する検定方法であるのに対し，分散分析は 3 つ以上の母集団の平均値に差があるか否かを検定する方法である[5]．ただし，帰無仮説が棄却された場合でも，すべての母集団の平均値が同一の値ではないことが明らかになっただけであり，どの母集団の平均値が他の母集団の平均値と異なっているかを明らかにすることはできないことに注意する必要がある[6]．

【例】 ある大学では，統計学の授業を 3 組に分けて実施しているが，同じ試験問題を用いて成績を評価している．1 組と 2 組から 8 人ずつ，3 組から 7 人の学生を無作為抽出してその成績を調査したところ，右の表のようになった．各組の成績の平均値に差があるか否かを，有意水準 5 % で検定しなさい．

1 組	72,	85,	76,	71,	89,	70,	81,	80
2 組	69,	63,	61,	71,	80,	74,	63,	79
3 組	72,	74,	71,	81,	66,	86,	68	

1 組，2 組，3 組の標本平均をそれぞれ M_1, M_2, M_3 とおくと，

$$M_1 = \frac{72+85+76+71+89+70+81+80}{8} = \frac{624}{8} = 78,$$
$$M_2 = \frac{69+63+61+71+80+74+63+79}{8} = \frac{560}{8} = 70,$$

4) ここで述べた分散分析は，実験条件を設定する要因が 1 つだけであるため，**一元配置分散分析** (one-way analysiof variance) とよばれる．

5) もちろん，分散分析を用いて 2 つの母集団の平均値に差があるか否かを検定することも可能である．

6) どの母集団の平均値が他の母集団の平均値と異なっているかを明らかにするには，**多重比較法** (multiple comparison) を実行する必要がある．多重比較法については，文献 [7] などを参照すること．

$$M_3 = \frac{72+74+71+81+66+86+68}{7} = \frac{518}{7} = 74$$

であり，成績の平均値に差がありそうである．なお，全体の平均値を M とすると，

$$M = \frac{8M_1+8M_2+7M_3}{8+8+7} = \frac{624+560+518}{23} = \frac{1702}{23} \approx 74$$

である．そこで，1 組，2 組，3 組の母平均をそれぞれ μ_1, μ_2, μ_3 と書き，帰無仮説 H_0 と対立仮説 H_1 をそれぞれ

$$H_0 : \mu_1 = \mu_2 = \mu_3,$$
$$H_1 : \mu_1 = \mu_2 = \mu_3 \text{ ではない}$$

とおいて分散分析を行う．グループ間の偏差平方和を S_d，グループ内の偏差平方和を S_e とすると，

$$\begin{aligned} S_d &= 8\times(78-74)^2 + 8\times(70-74)^2 + 7\times(74-74)^2 = 256, \\ S_e &= (6^2+7^2+2^2+7^2+11^2+8^2+3^2+2^2) \\ &\quad +(1^2+7^2+9^2+1^2+10^2+4^2+7^2+9^2) \\ &\quad\quad +(2^2+0^2+3^2+7^2+8^2+12^2+6^2) \\ &= 1020 \end{aligned}$$

であり，対応する自由度はそれぞれ

$$n_d = 3-1 = 2, \quad n_e = (8-1)+(8-1)+(7-1) = 20$$

である，よって，平均平方は

$$u_d^2 = \frac{256}{2} = 128, \quad u_e^2 = \frac{1020}{20} = 51$$

と計算でき，それらの比をとることによって，検定統計量 F の実現値は

$$F = \frac{u_d^2}{u_e^2} = \frac{128}{51} \approx 2.51$$

であることがわかる．計算結果をまとめると，右のような分散分析表を得る．

	平方和	自由度	平均平方	F 値
グループ間	256	2	128	2.51
グループ内	1020	20	51	
合計	1276	22		

有意水準を 0.05 とすると，片側検定の棄却域は

$$F > w_{2,20}(0.05) \approx 3.49$$

であり，$F = 2.51$ はこれに含まれない．よって，帰無仮説は採択され，3 つの組の成績の平均値に差があるとはいえないという結論を得る．□

演習問題

1. つぎの表は，ある町の小学 6 年生全員の中から無作為抽出した 21 人の児童の利き手の握力 (kg) を男女別にまとめたものである[7]．男子の母分散と女子の母分散に差があるか否かを，有意水準 5 % で検定しなさい．

男子	25,	13,	18,	21,	24,	15,	23,	30,	19,	23	
女子	14,	22,	20,	20,	15,	19,	19,	16,	12,	23,	29

2. Y 先生は，A 大学と B 大学で非常勤講師として統計学を教えている．どちらの大学の学生も全体としての理解度はそれほど変わらないが，A 大学の方が学生の理解度のばらつきが大きいために B 大学よりも教えにくいと Y 先生は感じている．ある年，Y 先生は A 大学と B 大学の双方において，同じ問題を用いて期末試験を行った．つぎの表は，A 大学と B 大学のそれぞれから無作為抽出した 31 人の学生の成績である．A 大学の学生の成績の母分散の方が B 大学の学生の成績の母分散より大きいか否かを，有意水準 5 % で検定しなさい．

A 大学	53,	57,	68,	59,	55,	80,	71,	71,	62,	84,	55,	77,	55,	84,	79,	55,
	58,	53,	64,	62,	82,	72,	55,	65,	62,	62,	65,	53,	84,	57,	56	
B 大学	75,	63,	59,	65,	65,	67,	71,	72,	62,	73,	70,	59,	65,	63,	56,	59,
	63,	67,	71,	53,	73,	62,	70,	62,	60,	71,	84,	65,	53,	54,	63	

3. つぎの表は，ある町の 40 ～ 60 歳の男女 21850 人から無作為抽出した 25 人の住民に対して，血液 1 dL 中に含まれる LDL コレステロールの重量 (mg) を調査した結果を，脂っこい食べ物の好み別にまとめた結果である[8]．脂っこい食べ物の好みによって，血液中の LDL コレステロールの重量の母平均に差があるか否かを，有意水準 5 % で検定しなさい．

嫌い	127,	86,	76,	56,	117,	76,	91,	107	
どちらともいえない	97,	96,	111,	88,	82,	133,	74,	108,	129
好き	115,	170,	151,	171,	117,	152,	121,	99	

4. 交代勤務体制で 24 時間操業しているある工場において，勤務時間帯によって不良品発生率に差があるのではないかということが問題になった．そこで，各勤務時間帯について 2013 年 11 月から 12 月の間で無作為抽出した 11 日ずつの不良品発生率 (%) をまとめたところ，つぎの表のようになった．勤務時間帯によって不良品発生率の平均値に差があるか否かを，有意水準 5 % で検定しなさい．

早番 (07 : 00 ～ 15 : 00)	5.3,	5.2,	5.2,	4.4,	5.4,	4.7,	4.8,	4.9,	4.6,	4.6,	4.8
遅番 (15 : 00 ～ 23 : 00)	4.8,	4.5,	5.0,	5.0,	4.6,	4.7,	5.2,	4.9,	4.5,	5.2,	5.5
夜勤 (23 : 00 ～ 07 : 00)	5.1,	5.2,	4.7,	5.6,	5.2,	4.6,	5.1,	5.7,	5.3,	5.4,	5.3

5. つぎのページの表は，ある県を流れる 4 つの河川 A, B, C, D において，梁（やな）にかかったアユから無作為抽出した標本の体長 (cm) を測定した結果である．この結果をもとに，川によって遡上するアユの体長の平均値に差があるか否かを，有意水準 5 % で検定しなさい．

[7] 第 15 章の演習問題 1 と同じデータである．
[8] まとめ方は違うが，第 12 章の演習問題 5 と同じデータである．

A 川	16.3,	19.2,	14.9,	26.1,	15.9,	18.3,	17.4,	15.1,	13.3,	25.2,	19.6	
B 川	14.6,	20.9,	11.3,	17.0,	20.9,	7.3,	14.7,	12.8,	11.0,	12.4,	16.3,	12.4
C 川	21.4,	19.4,	10.4,	21.7,	19.5,	12.1,	12.5,	17.5,	15.1,	15.4		
D 川	17.4,	18.4,	16.6,	23.2,	16.1,	15.1,	19.4,	17.8,	11.6,	12.4,	24.5	

6. ある日曜雑貨量販店では，土曜，休日の来店者数に比べて平日の来店者数が少ないことが問題になっていた．そこで，ダイレクトメールを発送して，来店者数の少ない曜日に大売出を実施することを計画した．つぎの表は，昨年度の平日から曜日ごとに無作為抽出した 15 日の来店者数（単位：十人）を表している．曜日によって来店者数の母平均に差があるか否かを，有意水準 5 % で検定しなさい．

月曜日	37,	38,	45,	39,	43,	44,	35,	29,	47,	33,	44,	34,	40,	39,	38
火曜日	39,	49,	42,	41,	42,	39,	40,	48,	50,	47,	34,	45,	41,	35,	38
水曜日	48,	32,	44,	37,	35,	40,	37,	43,	45,	39,	39,	47,	35,	36,	43
木曜日	37,	38,	43,	45,	43,	44,	30,	44,	32,	38,	37,	35,	38,	30,	36
金曜日	46,	48,	42,	44,	49,	42,	35,	46,	51,	43,	35,	38,	47,	51,	43

演習問題解答例

第 1 章の演習問題

1. 3 枚の硬貨を a, b, c とする．何とか工夫して表を作ってもよいが，a が表，b が裏，c が表のとき，試行の結果を「表裏表」のように表して考えてみよう．そのとき，標本空間 Ω は

$$\Omega = \Big\{表表表，表表裏，表裏表，表裏裏，裏表表，裏表裏，裏裏表，裏裏裏\Big\}$$

と記述でき，集合 Ω の各要素の「起こりやすさ」は同等と考えられる．
表が 1 枚，裏が 2 枚出る事象を E とすると，

$$E = \Big\{表裏裏，裏表裏，裏裏表\Big\}$$

であるから，求める確率は $P(E) = \dfrac{3}{8}$ である．

2. 2 個のサイコロに a, b という名前をつけ，下のような表を作ってみよう．表の 36 個の欄の「起こりやすさ」は同等と考えられ，目の和が 5 以下になるのは「○」印がついた 10 個の欄である．よって，求める確率は $\dfrac{10}{36} = \dfrac{5}{18}$ である．

		b					
		1	2	3	4	5	6
a	1	○	○	○	○	×	×
	2	○	○	○	×	×	×
	3	○	○	×	×	×	×
	4	○	×	×	×	×	×
	5	×	×	×	×	×	×
	6	×	×	×	×	×	×

3. 3 個のサイコロに a, b, c という名前をつける．a の目が 3，b の目が 2, c の目が 5 のとき，試行の結果を「325」のように表してみよう．このとき，標本空間 Ω は

$$\begin{aligned}\Omega = \Big\{&111, 112, 113, 114, 115, 116,\\ &121, 122, 123, 124, 125, 126, \ldots,\\ &161, 162, 163, 164, 165, 166,\\ &211, 212, 213, 214, 215, 216,\\ &221, 222, 223, 224, 225, 226, \ldots,\\ &261, 262, 263, 264, 265, 266,\\ &\ldots,\\ &611, 612, 613, 614, 615, 616,\\ &621, 622, 623, 624, 625, 626, \ldots,\\ &661, 662, 663, 664, 665, 666\Big\}\end{aligned}$$

と記述でき，集合 Ω の $6^3 = 216$ 個の要素の「起こりやすさ」は同等と考えられる．

和が 12 になる事象を E とすると，集合 E は

$$\begin{aligned}E = \Big\{&156, 165, 246, 255, 264, 336,\\ &345, 354, 363, 426, 435, 444,\\ &453, 462, 516, 525, 534, 543,\\ &552, 561, 615, 624, 633, 642, 651\Big\}\end{aligned}$$

であり，25 個の要素をもつことがわかる．よって，求める確率は $\dfrac{25}{216}$ である．

4. 赤球に a, b という名前をつけ，白球に c, d, e という名前をつける．最初に取り出した球は袋に戻さないから，試行の結果は下の表のようにまとめられる．標本空間は，この表の「—」を除く 20 個の欄に対応する場合であり，それらの「起こりやすさ」は同等と考えられる．

1 個目が白球で 2 個目が赤球になるのは，表の「 ○ 」印の欄に対応する 6 通りの場合である．よって，求める確率は $\dfrac{6}{20} = \dfrac{3}{10}$ である．

		2 個目				
		a	b	c	d	e
1 個目	a	—	×	×	×	×
	b	×	—	×	×	×
	c	○	○	—	×	×
	d	○	○	×	—	×
	e	○	○	×	×	—

5. 赤球に a, b という名前をつけ，白球に c, d, e という名前をつける．左右の手で同時に 1 個ずつ（異なる）球を取り出すとすると，試行の結果はつぎの表のようにまとめられる．標本空間は，この表の「—」を除く 20 個の欄に対応する場合であり，それらの「起こりやすさ」は同等と考えられる．

赤球と白球が 1 個ずつ取り出されるのは，表の「○」印の欄に対応する 12 通りの場合である．よって，求める確率は $\dfrac{12}{20}=\dfrac{3}{5}$ である．

		右手				
		a	b	c	d	e
左手	a	—	×	○	○	○
	b	×	—	○	○	○
	c	○	○	—	×	×
	d	○	○	×	—	×
	e	○	○	×	×	—

第 2 章の演習問題

1. 2 個のサイコロを a, b とし，a の目が 4, b の目が 3 のとき，試行の結果を「43」と表す．

(a) 出た目の和を 4 で割った余りが 0 になる場合は，以下の $3+5+1=9$ 通りである．
出た目の和が 4: 13, 22, 31
出た目の和が 8: 26, 35, 44, 53, 62
出た目の和が 12: 66

(b) 出た目の和を 4 で割った余りが 1 になる場合は，以下の $4+4=8$ 通りである．
出た目の和が 5: 14, 23, 32, 41
出た目の和が 9: 36, 45, 54, 63

(c) 出た目の和を 4 で割った余りが 2 になる場合は，以下の $1+5+3=9$ 通りである．
出た目の和が 2: 11
出た目の和が 6: 15, 24, 33, 42, 51
出た目の和が 10: 46, 55, 64

(d) 出た目の和を 4 で割った余りが 3 になる場合は，以下の $2+6+2=10$ 通りである．
出た目の和が 3: 12, 21
出た目の和が 7: 16, 25, 34, 43, 52, 61
出た目の和が 11: 56, 65

2. 10 円から 310 円まで 10 円刻みで支払えるから，31 通りである．

3. 表の枚数は，
10 円玉が 0〜6 枚の 7 通り，
50 円玉が 0〜3 枚の 4 通り，
100 円玉が 0〜1 枚の 2 通り
であるから，表裏の出方は $7\times4\times2=56$ 通りである．

4. 4 個のプレゼントを 1 列に並べる方法は，全部で ${}_4P_4=4\times3\times2\times1=24$ 通りである．
4 人とも自分が持ってきたプレゼントを持ち帰る場合は 1 通りである．
3 人だけ自分が持ってきたプレゼントを持ち帰る場合は 0 通りである[1]．
2 人だけ自分が持ってきたプレゼントを持ち帰る場合は ${}_4C_2=\dfrac{4\times3}{2\times1}=6$ 通りである．
1 人だけ自分が持ってきたプレゼントを持ち帰る場合は ${}_4C_1\times2=4\times2=8$ 通りである[2]．
よって，交換の仕方は全部で $24-1-6-8=9$ 通りである．

5. $10800=2^4\times3^3\times5^2$ より，10800 の約数は
$$2^\ell\times3^m\times5^n \quad (\ell\in\{0,1,2,3,4\},\ m\in\{0,1,2,3\},\quad n\in\{0,1,2\})$$
と書けることがわかる．よって，約数の総数は
$$(4+1)\times(3+1)\times(2+1)=60 \text{ 個}$$
である．

6. 一の位に使える数字は 1, 3, 5, 7 の 4 個，十の位に使える数字は一の位に使った数字以外の 6 個，百の位に使える数字は下 2 桁に使った数字以外の 5 個，千の位に使える数字は下 3 桁に使った数字以外の 4 個であるから，作ることができる奇数は $4\times6\times5\times4=480$ 個である．

[1] 残り 1 人も自分が持ってきたプレゼントを持ち帰ることになってしまうが，そうすると，3 人だけ自分が持ってきたプレゼントを持ち帰ることにならない．したがって，このような場合の数は 0 である．
[2] 残り 3 人の 1 人目は，最初の 1 人と自分自身のプレゼント以外の 2 通りしか選べない．

7. 百の位の数が x, 十の位の数が y, 一の位の数が z である 3 桁の数は

$$\begin{aligned}100x + 10y + z &= (99+1)x + (9+1)y + z \\ &= 9(11x + y) + (x + y + z)\end{aligned}$$

と書けるから，各桁の数の和 $x+y+z$ が 9 の倍数であればよい．各桁の数が 4, 6, 8 であるか，5, 6, 7 であればその和は 9 の倍数になるから，9 の倍数の総数は ${}_3P_3 + {}_3P_3 = 12$ 個である．

8. 女性 3 人の並べ方は ${}_3P_3 = 6$ 通りあり，男性 4 人とひとかたまりの女性を 1 列に並べる方法は ${}_5P_5 = 120$ 通りあるから，並べ方は全部で $6 \times 120 = 720$ 通りある．

9. 交互に並べる方法は，男女男女男女男しかない．男性 4 人の並べ方は ${}_4P_4 = 24$ 通りあり，女性 3 人の並べ方は ${}_3P_3 = 6$ 通りあるから，並べ方は全部で $24 \times 6 = 144$ 通りある．

10. 5 冊のそれぞれについて，選ぶ場合と選ばない場合の 2 通りの選択肢があるので，場合の数は $2^5 = 32$ である．そのうち，1 冊も選ばない 1 通りと，1 冊だけを選ぶ 5 通りを除けばよいから，課題図書の選び方は全部で $32 - 1 - 5 = 26$ 通りある．

11. 2 連休のとり方は，日月，月火，火水，水木，木金，金土，土日の 7 通りある．そのそれぞれに対して，早番 3 個，遅番 2 個を残り 5 日間に並べればよいから，勤務パターンは

$$7 \times \frac{(3+2)!}{3! \times 2!} = 70 \text{ 通り}$$

である．

12. 5 個の赤球を 1 列に並べておき，赤球の間または両端の 6 箇所の中から 3 箇所を選んで白球を置けばよい．よって，並べ方は全部で

$${}_6C_3 = \frac{6 \times 5 \times 4}{3 \times 2 \times 1} = 20 \text{ 通り}$$

である．

13. 7 人から 3 人を選ぶ組合せだから，その総数は

$${}_7C_3 = \frac{7 \times 6 \times 5}{3 \times 2 \times 1} = 35 \text{ 通り}$$

である．

14. まず 12 人から 4 人を選んでグループ A とし，残り 8 人から 4 人を選んでグループ B とする．最後まで残った 4 人をグループ C とする．このようにグループ分けする方法は

$$\begin{aligned}{}_{12}C_4 \times {}_8C_4 &= \frac{12 \times 11 \times 10 \times 9}{4 \times 3 \times 2 \times 1} \times \frac{8 \times 7 \times 6 \times 5}{4 \times 3 \times 2 \times 1} \\ &= 34650\end{aligned}$$

通りあるが，3 グループのどれに A, B, C という名前をつけてもよいから，グループ分けの方法は全部で

$$\frac{34650}{{}_3P_3} = \frac{34650}{6} = 5775 \text{ 通り}$$

である．

15. 男女 8 人から合計 3 人を選ぶ方法は

$${}_8C_3 = \frac{8 \times 7 \times 6}{3 \times 2 \times 1} = 56 \text{ 通り}$$

ある．そのうち，男性ばかり 3 人選ばれる場合と女性ばかり 3 人選ばれる場合がいずれも ${}_4C_3 = {}_4C_1 = 4$ 通りある．よって，男女各 1 人以上を含む選び方は，全部で $56 - 4 - 4 = 48$ 通りある．

16. 4 人の持っているバケツから 12 個のテニスボールを取り出す重複組合せと考えればよいので，

$${}_{4+12-1}C_{12} = {}_{15}C_3 = \frac{15 \times 14 \times 13}{3 \times 2 \times 1} = 455 \text{ 通り}$$

である．

第 3 章の演習問題

1. 2 本ともはずれる確率は

$$\frac{{}_7P_2}{{}_{10}P_2} = \frac{7 \times 6}{10 \times 9} = \frac{7}{15}$$

だから，少なくとも 1 本があたる確率は

$$1 - \frac{7}{15} = \frac{8}{15}$$

である．

2. 男だけ，女だけになる確率は，いずれも

$$\frac{{}_4C_3}{{}_8C_3} = \frac{4 \times 3 \times 2}{8 \times 7 \times 6} = \frac{1}{14}$$

だから，男女両方が含まれる確率は

$$1 - \frac{2}{14} = \frac{6}{7}$$

である．

3. 3 人のジャンケンの手の出し方は，$3^3 = 27$ 通りある．3 人のそれぞれについて，グー，チョキ，または，パーで 1 人勝ちする場合があるから，1 人だけが勝つ確率は $\dfrac{3 \times 3}{27} = \dfrac{1}{3}$ である．

4. 虫食いのドングリが 0 個である確率は

$$\left(1 - \frac{1}{5}\right)^5 = \frac{4^5}{5^5} = \frac{1024}{3125}$$

である．虫食いのドングリが 1 個，虫食いでないドングリが 4 個である確率は，虫食いのドングリが 5 個のうちのどれでもよいことに注意すると，

$$5 \times \frac{1}{5} \times \left(1 - \frac{1}{5}\right)^4 = \frac{1280}{3125}$$

である．よって，虫食いのドングリが 1 個以下である確率は

$$\frac{1024}{3125} + \frac{1280}{3125} = \frac{2304}{3125}$$

である．

5. 2 個とも赤球である確率は

$$\frac{{}_4C_2}{{}_9C_2} = \frac{4 \times 3}{9 \times 8} = \frac{1}{6}$$

だから，少なくとも 1 個が白球である確率は

$$1 - \frac{1}{6} = \frac{5}{6}$$

である．

6. 2 個とも赤球である確率は

$$\frac{{}_5C_2}{{}_{10}C_2} = \frac{5 \times 4}{10 \times 9} = \frac{2}{9},$$

2 個とも白球である確率は

$$\frac{{}_3C_2}{{}_{10}C_2} = \frac{3 \times 2}{10 \times 9} = \frac{1}{15},$$

2 個とも黒球である確率は

$$\frac{{}_2C_2}{{}_{10}C_2} = \frac{2 \times 1}{10 \times 9} = \frac{1}{45}$$

だから，異なる色の球を取り出す確率は

$$1 - \frac{2}{9} - \frac{1}{15} - \frac{1}{45} = \frac{31}{45}$$

である．

7. 緑球が 2 個含まれる確率，青球が 2 個含まれる確率はいずれも

$$\frac{{}_2C_2 \times {}_8C_4}{{}_{10}C_6} = \frac{8 \times 7 \times 6 \times 5 \times 6 \times 5}{10 \times 9 \times 8 \times 7 \times 6 \times 5} = \frac{1}{3}$$

であり，緑球と青球が 2 個ずつ含まれる確率は

$$\frac{{}_2C_2 \times {}_2C_2 \times {}_6C_2}{{}_{10}C_6} = \frac{1}{14}$$

である．よって，緑球が 2 個または青球が 2 個含まれる確率は

$$\frac{1}{3} + \frac{1}{3} - \frac{1}{14} = \frac{25}{42}$$

である．

8. 2 個とも奇数でなければ積は偶数になるから，

$$1 - \left(\frac{3}{6}\right)^2 = \frac{3}{4}$$

である．

9. 少なくとも 1 個が 5 なら，積は 5 の倍数になる．3 個とも 5 以外の目が出る確率は

$$\left(\frac{5}{6}\right)^3 = \frac{125}{216}$$

だから，積が 5 の倍数になる確率は

$$1 - \frac{125}{216} = \frac{91}{216}$$

である．

10. 5 個のサイコロの目がすべて異なる確率は

$$\frac{6 \times 5 \times 4 \times 3 \times 2}{6 \times 6 \times 6 \times 6 \times 6} = \frac{5}{54}$$

だから，同じ目が含まれる確率は

$$1 - \frac{5}{54} = \frac{49}{54}$$

である．

11. 1 回目は表が出たが，2, 3, 4 回目に裏が出て終了する場合を「表裏裏裏」と書くことにする．

(a) 3 回投げたときの表裏の出方は，全部で $2^3 = 8$ 通りである．そのうち終了するのは「表表表」,「裏裏裏」の 2 通りだから，3 回投げて終わる確率は $\dfrac{2}{8} = \dfrac{1}{4}$ である．

(b) 設問 (a) より，3 回投げて終了しない，すなわち，4 回目まで進む確率は $1 - 1/4 = 3/4$ であり，表裏の出方は $8 - 2 = 6$ 通りある．これら 6 通りの場合のそれぞれに対して，4 回目の表裏の出方が 2 通りあるから，考慮する場合は全部で $6 \times 2 = 12$ 通りである．そのうち，4 回目で終わるのは「表裏裏裏」,「裏表表表」の 2 通りだから，4 回投げて終わる確率は $\dfrac{3}{4} \times \dfrac{2}{12} = \dfrac{1}{8}$ である．

(c) 設問 (a), (b) より，4 回投げて終了しない，すなわち，5 回目まで進む確率は $1-1/4-1/8 = 5/8$ であり，表裏の出方は $12 - 2 = 10$ 通りある．これら 10 通りの場合のそれぞれに対して，5 回目の表裏の出方が 2 通りあるから，考慮する場合は全部で $10 \times 2 = 20$ 通りである．そのうち，5 回目で終わるのは「表表裏裏裏」,「表裏表表表」,「裏表裏裏裏」,「裏裏表表表」の 4 通りだから，5 回投げて終わる確率は $\dfrac{5}{8} \times \dfrac{4}{20} = \dfrac{1}{8}$ である．

12. 1 回戦で B, 2 回戦と 3 回戦で C が勝って C の優勝になる場合を「BCC」と書くことにする．

(a) 2 回戦で終了するのは「AA」,「BB」の 2 通りだから，2 回戦で終了する確率は

$$\frac{1}{2} \times \frac{1}{2} + \frac{1}{2} \times \frac{1}{2} = \frac{1}{2}$$

である．

(b) 3 回戦で終了するのは「ACC」,「BCC」の 2 通りだから，3 回戦で終了する確率は

$$\frac{1}{2} \times \frac{1}{2} \times \frac{1}{2} + \frac{1}{2} \times \frac{1}{2} \times \frac{1}{2} = \frac{1}{4}$$

である．

(c) A が優勝するのは「AA」,「ACB AA」,「ACB ACB AA」, ... と「BC AA」,「BC ABC AA」,「BC ABC ABC AA」, ... だから，その確率は等比級数の和の公式より

$$\frac{1}{2^2} + \frac{1}{2^5} + \frac{1}{2^8} + \cdots + \frac{1}{2^4} + \frac{1}{2^7} + \frac{1}{2^{10}} + \cdots$$
$$= \frac{1/4}{1-1/8} + \frac{1/16}{1-1/8} = \frac{2}{7} + \frac{1}{14} = \frac{5}{14}$$

である．B が優勝するのは「AC BB」,「AC BAC BB」,「AC BAC BAC BB」, ... と「BB」,「BCA BB」,「BCA BCA BB」, ... だから，その確率は等比級数の和の公式より

$$\frac{1}{2^4} + \frac{1}{2^7} + \frac{1}{2^{10}} + \cdots + \frac{1}{2^2} + \frac{1}{2^5} + \frac{1}{2^8} + \cdots$$
$$= \frac{1/16}{1-1/8} + \frac{1/4}{1-1/8} = \frac{1}{14} + \frac{2}{7} = \frac{5}{14}$$

である．C が優勝するのは「A CC」,「A CBA CC」,「A CBA CBA CC」, ... と「B CC」,「B CAB CC」,「B CAB CAB CC」, ... だから，その確率は等比級数の和の公式より

$$\frac{1}{2^3} + \frac{1}{2^6} + \frac{1}{2^9} + \cdots + \frac{1}{2^3} + \frac{1}{2^6} + \frac{1}{2^9} + \cdots$$
$$= \frac{1/8}{1-1/8} + \frac{1/8}{1-1/8} = \frac{1}{7} + \frac{1}{7} = \frac{2}{7}$$

である．

第 4 章の演習問題

1. 数学が不合格であるという事象を A，心理学が不合格であるという事象を B とする．題意より，$P(A) = 0.2$, $P(A \cap B) = 0.05$ だから，数学が不合格という条件のもとで心理学も不合格である条件付確率 $P(B \mid A)$ は，次式で計算できる．

$$P(B \mid A) = \frac{P(A \cap B)}{P(A)} = \frac{0.05}{0.2} = 0.25$$

2. 3 人の子供の中に男女が少なくとも 1 人ずついるという事象を A，男の子が 2 人で女の子が 1 人という事象を B とする．事象 A は男の子が 3 人，または，女の子が 3 人の余事象だから，

$$P(A) = 1 - \frac{1}{2^3} - \frac{1}{2^3} = \frac{3}{4}$$

である．また，$A \cap B = B$ だから，

$$P(A \cap B) = P(B) = 3 \times \frac{1}{2^3} = \frac{3}{8}$$

を得る．よって，3 人の子供の中に男女が少なくとも 1 人ずついるという条件のもとで男の子が 2 人である条件付確率 $P(B\,|\,A)$ は，

$$P(B\,|\,A) = \frac{P(A\cap B)}{P(A)} = \frac{3}{8} \div \frac{3}{4} = \frac{1}{2}$$

である．

3. 書道教室に通っているという事象を A，絵画教室に通っているという事象を B とすると，題意より

$$P(A) = 0.4,\quad P(B) = 0.2,\quad P(\overline{A}\cap\overline{B}) = 0.45$$

である．また，ド・モルガンの法則より

$$\begin{aligned} P(A\cup B) &= 1 - P(\overline{A\cup B}) = 1 - P(\overline{A}\cap\overline{B}) \\ &= 1 - 0.45 = 0.55 \end{aligned}$$

を得る．さらに，確率の加法性より

$$\begin{aligned} P(A\cap B) &= P(A) + P(B) - P(A\cup B) \\ &= 0.4 + 0.2 - 0.55 = 0.05 \end{aligned}$$

であるから，書道教室に通っているという条件のもとで絵画教室にも通っている条件付確率 $P(B\,|\,A)$ は，次式で計算できる．

$$\begin{aligned} P(B\,|\,A) &= \frac{P(A\cap B)}{P(A)} \\ &= \frac{0.05}{0.4} = \frac{1}{8} \end{aligned}$$

4. 太郎があたりをひくという事象を A，花子があたりをひくという事象を B とする．題意より，太郎があたる確率 $P(A)$ とはずれる確率 $P(\overline{A})$ は

$$P(A) = \frac{3}{10},\quad P(\overline{A}) = 1 - \frac{3}{10} = \frac{7}{10}$$

である．太郎があたりをひいたときはあたりが 2 本，はずれが 7 本残っており，太郎がはずれをひいたときはあたりが 3 本，はずれが 6 本残っている．よって，それぞれの場合に花子があたる条件付確率 $P(B\,|\,A)$ と $P(B\,|\,\overline{A})$ は，

$$P(B\,|\,A) = \frac{2}{9},\quad P(B\,|\,\overline{A}) = \frac{3}{9}$$

である．集合演算の性質より

$$(A\cap B)\cap(\overline{A}\cap B) = \emptyset$$
$$(A\cap B)\cup(\overline{A}\cap B) = B$$

であるから，花子があたる（事前）確率 $P(B)$ は，確率の公理の (3) と乗法定理より

$$\begin{aligned} P(B) &= P(A\cap B) + P(\overline{A}\cap B) \\ &= P(B\,|\,A)P(A) + P(B\,|\,\overline{A})P(\overline{A}) \\ &= \frac{2}{9}\times\frac{3}{10} + \frac{3}{9}\times\frac{7}{10} \\ &= \frac{27}{90} = \frac{3}{10} \end{aligned}$$

であり，太郎があたる確率 $P(A)$ と等しい．なお，

$$P(A\cap B) = P(B\,|\,A)P(A) = \frac{2}{9}\times\frac{3}{10} = \frac{1}{15}$$
$$P(A)P(B) = \frac{9}{100}$$

より，事象 A と事象 B は独立ではない．

5. 1 個目が赤球であるという事象を A, 2 個目が赤球であるという事象を B とする．題意より

$$P(A) = \frac{6}{10} = \frac{3}{5},\quad P(\overline{A}) = 1 - P(A) = \frac{2}{5}$$

であるが，1 個目が赤球であれば，袋には赤球 6 個と白球 4 個がはいっており，1 個目が白球であれば，袋には赤球 6 個と白球 3 個がはいっている．よって，1 個目が赤球であるという前提のもとで 2 個目も赤球である条件付確率 $P(B\,|\,A)$ と，1 個目が白球であるという前提のもとで 2 個目が赤球である条件付確率 $P(B\,|\,\overline{A})$ は，それぞれ

$$P(B\,|\,A) = \frac{6}{10} = \frac{3}{5},\quad P(B\,|\,\overline{A}) = \frac{6}{9} = \frac{2}{3}$$

である．集合演算の性質より

$$(A\cap B)\cap(\overline{A}\cap B) = \emptyset$$
$$(A\cap B)\cup(\overline{A}\cap B) = B$$

であるから，2 個目が赤球である確率 $P(B)$ は，確率の公理の (3) と乗法定理より

$$\begin{aligned} P(B) &= P(A\cap B) + P(\overline{A}\cap B) \\ &= P(B\,|\,A)P(A) + P(B\,|\,\overline{A})P(\overline{A}) \\ &= \frac{3}{5}\times\frac{3}{5} + \frac{2}{3}\times\frac{2}{5} \\ &= \frac{47}{75} \end{aligned}$$

である．

6. 赤球 4 個，白球 1 個がはいった壺を 1，赤球 1 個，白球 4 個がはいった壺を 2 とよぶ．また，1 個目が白球であるという事象を A, 2 個目が赤球であるという事象を B とする．壺 1 から白球を取り出す確率は 1/5，壺 2 から白球を取り出す確率は 4/5 だから，1 個目が白球である確率 $P(A)$ は

$$P(A) = \frac{1}{2} \times \frac{1}{5} + \frac{1}{2} \times \frac{4}{5} = \frac{1}{2}$$

である．また，壺 2 から赤球を取り出す確率は 1/5，壺 1 から赤球を取り出す確率は 4/5 だから，1 個目が白球，2 個目が赤球である確率 $P(A \cap B)$ は次式で計算できる．

$$\begin{aligned} P(A \cap B) &= \frac{1}{2} \times \frac{1}{5} \times \frac{1}{5} + \frac{1}{2} \times \frac{4}{5} \times \frac{4}{5} \\ &= \frac{17}{50} \end{aligned}$$

よって，1 個目が白球であるという条件のもとで 2 個目が赤球である条件付確率 $P(B \mid A)$ は

$$P(B \mid A) = \frac{P(A \cap B)}{P(A)} = \frac{17}{50} \div \frac{1}{2} = \frac{17}{25}$$

である．

7. 2 個とも同じ色であるという事象を A とすると，

$$P(A) = \frac{{}_2C_2 + {}_4C_2 + {}_4C_2}{{}_{10}C_2} = \frac{1+6+6}{45} = \frac{13}{45}$$

である．一方，2 個とも白球であるという事象を B とすると，

$$P(A \cap B) = P(B) = \frac{{}_4C_2}{{}_{10}C_2} = \frac{6}{45} = \frac{2}{15}$$

である．よって，2 個とも同じ色であるという条件のもとでそれらがいずれも白球である条件付確率 $P(B \mid A)$ は，次式で計算できる．

$$P(B \mid A) = \frac{P(A \cap B)}{P(A)} = \frac{2}{15} \div \frac{13}{45} = \frac{6}{13}$$

8. 3 個とも違う目が出るという事象を A, 1 個だけ 1 の目が出るという事象を B とする．3 個のサイコロが区別できると考えると，目の出方は全部で $6^3 = 216$ 通りある．3 個とも違う目が出る場合は，1 個目のサイコロの目が 1 ～ 6 の 6 通り，2 個目のサイコロの目が 1 個目のサイコロの目以外の 5 通り，3 個目のサイコロの目が 1, 2 個目のサイコロの目以外の 4 通りあるから，全部で $6 \times 5 \times 4 = 120$ 通りある．よって

$$P(A) = \frac{120}{216} = \frac{5}{9}$$

である．一方，3 個とも違う目が出て，かつ，1 個だけ 1 の目である場合は，1 個目のサイコロの目を 1 とすると，2 個目のサイコロの目が 2 ～ 6 の 5 通り，3 個目のサイコロの目が 1, 2 個目のサイコロの目以外の 4 通りあり，1 の目が出るサイコロの選び方が 3 通りあるから，全部で $5 \times 4 \times 3 = 60$ 通りある．よって

$$P(A \cap B) = \frac{60}{216} = \frac{5}{18}$$

となる．よって，3 個とも違う目であるという条件のもとで 1 個だけ 1 の目である条件付確率 $P(B \mid A)$ は，次式で計算できる．

$$P(B \mid A) = \frac{P(A \cap B)}{P(A)} = \frac{5}{18} \div \frac{5}{9} = \frac{1}{2}$$

9. 大きいサイコロの目の方が大きいという事象を A，小さいサイコロの目が 3 であるという事象を B とする．大きいサイコロの目が 5，小さいサイコロの目が 4 という結果を「54」と表せば，

$$\begin{aligned} A &= \Big\{21, 31, 32, 41, 42, 43, 51, 52, 53, 54, \\ &\qquad 61, 62, 63, 64, 65\Big\}, \\ A \cap B &= \Big\{43, 53, 63\Big\} \end{aligned}$$

であるから，

$$\begin{aligned} P(A) &= \frac{1+2+3+4+5}{6^2} = \frac{5}{12}, \\ P(A \cap B) &= \frac{3}{6^2} = \frac{1}{12} \end{aligned}$$

を得る．よって，大きいサイコロの目の方が大きいという条件のもとで小さいサイコロの目が 3 である条件付確率 $P(B \mid A)$ は次式で計算できる．

$$P(B \mid A) = \frac{P(A \cap B)}{P(A)} = \frac{1}{12} \div \frac{5}{12} = \frac{1}{5}$$

10. 2 回目に出た目が 1 回目に出た目より大きいという事象を A, 3 回目に出た目が 2 回目に出た目より大きいという事象を B とする．また，1 回目に出た目が i, 2 回目に出た目が j のとき，(i,j) と書くことにすると，

$$A = \Big\{(1,2),\dots,(1,6),(2,3),\dots,(2,6),\\ (3,4),(3,5),(3,6),(4,5),(4,6),(5,6)\Big\}$$

であるから

$$P(A) = \frac{15}{6^2} = \frac{5}{12}$$

を得る．また，A の各要素に対して，3 回目に出た目が

$(1,2)$ のとき	$3 \sim 6$,
$(1,3),(2,3)$ のとき	$4 \sim 6$,
$(1,4),(2,4),(3,4)$ のとき	$5 \sim 6$,
$(1,5),(2,5),(3,5),(4,5)$ のとき	6

であれば 3 回目に出た目が 2 回目に出た目より大きくなるから，

$$\begin{aligned} P(A\cap B) &= \frac{4+3\times 2+2\times 3+1\times 4}{6^3} \\ &= \frac{20}{216} = \frac{5}{54} \end{aligned}$$

である．よって，2 回目に出た目が 1 回目に出た目より大きいという条件のもとで，3 回目に出た目が 2 回目に出た目より大きくなる条件付確率 $P(B\,|\,A)$ は，次式で計算できる．

$$P(B\,|\,A) = \frac{P(A\cap B)}{P(A)} = \frac{5}{54} \div \frac{5}{12} = \frac{2}{9}$$

11. 両面が赤色のカードの番号を 1, 2, 両面が白色のカードの番号を 3, 片面が赤色で反対面が白色のカードの番号を 4, 5 とする．また，どのカードも表裏が識別でき，カード 4, 5 は表が赤色，裏が白色とする．袋から 4 番のカードを取り出し，机に置いたときに上面が表であることを (4, 表) と書くことにすると，標本空間は

$$\Omega = \Big\{(1,\text{表}),(1,\text{裏}),(2,\text{表}),(2,\text{裏}),(3,\text{表}),\\ (3,\text{裏}),(4,\text{表}),(4,\text{裏}),(5,\text{表}),(5,\text{裏})\Big\}$$

と記述でき，集合 Ω の 10 個の要素の「起こりやすさ」は同等と考えられる．一方，机に置いたカードの上面が赤色であるという事象を A, 反対面が白色であるという事象を B とすると，

$$A = \Big\{(1,\text{表}),(1,\text{裏}),(2,\text{表}),(2,\text{裏}),\\ (4,\text{表}),(5,\text{表})\Big\},$$
$$A\cap B = \Big\{(4,\text{表}),(5,\text{表})\Big\}$$

であるから，

$$P(A) = \frac{6}{10} = \frac{3}{5}, \quad P(A\cap B) = \frac{2}{10} = \frac{1}{5}$$

である．よって，机に置いたカードの上面が赤色であるという条件のもとで，反対面が白色である条件付確率 $P(B\,|\,A)$ は，次式で計算できる．

$$P(B\,|\,A) = \frac{P(A\cap B)}{P(A)} = \frac{1}{5} \div \frac{3}{5} = \frac{1}{3}$$

12. 容易に確かめられるように

$$P(A) = \frac{1}{6}, \quad P(B) = \frac{6}{6^2} = \frac{1}{6}$$

である．また，$A\cap B$ は大きいサイコロの目が 1, 小さいサイコロの目が 6 になる事象を表すから，

$$P(A\cap B) = \frac{1}{36}$$

を得る．そのとき，$P(A\cap B) = P(A)P(B)$ が成り立つから，事象 A と B は独立である．

第 5 章の演習問題

1. アイスキャンデーを工場 1 で製造する場合を E_1, 工場 2 で製造する場合を E_2 とし，柄に「あたり」と印刷するという事象を A とすると，題意より

$$P(E_1) = \frac{360}{360+320} = \frac{9}{17}, \quad P(A|E_1) = \frac{1}{20},$$
$$P(E_2) = \frac{320}{360+320} = \frac{8}{17}, \quad P(A|E_2) = \frac{1}{10}$$

である．よって，柄に「あたり」と印刷されたアイスキャンデーが工場 2 で製造されたものであ

る条件付確率 $P(E_2 \mid A)$ は，ベイズの定理より

$$P(E_2 \mid A) = \frac{P(A \mid E_2)P(E_2)}{P(A \mid E_1)P(E_1) + P(A \mid E_2)P(E_2)} = \frac{\frac{1}{10} \times \frac{8}{17}}{\frac{1}{20} \times \frac{9}{17} + \frac{1}{10} \times \frac{8}{17}} = \frac{2 \times 8}{1 \times 9 + 2 \times 8} = \frac{16}{25}$$

であるというのが正しい答えである．実際には，工場 1 では毎日 $360 \div 20 = 18$ 本の「あたり」キャンデーが製造され，工場 2 では毎日 $320 \div 10 = 32$ 本の「あたり」キャンデーが製造されるから，ある「あたり」キャンデーが工場 2 で製造されたものである確率は

$$\frac{32}{18+32} = \frac{16}{25}$$

であると考えてもよい．

2. 携帯電話機を地面に落したことがある場合を E_1，落としたことがない場合を E_2 とし，2 年以内に故障するという事象を A とすると，題意より

$$P(E_1) = 0.4, \quad P(A \mid E_1) = 0.08, \quad P(E_2) = 1 - 0.4 = 0.6, \quad P(A \mid E_2) = 0.01$$

である．よって，2 年以内に故障するという条件のもとで，地面に落したことがある条件付確率 $P(E_1 \mid A)$ は，ベイズの定理より次式で計算できる．

$$P(E_1 \mid A) = \frac{P(A \mid E_1)P(E_1)}{P(A \mid E_1)P(E_1) + P(A \mid E_2)P(E_2)} = \frac{0.08 \times 0.4}{0.08 \times 0.4 + 0.01 \times 0.6} = \frac{16}{19}$$

3. かぜをひいたときに病院へ行く場合を E_1，病院へ行かない場合を E_2 とし，翌々日にかぜが治るという事象を A とすると，題意より

$$P(E_1) = 0.75, \quad P(A \mid E_1) = 0.8, \quad P(E_2) = 1 - 0.75 = 0.25, \quad P(A \mid E_2) = 0.5$$

である．よって，翌々日にかぜが治ったという条件のもとでかぜをひいたときに病院に行った条件付確率 $P(E_1 \mid A)$ は，ベイズの定理より次式で計算できる．

$$P(E_1 \mid A) = \frac{P(A \mid E_1)P(E_1)}{P(A \mid E_1)P(E_1) + P(A \mid E_2)P(E_2)} = \frac{0.8 \times 0.75}{0.8 \times 0.75 + 0.5 \times 0.25} = \frac{24}{29}$$

4. 来客が同じ集落の人である場合を E_1，集落外の人である場合を E_2 とすると，題意より

$$P(E_1) = 0.8, \quad P(E_2) = 1 - 0.8 = 0.2$$

である．一方，ポチが来客に吠えるという事象を A とすると，題意より

$$P(A \mid E_1) = 0.15, \quad P(A \mid E_2) = 1 - 0.1 = 0.9$$

である．よって，ポチが来客に吠えたという条件のもとで来客が集落外の人である条件付確率 $P(E_2 \mid A)$ は，ベイズの定理より次式で計算できる．

$$P(E_2 \mid A) = \frac{P(A \mid E_2)P(E_2)}{P(A \mid E_1)P(E_1) + P(A \mid E_2)P(E_2)} = \frac{0.9 \times 0.2}{0.15 \times 0.8 + 0.9 \times 0.2} = \frac{3}{5}$$

5. 学生が問題を正しく解ける場合を E_1，解けない場合を E_2 とすると，題意より

$$P(E_1) = 0.7, \quad P(E_2) = 1 - 0.7 = 0.3$$

である．一方，この問題の解答が不正解になるという事象を A とすると，題意より

$$P(A \mid E_1) = 0.03, \quad P(A \mid E_2) = 1 - 0.2 = 0.8$$

である．よって，この問題の解答が不正解になったという条件のもとで実際に問題を解けなかった条件付確率 $P(E_2|A)$ は，ベイズの定理より次式で計算できる．

$$P(E_2 \mid A) = \frac{P(A|E_2)P(E_2)}{P(A|E_1)P(E_1) + P(A|E_2)P(E_2)} = \frac{0.8 \times 0.3}{0.03 \times 0.7 + 0.8 \times 0.3} = \frac{80}{87}.$$

6. C 市の送信所から 0 を送信する場合を E_0，1 を送信する場合を E_1 とし，D 市の受信所で 1 と受信する事象を A とおくと，題意より

$$P(E_0) = 0.4, \quad P(A \mid E_0) = 0.2, \quad P(E_1) = 0.6, \quad P(A \mid E_1) = 1 - 0.1 = 0.9$$

である．よって，1 と受信したという条件のもとで実際に 1 を送信している条件付確率 $P(E_1 \mid A)$ は，ベイズの定理より次式で計算できる．

$$P(E_1 \mid A) = \frac{P(A \mid E_1)P(E_1)}{P(A \mid E_0)P(E_0) + P(A \mid E_1)P(E_1)} = \frac{0.9 \times 0.6}{0.2 \times 0.4 + 0.9 \times 0.6} = \frac{27}{31}$$

7. 手元にある硬貨が，工場 1 で製造されたものである場合を E_1，工場 2 で製造されたものである場合を E_2 とする．2 つの工場で製造された硬貨が同数流通しているから，

$$P(E_1) = P(E_2) = \frac{1}{2}$$

である．一方，硬貨を投げて裏が出るという事象を A とすると，題意より

$$P(A \mid E_1) = 0.5, \quad P(A \mid E_2) = 1 - 0.4 = 0.6$$

である．よって，投げると裏が出たという条件のもとで，その硬貨が工場 2 で製造されたものである条件付確率 $P(E_2 \mid A)$ は，ベイズの定理より次式で計算できる．

$$P(E_2 \mid A) = \frac{P(A \mid E_2)P(E_2)}{P(A \mid E_1)P(E_1) + P(A \mid E_2)P(E_2)} = \frac{0.6 \times 0.5}{0.5 \times 0.5 + 0.6 \times 0.5} = \frac{6}{11}$$

8. 硬貨を投げて 2 回とも裏が出るという事象を B とすると，

$$P(B \mid E_1) = 0.5^2 = 0.25,$$
$$P(B \mid E_2) = (1 - 0.4)^2 = 0.36$$

である．よって，2 回とも裏が出たという条件のもとで，その硬貨が工場 2 で製造されたものである条件付確率 $P(E_2 \mid B)$ は，ベイズの定理より次式で計算できる．

$$P(E_2 \mid B) = \frac{P(B \mid E_2)P(E_2)}{P(B \mid E_1)P(E_1) + P(B \mid E_2)P(E_2)} = \frac{0.36 \times 0.5}{0.25 \times 0.5 + 0.36 \times 0.5} = \frac{36}{61}$$

9. 壺 1 から壺 2 に移した球が赤球である場合を E_1，白球である場合を E_2 とすると，題意より

$$P(E_1) = \frac{4}{6} = \frac{2}{3}, \quad P(E_2) = \frac{2}{6} = \frac{1}{3}$$

である．一方，壺 2 から取り出した球が白球であるという事象を A とすると，場合 E_1 では壺 2 に赤球 3 個と白球 4 個が，場合 E_2 では壺 2 に赤球 2 個と白球 5 個がはいっているから，

$$P(A \mid E_1) = \frac{4}{7}, \quad P(A \mid E_2) = \frac{5}{7}$$

である．よって，壺 2 から取り出した球が白球であるという条件のもとで，壺 1 から壺 2 に移した球が白球である条件付確率 $P(E_2 \mid A)$ は，ベイズの定理より次式で計算できる．

$$P(E_2 \mid A) = \frac{P(A \mid E_2)P(E_2)}{P(A \mid E_1)P(E_1) + P(A \mid E_2)P(E_2)} = \frac{\frac{5}{7} \times \frac{1}{3}}{\frac{4}{7} \times \frac{2}{3} + \frac{5}{7} \times \frac{1}{3}} = \frac{5}{13}$$

10. 締切に間に合う場合を E_1，間に合わない場合を E_2 とすると，題意より

$$P(E_1) = \frac{85}{100} = \frac{17}{20},$$
$$P(E_2) = 1 - P(E_1) = \frac{3}{20}$$

である．一方，「締切りに間に合います」と答える事象を A とすると，事象 A が起きることは，場合 E_1 では真実を答えたことになり，場合 E_2 ではうそを答えたことになるから，

$$P(A \mid E_1) = \frac{70}{100} = \frac{7}{10},$$
$$P(A \mid E_2) = 1 - \frac{70}{100} = \frac{3}{10}$$

となる．よって，「締切りに間に合います」と答えたという条件のもとで実際に間に合う条件付確率 $P(E_1 \mid A)$ は，ベイズの定理より次式で計算できる．

$$P(E_1 \mid A) = \frac{P(A \mid E_1)P(E_1)}{P(A \mid E_1)P(E_1) + P(A \mid E_2)P(E_2)} = \frac{\frac{7}{10} \times \frac{17}{20}}{\frac{7}{10} \times \frac{17}{20} + \frac{3}{10} \times \frac{3}{20}} = \frac{119}{128}$$

11. ある製品を機械 1 で作る場合を E_1，機械 2 で作る場合を E_2，機械 3 で作る場合を E_3 とし，不良品であるという事象を A とすると，題意より

$$P(E_1) = \frac{1}{5}, \quad P(A \mid E_1) = \frac{1}{50},$$
$$P(E_2) = \frac{3}{10}, \quad P(A \mid E_2) = \frac{1}{100},$$
$$P(E_3) = \frac{1}{2}, \quad P(A \mid E_3) = \frac{1}{200}$$

である．全確率の定理より

$$\begin{aligned} P(A) &= P(A \mid E_1)P(E_1) + P(A \mid E_2)P(E_2) \\ &\qquad + P(A \mid E_3)P(E_3) \\ &= \frac{1}{50} \times \frac{1}{5} + \frac{1}{100} \times \frac{3}{10} + \frac{1}{200} \times \frac{1}{2} \\ &= \frac{19}{2000} \end{aligned}$$

であるから，ある製品が不良品であるという条件のもとでその製品が機械 1 で作られたものである条件付確率 $P(E_1 \mid A)$ は，次式で計算できる．

$$P(E_1 \mid A) = \frac{P(A \mid E_1)P(E_1)}{P(A)} = \frac{\frac{1}{50} \times \frac{1}{5}}{\frac{19}{2000}} = \frac{8}{19}$$

12. 硬貨を 2 枚投げたとき，両方表である場合を E_1，表裏 1 枚ずつである場合を E_2，両方裏である場合を E_3 とし，袋から取り出された球が赤球であるという事象を A とすると，題意より

$$P(E_1) = \frac{1}{4}, \quad P(A \mid E_1) = \frac{3}{10},$$
$$P(E_2) = \frac{1}{2}, \quad P(A \mid E_2) = \frac{1}{2},$$
$$P(E_3) = \frac{1}{4}, \quad P(A \mid E_3) = \frac{7}{10}$$

である．全確率の定理より

$$\begin{aligned} P(A) &= P(A \mid E_1)P(E_1) + P(A \mid E_2)P(E_2) \\ &\qquad + P(A \mid E_3)P(E_3) \\ &= \frac{3}{10} \times \frac{1}{4} + \frac{1}{2} \times \frac{1}{2} + \frac{7}{10} \times \frac{1}{4} = \frac{1}{2} \end{aligned}$$

であるから，袋から取り出された球が赤球であるというという条件のもとで，2 枚の硬貨が両方とも裏である条件付確率 $P(E_3 \mid A)$ は，

$$P(E_3 \mid A) = \frac{P(A \mid E_3)P(E_3)}{P(A)} = \frac{\frac{7}{10} \times \frac{1}{4}}{\frac{1}{2}} = \frac{7}{20}$$

である．

第 6 章の演習問題

1. 賞金の額を X とすると，$X = 50$ 円になるのは 2, 4, 6 のいずれかの目が出た場合であり，$X = 100$ 円になるのは 1, 3, 5 のいずれかの目が出た場合である．確率関数を $p(x)$ とすると，X の分布は

$$p(50) = p(100) = \frac{1}{2},$$
$$p(x) = 0 \ \ (x \notin \{50, 100\})$$

であるから，X の期待値と分散は

$$\begin{aligned} E(X) &= 50 \times \frac{1}{2} + 100 \times \frac{1}{2} = 75 \text{ 円}, \\ V(X) &= (50 - 75)^2 \times \frac{1}{2} + (100 - 75)^2 \times \frac{1}{2} \\ &= 625 \end{aligned}$$

である．

2. ひいた札に書かれた値を X とすると，X のとり得る値の集合は $\{1, 2, 3, 4, 5, 6, 7, 8, 9, 10, 11, 12, 13\}$ である．対応する確率関数を $p(x)$ とすると，

$$p(i) = \frac{1}{13} \ \ (i = 1, 2, \ldots, 13)$$

であるから，X の期待値と分散は

$$\begin{aligned} E(X) &= 1 \times \frac{1}{13} + 2 \times \frac{1}{13} + \cdots + 13 \times \frac{1}{13} \\ &= \frac{13 \times (13 + 1)}{2} \times \frac{1}{13} = 7, \\ V(X) &= (1 - 7)^2 \times \frac{1}{13} + (2 - 7)^2 \times \frac{1}{13} \\ &\qquad + \cdots + (13 - 7)^2 \times \frac{1}{13} \\ &= 2 \times (1^2 + 2^2 + \cdots + 6^2) \times \frac{1}{13} \\ &= \frac{2 \times 6 \times (6 + 1) \times (2 \times 6 + 1)}{6 \times 13} = 14 \end{aligned}$$

である[3]．

3. 3 枚のカードの最小値を X とすると，X のとり得る値の集合は $\{1,2,3\}$ である．対応する確率関数を $p(x)$ とすると，$X=1$ になるのは 2,3,4,5 の 4 枚から残り 2 枚を取る場合だから，

$$p(1)=\frac{{}_4C_2}{{}_5C_3}=\frac{3}{5}$$

である．また，$X=2$ になるのは 3,4,5 の 3 枚から残り 2 枚を取る場合だから，

$$p(2)=\frac{{}_3C_2}{{}_5C_3}=\frac{3}{10}$$

である．さらに，$X=3$ になるのは 4,5 の 2 枚から残り 2 枚を取る場合だから，

$$p(3)=\frac{{}_2C_2}{{}_5C_3}=\frac{1}{10}$$

である．よって，X の期待値と分散は

$$\begin{aligned}E(X)&=1\times\frac{3}{5}+2\times\frac{3}{10}+3\times\frac{1}{10}=\frac{3}{2},\\ V(X)&=1^2\times\frac{3}{5}+2^2\times\frac{3}{10}+3^2\times\frac{1}{10}-\left(\frac{3}{2}\right)^2\\ &=\frac{27}{10}-\frac{9}{4}=\frac{9}{20}\end{aligned}$$

である．

4. 1 人の子供がもらえるアイスキャンデーの本数を X とすると，X のとり得る値の集合は $\{1,2,3\}$ である．対応する確率関数を $p(x)$ とすると，$X=1$ になるのは最初の 1 本が「はずれ」の場合だから，

$$p(1)=\frac{3}{4}$$

である．$X=2$ になるのは最初の 1 本が「あたり」，2 本目が「はずれ」の場合だから，

$$p(2)=\frac{1}{4}\times\frac{3}{4}=\frac{3}{16}$$

である．$X=3$ になるのは最初の 1 本が「あたり」で 2 本目も「あたり」の場合だから，

$$p(2)=\frac{1}{4}\times\frac{1}{4}=\frac{1}{16}$$

である．よって，X の期待値と分散は

$$\begin{aligned}E(X)&=1\times\frac{3}{4}+2\times\frac{3}{16}+3\times\frac{1}{16}=\frac{21}{16}\ \text{本},\\ V(X)&=1^2\times\frac{3}{4}+2^2\times\frac{3}{16}\\ &\qquad+3^2\times\frac{1}{16}-\left(\frac{21}{16}\right)^2\\ &=\frac{33\times16-21^2}{16^2}=\frac{87}{256}\end{aligned}$$

である．

5. もらえる点数を X とすると，X のとり得る値の集合は $\{8,4,2,1,0\}$ である．対応する確率関数を $p(x)$ とすると，$X=8$ になるのは 1 本目が命中する場合だから，

$$p(8)=\frac{1}{4}$$

である．$X=4$ になるのは 1 本目をはずして 2 本目が命中する場合だから，

$$p(4)=\frac{3}{4}\times\frac{1}{4}=\frac{3}{16}$$

である．$X=2$ になるのは 1,2 本目をはずして 3 本目が命中する場合だから，

$$p(2)=\left(\frac{3}{4}\right)^2\times\frac{1}{4}=\frac{9}{64}$$

である．$X=1$ になるのは 1,2,3 本目をはずして 4 本目が命中する場合だから，

$$p(1)=\left(\frac{3}{4}\right)^3\times\frac{1}{4}=\frac{27}{256}$$

である．$X=0$ になるのは 4 本ともはずした場合だから，

$$p(0)=\left(\frac{3}{4}\right)^4=\frac{81}{256}$$

である．よって，X の期待値と分散は

$$\begin{aligned}E(X)&=8\times\frac{1}{4}+4\times\frac{3}{16}+2\times\frac{9}{64}\\ &\qquad+1\times\frac{27}{256}+0\times\frac{81}{256}\\ &=\frac{803}{256}\ \text{回},\\ V(X)&=8^2\times\frac{1}{4}+4^2\times\frac{3}{16}+2^2\times\frac{9}{64}\\ &\qquad+1^2\times\frac{27}{256}+0^2\times\frac{81}{256}-\left(\frac{803}{256}\right)^2\\ &=\frac{5035\times256-803^2}{256^2}=\frac{644151}{65536}\end{aligned}$$

である．

[3] 数列の和の公式 $1+2+\cdots+n=\dfrac{n(n+1)}{2}$ および $1^2+2^2+\cdots+n^2=\dfrac{n(n+1)(2n+1)}{6}$ を用いている．

6. 取り出される白球の数を X とすると，X のとり得る値の集合は $\{0,1,2,3\}$ である．対応する確率関数を $p(x)$ とすると，$X=0$ になるのは 4 個の赤球から 3 個取り出す場合だから，

$$p(0)=\frac{{}_4C_3}{{}_{10}C_3}=\frac{4}{120}=\frac{1}{30}$$

である．$X=1$ になるのは 4 個の赤球から 2 個，6 個の白球から 1 個取り出す場合だから，

$$p(1)=\frac{{}_4C_2\times{}_6C_1}{{}_{10}C_3}=\frac{36}{120}=\frac{3}{10}$$

である．$X=2$ になるのは 4 個の赤球から 1 個，6 個の白球から 2 個取り出す場合だから，

$$p(2)=\frac{{}_4C_1\times{}_6C_2}{{}_{10}C_3}=\frac{60}{120}=\frac{1}{2}$$

である．$X=3$ になるのは 6 個の白球から 3 個取り出す場合だから，

$$p(3)=\frac{{}_6C_3}{{}_{10}C_3}=\frac{20}{120}=\frac{1}{6}$$

である．よって，X の期待値と分散は

$$\begin{aligned}E(X)&=0\times\frac{1}{30}+1\times\frac{3}{10}+2\times\frac{1}{2}+3\times\frac{1}{6}\\&=\frac{9}{5}\text{ 本},\\V(X)&=0^2\times\frac{1}{30}+1^2\times\frac{3}{10}+2^2\times\frac{1}{2}\\&\qquad+3^2\times\frac{1}{6}-\frac{9^2}{5^2}\\&=\frac{19\times5-9^2}{5^2}=\frac{14}{25}\end{aligned}$$

である．

7. 2 個のサイコロを a, b とし，a の目が 2, b の目が 5 のとき，試行の結果を「25」と表す．標本空間を Ω，出た目の差を X とすると，X は Ω 上の確率変数であり，とり得る値の集合は $\{0,1,2,3,4,5\}$ である．また，

$$\begin{aligned}E_0&=\{\omega\in\Omega\,|\,X(\omega)=0\}\\&=\{11,22,33,44,55,66\},\\E_1&=\{\omega\in\Omega\,|\,X(\omega)=1\}\\&=\{12,23,34,45,56,65,54,43,32,21\},\\E_2&=\{\omega\in\Omega\,|\,X(\omega)=2\}\\&=\{13,24,35,46,64,53,42,31\},\\E_3&=\{\omega\in\Omega\,|\,X(\omega)=3\}\\&=\{14,25,36,63,52,41\},\\E_4&=\{\omega\in\Omega\,|\,X(\omega)=4\}\\&=\{15,26,62,51\},\\E_5&=\{\omega\in\Omega\,|\,X(\omega)=5\}\\&=\{16,61\}\end{aligned}$$

であるから，確率関数を $p(x)$ とすると

$$\begin{aligned}&p(0)=\frac{6}{36}=\frac{1}{6},\quad p(1)=\frac{10}{36}=\frac{5}{18},\\&p(2)=\frac{8}{36}=\frac{2}{9},\quad p(3)=\frac{6}{36}=\frac{1}{6},\\&p(4)=\frac{4}{36}=\frac{1}{9},\quad p(5)=\frac{2}{36}=\frac{1}{18}\end{aligned}$$

を得る．よって，X の期待値と分散は

$$\begin{aligned}E(X)&=0\times\frac{1}{6}+1\times\frac{5}{18}+2\times\frac{2}{9}\\&\qquad+3\times\frac{1}{6}+4\times\frac{1}{9}+5\times\frac{1}{18}\\&=\frac{35}{18},\\V(X)&=0^2\times\frac{1}{6}+1^2\times\frac{5}{18}\\&\qquad+2^2\times\frac{2}{9}+3^2\times\frac{1}{6}\\&\qquad+4^2\times\frac{1}{9}+5^2\times\frac{1}{18}-\left(\frac{35}{18}\right)^2\\&=\frac{105\times18-35^2}{18^2}=\frac{665}{324}\end{aligned}$$

である．

8. 表が出る硬貨の合計金額 X のとり得る値の集合は $\{0,10,20,30,40,50,60,70,80,90\}$ である．対応する確率関数を $p(x)$ とすると，10 円玉がすべて裏なら $X=0$ または $X=50$ になるから，

$$p(0)=p(50)=\frac{1}{2}\times\left(\frac{1}{2}\right)^4=\frac{1}{32}$$

である．また，いずれか 1 枚の 10 円玉が表なら $X=10$ または $X=60$ になるから，

$$p(10)=p(60)=\frac{1}{2}\times\left(\frac{1}{2}\right)^4\times4=\frac{1}{8}$$

である．同様に，いずれか 2 枚の 10 円玉が表なら $X=20$ または $X=70$ になるから，

$$p(20)=p(70)=\frac{1}{2}\times\left(\frac{1}{2}\right)^4\times{}_4C_2=\frac{3}{16}$$

である．一方，いずれか 3 枚の 10 円玉が表なら $X=30$ または $X=80$ になるから，

$$p(30)=p(80)=\frac{1}{2}\times\left(\frac{1}{2}\right)^4\times4=\frac{1}{8}$$

である．最後に, 10 円玉がすべて表なら $X=40$ または $X=90$ になるから

$$p(40)=p(90)=\frac{1}{2}\times\left(\frac{1}{2}\right)^4=\frac{1}{32}$$

である．よって，X の期待値は

$$\begin{aligned}E(X)&=(0+40+50+90)\times\frac{1}{32}\\&\quad+(10+30+60+80)\times\frac{1}{8}\\&\quad+(20+70)\times\frac{3}{16}\\&=\frac{50+280+540+440+130}{32}=45\ \text{円}\end{aligned}$$

であり，分散は次式で計算できる．

$$\begin{aligned}V(X)&=(0^2+40^2+50^2+90^2)\times\frac{1}{32}\\&\quad+(10^2+30^2+60^2+80^2)\times\frac{1}{8}\\&\quad+(20^2+70^2)\times\frac{3}{16}-45^2\\&=\frac{88000}{32}-2025=725\end{aligned}$$

9. 1, 2 個目が赤球で 3 個目が白球であったとき, 試行の結果を「赤赤白」と表す．標本空間を Ω, 取り出した球の数を X とすると，X は Ω 上の確率変数であり, とり得る値の集合は $\{1,2,3,4,5\}$ である．また,

$$\begin{aligned}E_1&=\{\omega\in\Omega\,|\,X(\omega)=1\}=\{\text{ 白 }\},\\E_2&=\{\omega\in\Omega\,|\,X(\omega)=2\}=\{\text{ 赤白 }\},\\E_3&=\{\omega\in\Omega\,|\,X(\omega)=3\}=\{\text{ 赤赤白 }\},\\E_4&=\{\omega\in\Omega\,|\,X(\omega)=4\}=\{\text{ 赤赤赤白 }\},\\E_5&=\{\omega\in\Omega\,|\,X(\omega)=5\}=\{\text{ 赤赤赤赤白 }\}\end{aligned}$$

であるから，確率関数を $p(x)$ とすると

$$\begin{aligned}p(1)&=\frac{6}{10}=\frac{3}{5},\\p(2)&=\frac{4}{10}\times\frac{6}{9}=\frac{4}{15},\\p(3)&=\frac{4}{10}\times\frac{3}{9}\times\frac{6}{8}=\frac{1}{10},\\p(4)&=\frac{4}{10}\times\frac{3}{9}\times\frac{2}{8}\times\frac{6}{7}=\frac{1}{35},\\p(5)&=\frac{4}{10}\times\frac{3}{9}\times\frac{2}{8}\times\frac{1}{7}\times\frac{6}{6}=\frac{1}{210}\end{aligned}$$

を得る．よって，X の期待値と分散は

$$\begin{aligned}E(X)&=1\times\frac{3}{5}+2\times\frac{4}{15}+3\times\frac{1}{10}\\&\quad+4\times\frac{1}{35}+5\times\frac{1}{210}\\&=\frac{330}{210}=\frac{11}{7}\ \text{個},\\V(X)&=1^2\times\frac{3}{5}+2^2\times\frac{4}{15}+3^2\times\frac{1}{10}\\&\quad+4^2\times\frac{1}{35}+5^2\times\frac{1}{210}-\left(\frac{11}{7}\right)^2\\&=\frac{22\times7-11^2}{7^2}=\frac{33}{49}\end{aligned}$$

である．

10. 今日が晴，明日が雨，明後日が晴のとき，3 日間の天気変化を「晴雨晴」と表す．標本空間を Ω，3 日後の微生物の数を X とすると，X は Ω 上の確率変数であり，とり得る値の集合は $\{1,2,4,8\}$ である．また,

$$\begin{aligned}E_1&=\{\omega\in\Omega\,|\,X(\omega)=1\}\\&=\{\text{ 晴晴晴 }\},\\E_2&=\{\omega\in\Omega\,|\,X(\omega)=2\}\\&=\{\text{ 雨晴晴，晴雨晴，晴晴雨 }\},\\E_4&=\{\omega\in\Omega\,|\,X(\omega)=4\}\\&=\{\text{ 雨雨晴，雨晴雨，晴雨雨 }\},\\E_8&=\{\omega\in\Omega\,|\,X(\omega)=8\}\\&=\{\text{ 雨雨雨 }\}\end{aligned}$$

であるから，確率関数を $p(x)$ とすると

$$\begin{aligned}p(1)&=\left(\frac{2}{3}\right)^3=\frac{8}{27},\\p(2)&=\left(\frac{2}{3}\right)^2\times\frac{1}{3}\times3=\frac{4}{9},\\p(4)&=\frac{2}{3}\times\left(\frac{1}{3}\right)^2\times3=\frac{2}{9},\\p(8)&=\left(\frac{1}{3}\right)^3=\frac{1}{27}\end{aligned}$$

を得る．よって，X の期待値と分散は

$$\begin{aligned}E(X)&=1\times\frac{8}{27}+2\times\frac{4}{9}+4\times\frac{2}{9}+8\times\frac{1}{27}\\&=\frac{64}{27}\ \text{匹},\\V(X)&=1^2\times\frac{8}{27}+2^2\times\frac{4}{9}+4^2\times\frac{2}{9}\\&\quad+8^2\times\frac{1}{27}-\left(\frac{64}{27}\right)^2\\&=8-\left(\frac{64}{27}\right)^2=\frac{1736}{729}\end{aligned}$$

である．

11. ひきだしが開くまでの試行回数を X とすると，X のとり得る値の集合は $\{1,2,3,4,5\}$ である．対応する確率関数を $p(x)$ とすると，$X=1$ になるのは最初の 1 本があう場合だから，

$$p(1)=\frac{1}{5}$$

である．$X=2$ になるのは，最初の 1 本はあわず 2 本目があう場合だから，

$$p(2)=\frac{4}{5}\times\frac{1}{4}=\frac{1}{5}$$

である．$X=3$ になるのは，最初の 2 本はあわず 3 本目があう場合だから，

$$p(3)=\frac{4}{5}\times\frac{3}{4}\times\frac{1}{3}=\frac{1}{5}$$

である．$X=4$ になるのは，最初の 3 本はあわず 4 本目があう場合だから，

$$p(4)=\frac{4}{5}\times\frac{3}{4}\times\frac{2}{3}\times\frac{1}{2}=\frac{1}{5}$$

である．$X=5$ になるのは，最初の 4 本はあわず 5 本目があう場合だから，

$$p(5)=\frac{4}{5}\times\frac{3}{4}\times\frac{2}{3}\times\frac{1}{2}\times\frac{1}{1}=\frac{1}{5}$$

である．よって，X の期待値と分散は

$$E(X)=(1+2+3+4+5)\times\frac{1}{5}=3\text{ 回},$$
$$V(X)=(2^2+1^2+0^2+1^2+2^2)\times\frac{1}{5}=2$$

である．

12. ひきだしが開くまでの試行回数を X とすると，X のとり得る値の集合は $\{1,2,3,\ldots\}$ である．対応する確率関数を $p(x)$ とすると，$X=1$ になるのは最初の 1 本があう場合だから，

$$p(1)=\frac{1}{5}$$

である．$X=2$ になるのは，最初の 1 本はあわず 2 本目があう場合だから，

$$p(2)=\frac{4}{5}\times\frac{1}{5}=\frac{4}{5^2}$$

である．$X=3$ になるのは，最初の 2 本はあわず 3 本目があう場合だから，

$$p(3)=\left(\frac{4}{5}\right)^2\times\frac{1}{5}=\frac{4^2}{5^3}$$

である．一般に $X=n$ になるのは，最初の $n-1$ 本はあわず n 本目があう場合だから，

$$p(n)=\left(\frac{4}{5}\right)^{n-1}\times\frac{1}{5}=\frac{4^{n-1}}{5^n}$$

である．よって，X の期待値は

$$E(X)=1\times\frac{1}{5}+2\times\frac{4}{5^2}+3\times\frac{4^2}{5^3}+\cdots+n\times\frac{4^{n-1}}{5^n}+\cdots$$

であるが，

$$\frac{4}{5}E(X)=1\times\frac{4}{5^2}+2\times\frac{4^2}{5^3}+3\times\frac{4^3}{5^4}+\cdots+n\times\frac{4^n}{5^{n+1}}+\cdots$$

であることに注意すると，

$$\left(1-\frac{4}{5}\right)E(X)=\frac{1}{5}\left(1+\frac{4}{5}+\frac{4^2}{5^2}+\cdots\right)$$

より

$$E(X)=1+\frac{4}{5}+\frac{4^2}{5^2}+\cdots=\frac{1}{1-\dfrac{4}{5}}=5\text{ 回}$$

を得る．また，X^2 の期待値は

$$E(X^2)=1^2\times\frac{1}{5}+2^2\times\frac{4}{5^2}+3^2\times\frac{4^2}{5^3}+\cdots+n^2\times\frac{4^{n-1}}{5^n}+\cdots$$

であるが，

$$\frac{4}{5}E(X^2)=1^2\times\frac{4}{5^2}+2^2\times\frac{4^2}{5^3}+3^2\times\frac{4^3}{5^4}+\cdots+n^2\times\frac{4^n}{5^{n+1}}+\cdots$$

であることに注意すると，

$$\left(1-\frac{4}{5}\right)E(X^2)=\frac{1}{5}\left(1+3\times\frac{4}{5}+5\times\frac{4^2}{5^2}+\cdots\right)$$

より

$$E(X^2)=1+3\times\frac{4}{5}+5\times\frac{4^2}{5^2}+\cdots$$

を得る．そのとき，

$$\frac{4}{5}E(X^2)=1\times\frac{4}{5}+3\times\frac{4^2}{5^2}+5\times\frac{4^3}{5^3}+\cdots$$

であることに注意すると，

$$\left(1-\frac{4}{5}\right)E(X^2)=1+2\left(\frac{4}{5}+\frac{4^2}{5^2}+\cdots\right)$$

より

$$\begin{aligned}\frac{1}{5}E(X^2) &= -1+2\left(1+\frac{4}{5}+\frac{4^2}{5^2}+\cdots\right)\\ &= -1+\frac{2}{1-\frac{4}{5}}=9\end{aligned}$$

であるから $E(X^2)=45$ であることがわかる．よって，X の分散は次式で計算できる．

$$V(X)=E(X^2)-E(X)^2=45-5^2=20$$

第 7 章の演習問題

1. 選ばれた男性の数を X とすると，X は確率変数であり，とり得る値の集合は $\{0,1,2,3,4\}$ である．市民を 1 人選んだときにそれが男性である確率は 1/2 だから，男性が 2 人（すなわち，男女が 2 人ずつ）選ばれる確率は

$$\begin{aligned}B_{4,\frac{1}{2}}(2) &= {}_4C_2\left(\frac{1}{2}\right)^2\left(1-\frac{1}{2}\right)^{4-2}\\ &= \frac{4\times 3}{2\times 1\times 2^4}=\frac{3}{8}\end{aligned}$$

である．

2. 2 人でジャンケンを 8 回して勝つ回数を X とすると，X は確率変数であり，とり得る値の集合は $\{0,1,2,3,4,5,6,7,8\}$ である．ジャンケンを 1 回して勝つ確率は 1/3 だから，5 勝する確率は

$$\begin{aligned}B_{8,\frac{1}{3}}(5) &= {}_8C_5\left(\frac{1}{3}\right)^5\left(1-\frac{1}{3}\right)^{8-5}\\ &= {}_8C_3\times\frac{1}{3^5}\times\frac{2^3}{3^3}\\ &= \frac{8\times 7\times 6\times 2^3}{3\times 2\times 1\times 3^8}=\frac{448}{6561}\end{aligned}$$

である．

3. 抽出した 6 個の製品に含まれる不良品の個数を X とすると，X は確率変数であり，とり得る値の集合は $\{0,1,2,3,4,5,6\}$ である．ある製品が不良品である確率は $0.05=1/20$ だから，実際に不良品が 1 個である確率は

$$\begin{aligned}B_{6,\frac{1}{20}}(1) &= {}_6C_1\left(\frac{1}{20}\right)^1\left(1-\frac{1}{20}\right)^{6-1}\\ &= \frac{6\times 19^5}{20^6}\\ &= \frac{7428297}{32000000}\approx 0.232\end{aligned}$$

である．

4. Y さん一家の 4 人の中でカゼをひく人の数を X とすると，X は確率変数であり，とり得る値の集合は $\{0,1,2,3,4\}$ である．また，4 人に 1 人がカゼをひいているから，1 人がカゼをひく確率は 1/4 である．そのとき，$X=0$ になる確率は

$$\begin{aligned}B_{4,\frac{1}{4}}(0) &= {}_4C_0\left(\frac{1}{4}\right)^0\left(1-\frac{1}{4}\right)^{4-0}\\ &= \frac{3^4}{4^4}=\frac{81}{256}\end{aligned}$$

である．また，$X=1$ になる確率は

$$\begin{aligned}B_{4,\frac{1}{4}}(1) &= {}_4C_1\left(\frac{1}{4}\right)^1\left(1-\frac{1}{4}\right)^{4-1}\\ &= \frac{4\times 3^3}{4^4}=\frac{27}{64}\end{aligned}$$

である．よって，$X\geqq 2$ になる確率は

$$1-\frac{81}{256}-\frac{27}{64}=\frac{256-81-108}{256}=\frac{67}{256}$$

である．

5. 抽出した 5 人のうち O 型の人の数を X 人とすると，X は確率変数であり，とり得る値の集合は $\{0,1,2,3,4,5\}$ である．ある人が O 型である確率は $0.3=3/10$ だから，$X=3$ になる確率は

$$\begin{aligned}B_{5,\frac{3}{10}}(3) &= {}_5C_3\left(\frac{3}{10}\right)^3\left(1-\frac{3}{10}\right)^{5-3}\\ &= \frac{10\times 27\times 49}{100000}=\frac{1323}{10000}\end{aligned}$$

である．また，$X=4$ になる確率は

$$\begin{aligned}B_{5,\frac{3}{10}}(4) &= {}_5C_4\left(\frac{3}{10}\right)^4\left(1-\frac{3}{10}\right)^{5-4}\\ &= \frac{5\times 81\times 7}{100000}=\frac{567}{20000}\end{aligned}$$

である．さらに，$X=5$ になる確率は

$$\begin{aligned}B_{5,\frac{3}{10}}(5) &= {}_5C_5\left(\frac{3}{10}\right)^5\left(1-\frac{3}{10}\right)^{5-5}\\ &= \frac{243}{100000}\end{aligned}$$

である．よって，$X \geqq 3$ になる確率は

$$\frac{1323}{10000} + \frac{567}{20000} + \frac{243}{100000} = \frac{16308}{100000}$$

である．

6. 5 日間のうち値下がりした日数を X とすると，X は確率変数であり，とり得る値の集合は $\{0, 1, 2, 3, 4, 5\}$ である．5 日間の株価変動の合計は

$$-100X + 100(5 - X) = 500 - 200X$$

であるから, 100 円値下がりしたとすれば, $X = 3$ である．一方，ある日に 100 円値下がりする確率は $0.6 = 3/5$ だから，求める確率は

$$B_{5,\frac{3}{5}}(3) = {}_5C_3 \left(\frac{3}{5}\right)^3 \left(1 - \frac{3}{5}\right)^{5-3} = \frac{216}{625}$$

である．

7. 2017 年 3 月で退学になるのは，2015 年 3 月と 2016 年 3 月の進級試験のいずれか一方で不合格になり，2017 年 3 月の進級試験も不合格になった学生である．各進級試験で不合格になる確率は $1 - 0.75 = 1/4$ だから，求める学生数は

$$\begin{aligned} &256 \times B_{2,\frac{1}{4}}(1) \times \frac{1}{4} \\ &= 256 \times {}_2C_1 \left(\frac{1}{4}\right)^1 \left(1 - \frac{1}{4}\right)^{2-1} \times \frac{1}{4} \\ &= 24 \text{ 人} \end{aligned}$$

である．

8. 5 回の試行のうち 3 の倍数の目が出た回数を X とすると，X は確率変数であり，とり得る値の集合は $\{0, 1, 2, 3, 4, 5\}$ である．また，スタート地点より進んだ歩数は

$$3X - 2(5 - X) = 5X - 10$$

であるから，スタート地点より前にいるためには $X > 2$ でなければならない．サイコロを 1 回投げて 3 の倍数の目が出る確率は $p = 1/3$ だから，$X = 3$ になる確率は

$$\begin{aligned} B_{5,\frac{1}{3}}(3) &= {}_5C_3 \left(\frac{1}{3}\right)^3 \left(1 - \frac{1}{3}\right)^{5-3} \\ &= \frac{40}{243} \end{aligned}$$

である．また，$X = 4$ となる確率は

$$\begin{aligned} B_{5,\frac{1}{3}}(4) &= {}_5C_4 \left(\frac{1}{3}\right)^4 \left(1 - \frac{1}{3}\right)^{5-4} \\ &= \frac{10}{243} \end{aligned}$$

である．さらに，$X = 5$ となる確率は

$$\begin{aligned} B_{5,\frac{1}{3}}(5) &= {}_5C_5 \left(\frac{1}{3}\right)^5 \left(1 - \frac{1}{3}\right)^{5-5} \\ &= \frac{1}{243} \end{aligned}$$

である．よって，$X > 2$ となる確率は

$$\frac{40}{243} + \frac{10}{243} + \frac{1}{243} = \frac{17}{81}$$

である．

9. 表が 3 回出て終了する場合を順次書き下して比較する．まず，3 回投げて 3 回とも表が出る確率は

$$B_{3,\frac{1}{2}}(3) = {}_3C_3 \left(\frac{1}{2}\right)^3 \left(1 - \frac{1}{2}\right)^{3-3} = \frac{1}{8}$$

である．3 回投げて表が 2 回出て，4 回目が表になる確率は

$$B_{3,\frac{1}{2}}(2) \times \frac{1}{2} = {}_3C_2 \left(\frac{1}{2}\right)^2 \left(1 - \frac{1}{2}\right)^{3-2} \times \frac{1}{2} = \frac{3}{16}$$

である．4 回投げて表が 2 回出て，5 回目が表になる確率は

$$B_{4,\frac{1}{2}}(2) \times \frac{1}{2} = {}_4C_2 \left(\frac{1}{2}\right)^2 \left(1 - \frac{1}{2}\right)^{4-2} \times \frac{1}{2} = \frac{3}{16}$$

である．5 回投げて表が 2 回出て，6 回目が表になる確率は

$$B_{5,\frac{1}{2}}(2) \times \frac{1}{2} = {}_5C_2 \left(\frac{1}{2}\right)^2 \left(1 - \frac{1}{2}\right)^{5-2} \times \frac{1}{2} = \frac{5}{32}$$

である．6 回投げて表が 2 回出て，7 回目が表になる確率は

$$B_{6,\frac{1}{2}}(2) \times \frac{1}{2} = {}_6C_2 \left(\frac{1}{2}\right)^2 \left(1 - \frac{1}{2}\right)^{6-2} \times \frac{1}{2} = \frac{15}{128}$$

である．7 回投げて表が 2 回出て，8 回目が表になる確率は

$$B_{7,\frac{1}{2}}(2) \times \frac{1}{2} = {}_7C_2 \left(\frac{1}{2}\right)^2 \left(1 - \frac{1}{2}\right)^{7-2} \times \frac{1}{2} = \frac{21}{256}$$

である．以上の計算より, 9 回以上投げる確率は

$$1 - \frac{1}{8} - \frac{3}{16} - \frac{3}{16} - \frac{5}{32} - \frac{15}{128} - \frac{21}{256} = \frac{37}{256}$$

である．結局，4 回または 5 回投げなければならない場合が確率 3/16 で最も大きい．

10. 優勝が決まるまでの試合数を X とすると，X は $3, 4, 5$ のいずれかの値をとる確率変数である．$X = 3$ になるのは，いずれかが 3 連勝する場合である．A が 3 連勝する確率は

$$ {}_3C_3 \left(\frac{2}{3}\right)^3 \left(1 - \frac{2}{3}\right)^{3-3} = \frac{8}{27} $$

であり，B が 3 連勝する確率は

$$ {}_3C_0 \left(\frac{2}{3}\right)^0 \left(1 - \frac{2}{3}\right)^{3-0} = \frac{1}{27} $$

である．よって，$X = 3$ になる確率 $p(3)$ は

$$ p(3) = \frac{8}{27} + \frac{1}{27} = \frac{1}{3} $$

である．$X = 4$ になるのは，2 勝 1 敗の人が 4 試合目に勝つ場合である．A が 2 勝 1 敗のあとの 4 試合目に勝つ確率は

$$ B_{3,\frac{2}{3}}(2) \times \frac{2}{3} = {}_3C_2 \left(\frac{2}{3}\right)^2 \left(1 - \frac{2}{3}\right)^{3-2} \times \frac{2}{3} = \frac{8}{27} $$

であり，B が 2 勝 1 敗のあとの 4 試合目に勝つ確率は

$$ B_{3,\frac{2}{3}}(1) \times \frac{1}{3} = {}_3C_1 \left(\frac{2}{3}\right)^1 \left(1 - \frac{2}{3}\right)^{3-1} \times \frac{1}{3} = \frac{2}{27} $$

である．よって，$X = 4$ になる確率 $p(4)$ は

$$ p(4) = \frac{8}{27} + \frac{2}{27} = \frac{10}{27} $$

である．$X = 5$ になるのは上記以外の場合だから，その確率 $p(5)$ は

$$ p(5) = 1 - \frac{1}{3} - \frac{10}{27} = \frac{8}{27} $$

である．よって，X の期待値と分散は

$$ \begin{aligned} E(X) &= 3 \times \frac{1}{3} + 4 \times \frac{10}{27} + 5 \times \frac{8}{27} = \frac{107}{27}, \\ E(X^2) &= 3^2 \times \frac{1}{3} + 4^2 \times \frac{10}{27} + 5^2 \times \frac{8}{27} = \frac{49}{3}, \\ V(X) &= E(X^2) - E(X)^2 = \frac{49}{3} - \left(\frac{107}{27}\right)^2 \\ &= \frac{11907 - 11449}{27^2} = \frac{458}{729} \end{aligned} $$

である．

11. 6 回の試行のうち 1 の目が出る回数を X とすると，X は確率変数であり，とり得る値の集合は $\{0, 1, 2, 3, 4, 5, 6\}$ である．サイコロを 1 回投げて 1 の目が出る確率は $1/6$ だから，X に対応する確率関数は $B_{6,1/6}(x)$ であり，その関数値はつぎのように計算できる．

$$ \begin{aligned} B_{6,\frac{1}{6}}(0) &= {}_6C_0 \left(\frac{1}{6}\right)^0 \left(1 - \frac{1}{6}\right)^{6-0} \\ &= \frac{1 \times 5^6}{6^6} = \frac{15625}{6^6}, \\ B_{6,\frac{1}{6}}(1) &= {}_6C_1 \left(\frac{1}{6}\right)^1 \left(1 - \frac{1}{6}\right)^{6-1} \\ &= \frac{6 \times 5^5}{6^6} = \frac{18750}{6^6}, \\ B_{6,\frac{1}{6}}(2) &= {}_6C_2 \left(\frac{1}{6}\right)^2 \left(1 - \frac{1}{6}\right)^{6-2} \\ &= \frac{15 \times 5^4}{6^6} = \frac{9375}{6^6}, \\ B_{6,\frac{1}{6}}(3) &= {}_6C_3 \left(\frac{1}{6}\right)^3 \left(1 - \frac{1}{6}\right)^{6-3} \\ &= \frac{20 \times 5^3}{6^6} = \frac{2500}{6^6}, \\ B_{6,\frac{1}{6}}(4) &= {}_6C_4 \left(\frac{1}{6}\right)^4 \left(1 - \frac{1}{6}\right)^{6-4} \\ &= \frac{15 \times 5^2}{6^6} = \frac{375}{6^6}, \\ B_{6,\frac{1}{6}}(5) &= {}_6C_5 \left(\frac{1}{6}\right)^5 \left(1 - \frac{1}{6}\right)^{6-5} \\ &= \frac{6 \times 5^1}{6^6} = \frac{30}{6^6}, \\ B_{6,\frac{1}{6}}(6) &= {}_6C_6 \left(\frac{1}{6}\right)^6 \left(1 - \frac{1}{6}\right)^{6-6} \\ &= \frac{1 \times 5^0}{6^6} = \frac{1}{6^6} \end{aligned} $$

よって，1 の目が 1 回出る確率が最も大きい．

12. かけ終了後の手持ち金を X とすると，X は確率変数である．

(a) 1000 円を 1 度に全部かけて負けると $X = 0$ になるが，その確率は

$$ p(0) = \frac{1}{2} $$

である．一方，1 度きりのかけに勝つと $X = 2000$ になるが，その確率は

$$ p(2000) = \frac{1}{2} $$

である．よって，X の期待値と分散は

$$E(X) = 0 \times \frac{1}{2} + 2000 \times \frac{1}{2} = 1000 \text{ 円},$$
$$V(X) = 0^2 \times \frac{1}{2} + 2000^2 \times \frac{1}{2} - 1000^2$$
$$= 1000000$$

である．

(b) 1000 円を 500 円ずつ 2 回に分けてかける場合，2 回のかけで 2 連敗すると $X = 0$ になるが，その確率は

$$p(0) = {}_2C_0 \left(\frac{1}{2}\right)^0 \left(1 - \frac{1}{2}\right)^2 = \frac{1}{4}$$

である．また，2 回のかけで 1 勝 1 敗の場合は $X = 1000$ になるが，その確率は

$$p(1000) = {}_2C_1 \left(\frac{1}{2}\right)^1 \left(1 - \frac{1}{2}\right)^1 = \frac{1}{2}$$

である．さらに，2 回のかけで 2 連勝すると $X = 2000$ になるが，その確率は

$$p(2000) = {}_2C_2 \left(\frac{1}{2}\right)^2 \left(1 - \frac{1}{2}\right)^0 = \frac{1}{4}$$

である．よって，X の期待値と分散は

$$E(X) = 0 \times \frac{1}{4} + 1000 \times \frac{1}{2} + 2000 \times \frac{1}{4}$$
$$= 1000 \text{ 円},$$

$$V(X) = 0^2 \times \frac{1}{4} + 1000^2 \times \frac{1}{2}$$
$$+ 2000^2 \times \frac{1}{4} - 1000^2$$
$$= 500000$$

である．

(c) 1000 円を 250 円ずつ 4 回に分けてかける場合，4 回のかけで 4 連敗すると $X = 0$ になるが，その確率は

$$p(0) = {}_4C_0 \left(\frac{1}{2}\right)^0 \left(1 - \frac{1}{2}\right)^4 = \frac{1}{16}$$

である．また，4 回のかけで 1 勝 3 敗の場合は $X = 500$ となるが，その確率は

$$p(500) = {}_4C_1 \left(\frac{1}{2}\right)^1 \left(1 - \frac{1}{2}\right)^3 = \frac{1}{4}$$

である．一方，4 回のかけで 2 勝 2 敗の場合は $X = 1000$ になるが，その確率は

$$p(1000) = {}_4C_2 \left(\frac{1}{2}\right)^2 \left(1 - \frac{1}{2}\right)^2 = \frac{3}{8}$$

である．また，4 回のかけで 3 勝 1 敗の場合は $X = 1500$ になるが，その確率は

$$p(1500) = {}_4C_3 \left(\frac{1}{2}\right)^3 \left(1 - \frac{1}{2}\right)^1 = \frac{1}{4}$$

である．最後に，4 回のかけで 4 連勝すると $X = 2000$ になるが，その確率は

$$p(2000) = {}_4C_4 \left(\frac{1}{2}\right)^4 \left(1 - \frac{1}{2}\right)^0 = \frac{1}{16}$$

である．よって，X の期待値と分散は

$$E(X) = 0 \times \frac{1}{16} + 500 \times \frac{1}{4} + 1000 \times \frac{3}{8}$$
$$+1500 \times \frac{1}{4} + 2000 \times \frac{1}{16}$$
$$= 1000 \text{ 円},$$
$$V(X) = 0^2 \times \frac{1}{16} + 500^2 \times \frac{1}{4}$$
$$+1000^2 \times \frac{3}{8} + 1500^2 \times \frac{1}{4}$$
$$+2000^2 \times \frac{1}{16} - 1000^2$$
$$= 250000$$

である．

いずれの場合も X の最大値，最小値，期待値は同じであるが，分散が異なる．実際，1000 円を 1 度に全部かけたときの分散は 1000000 で最大になり，手持ち金が 0 円になる確率が 1/2 もあってリスクが大きい．一方，1000 円を 4 回に分けてかけたときの分散は 250000 で最小になり，手持ち金が 0 円になる確率は 1/16 にとどまりリスクが小さい．このように，分散はリスクを評価する指標の 1 つになる．

第 8 章の演習問題

1. 変換式を

$$Y = aX + b \quad (a > 0)$$

とすると，

$$V(Y) = a^2 V(X)$$

より

$$10^2 = a^2 \times 12^2$$

であるから，$a = 5/6$ である．また，

$$E(Y) = aE(X) + b$$

より

$$b = 75 - \frac{5}{6} \times 66 = 20$$

であるから，求める変換式は

$$Y = \frac{5}{6}X + 20$$

である．

2. A さんの標準得点は

$$\frac{720 - 629}{65} = 1.4$$

であり，B さんの標準得点は

$$\frac{710 - 602}{72} = 1.5$$

である．よって，B さんの方がよい成績である．

3. X は標準正規分布にしたがう確率変数だから，正規分布表を用いて求めればよい．

(a) 正規分布表より，$X \geqq 1.75$ になる確率は約 0.04 だから，$|X| \leqq 1.75$ になる確率は $1 - 0.04 \times 2 = 0.92$ である．

(b) 正規分布表より，$X \geqq 1.18$ になる確率は約 0.119 だから，$X \leqq -1.18$ になる確率も約 0.119 である．よって，$X \geqq -1.18$ になる確率は $1 - 0.119 = 0.881$ である．

(c) $X^2 + Y^2$ は自由度 2 の χ^2 分布にしたがう．χ^2 分布表より，$X^2 + Y^2 \geqq 5.9915$ になる確率は 0.05 である．よって，$X^2 + Y^2 \leqq 6$ になる確率は約 0.95 である．

4. X を標準化した確率変数を Z とすると

$$Z = \frac{X - 5}{2}$$

であり，Z は標準正規分布に従う．また，

$$X^2 - 3X = X(X - 3) > 0$$

より，$X < 0$ または $X > 3$ であればよいが，これは，確率変数 Z の区間

$$Z < -2.5, \quad Z > -1$$

に対応する．正規分布の対称性より，$Z < -2.5$ になる確率と $Z > 2.5$ になる確率は等しく，$Z \leqq -1$ になる確率と $Z \geqq 1$ になる確率も等しい．正規分布表より，$Z > 2.5$ になる確率は 0.00621 であり，$Z \geqq 1$ になる確率は 0.15866 である．よって求める確率は，

$$0.00621 + (1 - 0.15866) = 0.84755$$

である．

5. このテストの素点を X，標準得点を Z とすると，

$$Z = \frac{X - 75}{10}$$

だから，素点が 85 点なら，標準得点は 1 点である．正規分布表より，Z が 1 以上になる確率は 0.15866 だから，順位はおよそ 1587 番目である．

6. 「あたり」と表示されているアイスキャンデーの数を X とするとき，X は二項分布 $B_{100,0.1}$ に従う確率変数であり，その特性値は

$$E(X) = 100 \times 0.1 = 10,$$
$$V(X) = 100 \times 0.1 \times (1 - 0.1) = 9$$

である．よって，確率変数 X は式

$$Z = \frac{X - 10}{3}$$

により標準化でき，Z は近似的に標準正規分布に従うと考えられる．連続修正を行って $X \geqq 14.5$ になる確率を求めることにすると，標準正規分布において $Z \geqq 1.5$ になる確率を求めればよい．正規分布表より，その確率は 0.06681 である．

7. 表が出る回数を X とすると，X は二項分布 $B_{1000,1/2}$ に従う確率変数であり，その特性値は

$$E(X) = 10000 \times \frac{1}{2} = 5000,$$
$$V(X) = 10000 \times \frac{1}{2} \times \left(1 - \frac{1}{2}\right) = 2500$$

である．よって，確率変数 X は式

$$Z = \frac{X - 5000}{50}$$

により標準化でき，硬貨を投げた回数は十分多いから，Z は近似的に標準正規分布に従うと考えられる．X の区間 $4900 \leqq X \leqq 5100$ は，Z の区間 $-2 \leqq Z \leqq 2$ に変換されるが，正規分布表より $Z \geqq 2$ になる確率は 0.02275 だから，求める確率は

$$1 - 2 \times 0.02275 = 1 - 0.0455 = 0.9545$$

である．

8. X は二項分布 $B_{n,1/6}(x)$ に従う確率変数であり，その特性値は

$$E(X) = \frac{n}{6}, \quad V(X) = \frac{5n}{36}$$

である．よって，確率変数 X は式

$$Z = \frac{X - \frac{n}{6}}{\frac{\sqrt{5n}}{6}} = \frac{6\sqrt{5n}}{5}\left(\frac{X}{n} - \frac{1}{6}\right)$$

により標準化でき，n が十分大きければ Z は近似的に標準正規分布に従うと考えられる．また，

$$\frac{X}{n} - \frac{1}{6} = \frac{5Z}{6\sqrt{5n}}$$

であるから，

$$\frac{X}{n} < \frac{1}{6} - 0.01 \Leftrightarrow \frac{X}{n} - \frac{1}{6} < -0.01$$
$$\Leftrightarrow \frac{5Z}{6\sqrt{5n}} < -0.01$$
$$\Leftrightarrow Z < -\frac{6\sqrt{5n}}{500}$$

および

$$\frac{X}{n} > \frac{1}{6} + 0.01 \Leftrightarrow \frac{X}{n} - \frac{1}{6} > 0.01$$
$$\Leftrightarrow \frac{5Z}{6\sqrt{5n}} > 0.01$$
$$\Leftrightarrow Z > \frac{6\sqrt{5n}}{500}$$

を得る．よって，

$$Z < -\frac{6\sqrt{5n}}{500} \quad \text{または} \quad Z > \frac{6\sqrt{5n}}{500}$$

になる確率が 0.01 未満になる n の範囲を求めればよい．標準正規分布の対称性より，$Z < -6\sqrt{5n}/500$ になる確率と $Z > 6\sqrt{5n}/500$ になる確率は等しいから，$Z > 6\sqrt{5n}/500$ になる確率が 0.005 未満になる n の範囲を求めればよい．正規分布表より，

$Z > 2.57$ になる確率は 0.00508,
$Z > 2.58$ になる確率は 0.00494

だから，$Z > 2.576$ になる確率は約 0.005 であると考えられる．結局，

$$\frac{6\sqrt{5n}}{500} > 2.576$$

であればよいから，

$$n > \frac{1}{5}\left(\frac{2.576 \times 500}{6}\right)^2 \approx 9216$$

を得る．よって，おおむね 9300 回以上投げればよいことがわかる．

第 9 章の演習問題

1. (a) 男女を区別するための記号であるから，名義尺度である．

(b) 時刻は 1 日を 24 等分したものであるから．間隔尺度である．

(c) 時間は長さを測る数であるから，比例尺度である．

(d) 値が大きいほどわかりやすいことを表しているから，順序尺度である．

(e) 金額は財産の大きさを測る数であるから，比例尺度である．

2. (a) データの総数は 20 であり，$\log_2 20+1 \approx 5.3$ である．最小値は 9，最大値は 91 だから，階級幅 20 で 5 階級とする．

階級	階級値	度数	相対度数
0 以上 20 未満	10	2	0.10
20 以上 40 未満	30	4	0.20
40 以上 60 未満	50	6	0.30
60 以上 80 未満	70	5	0.25
80 以上 100 未満	90	3	0.15

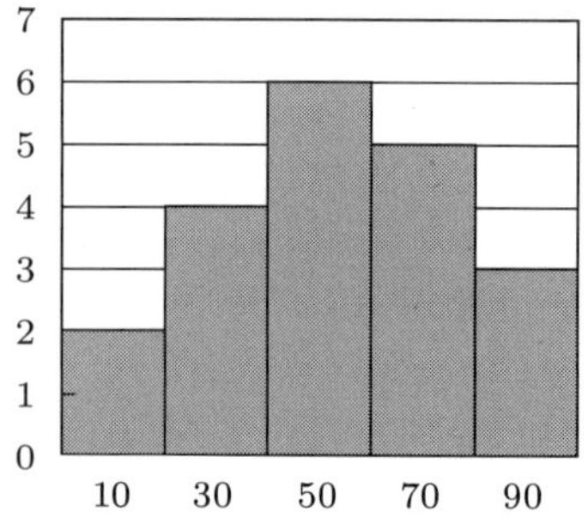

(b) データの総数は 20 であり，$\log_2 20+1 \approx 5.3$ である．最小値は 24，最大値は 77 だから，階級幅 10 で 6 階級とする．

階級	階級値	度数	相対度数
20 以上 30 未満	25	2	0.10
30 以上 40 未満	35	3	0.15
40 以上 50 未満	45	4	0.20
50 以上 60 未満	55	5	0.25
60 以上 70 未満	65	3	0.15
70 以上 80 未満	75	3	0.15

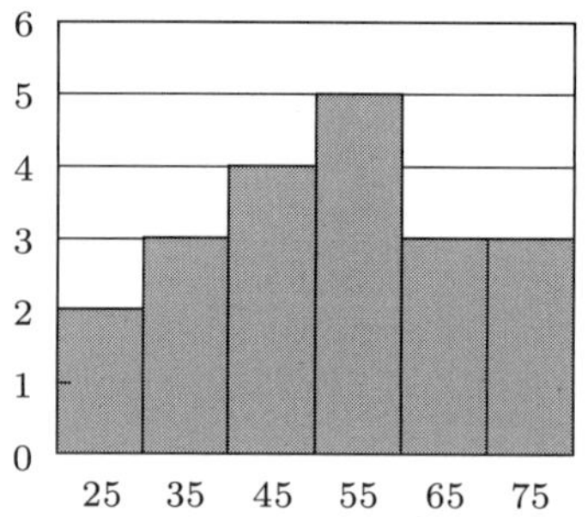

(c) データの総数は 20 であり，$\log_2 20+1 \approx 5.3$ である．最小値は 6，最大値は 65 だから，階級幅 14 で 5 階級とする．

階級	階級値	度数	相対度数
0 以上 14 未満	7	1	0.05
14 以上 28 未満	21	0	0.00
28 以上 42 未満	35	3	0.15
42 以上 56 未満	49	9	0.45
56 以上 70 未満	63	7	0.35

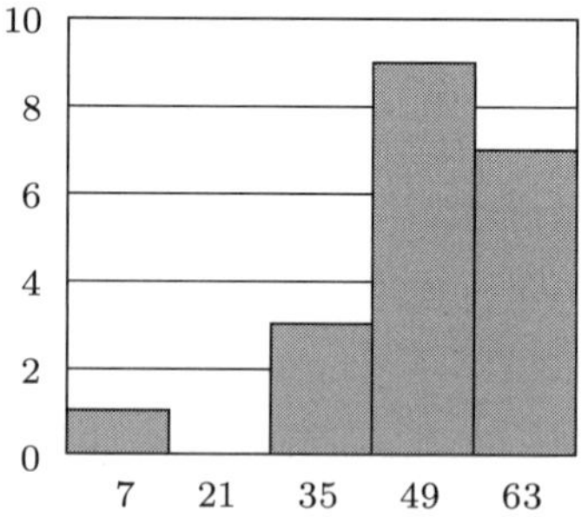

(d) データの総数は 20 であり，$\log_2 20+1 \approx 5.3$ である．最小値は 36，最大値は 96 だから，階級幅 14 で 5 階級とする．

階級	階級値	度数	相対度数
30 以上 44 未満	37	5	0.25
44 以上 58 未満	51	8	0.40
58 以上 72 未満	65	4	0.20
72 以上 86 未満	79	2	0.10
86 以上 100 未満	93	1	0.05

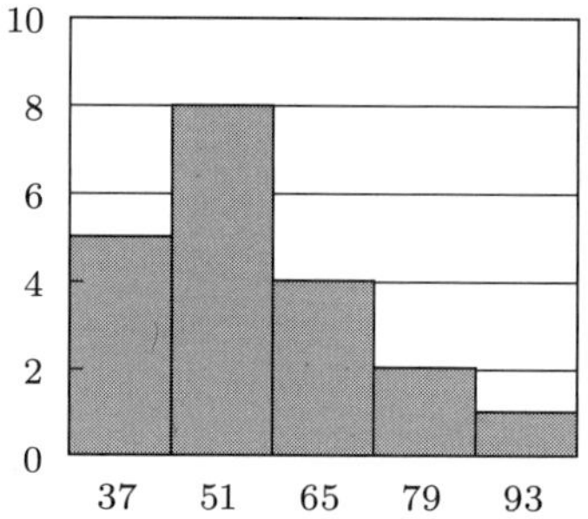

(e) データの総数は 30 であり，$\log_2 30+1 \approx 5.9$ である．最小値は 14，最大値は 89 だから，階級幅 14 で 6 階級とする．

階級	階級値	度数	相対度数
8 以上 22 未満	15	2	0.07
22 以上 36 未満	29	4	0.13
36 以上 50 未満	43	9	0.30
50 以上 64 未満	57	7	0.23
64 以上 78 未満	71	5	0.17
78 以上 92 未満	85	3	0.10

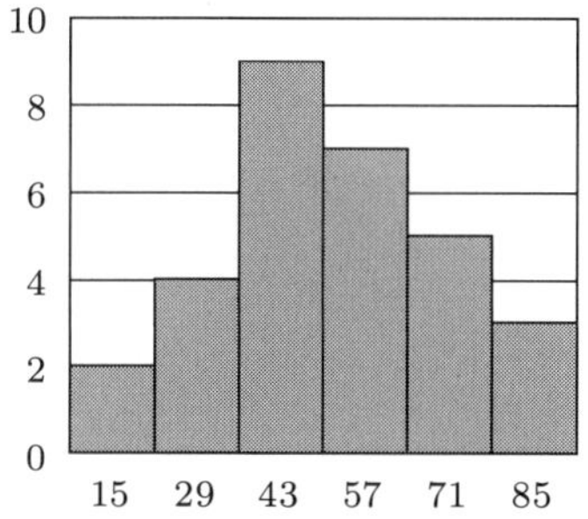

(f) データの総数は 30 であり，$\log_2 30 + 1 \approx 5.9$ である．最小値は 5，最大値は 65 だから，階級幅 12 で 6 階級とする．

階級	階級値	度数	相対度数
0 以上 12 未満	6	1	0.03
12 以上 24 未満	18	2	0.07
24 以上 36 未満	30	0	0.00
36 以上 48 未満	42	9	0.30
48 以上 60 未満	54	11	0.37
60 以上 72 未満	66	7	0.23

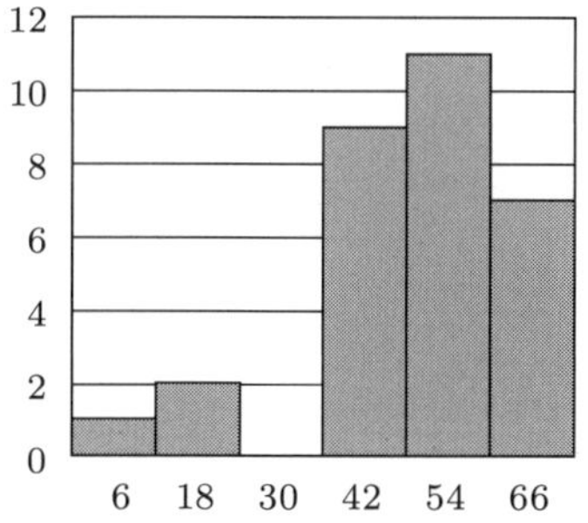

(g) データの総数は 60 であり，$\log_2 60 + 1 \approx 6.9$ である．最小値は 21，最大値は 79 だから，階級幅 10 で 7 階級とする．

階級	階級値	度数	相対度数
15 以上 25 未満	20	3	0.05
25 以上 35 未満	30	10	0.17
35 以上 45 未満	40	15	0.25
45 以上 55 未満	50	12	0.20
55 以上 65 未満	60	7	0.12
65 以上 75 未満	70	9	0.15
75 以上 85 未満	80	4	0.07

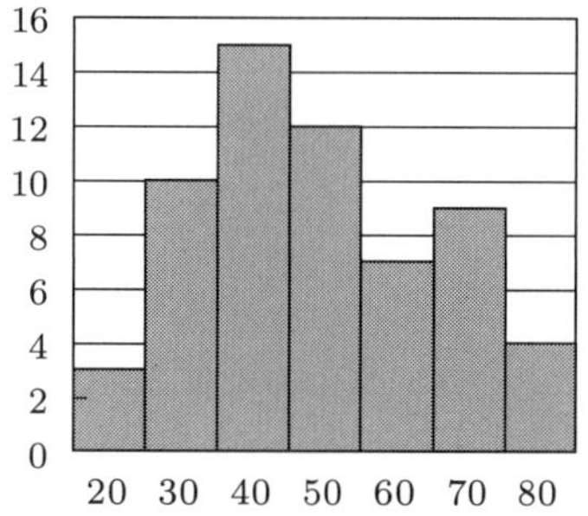

3. (a) データの総数は 25 であり，$\log_2 25 + 1 \approx 5.6$ である．国語の成績の最小値は 52，最大値は 96 だから，階級幅 10 で 5 階級とする．

階級	階級値	度数	相対度数
50 以上 60 未満	55	3	0.12
60 以上 70 未満	65	6	0.24
70 以上 80 未満	75	8	0.32
80 以上 90 未満	85	6	0.24
90 以上 100 未満	95	2	0.08

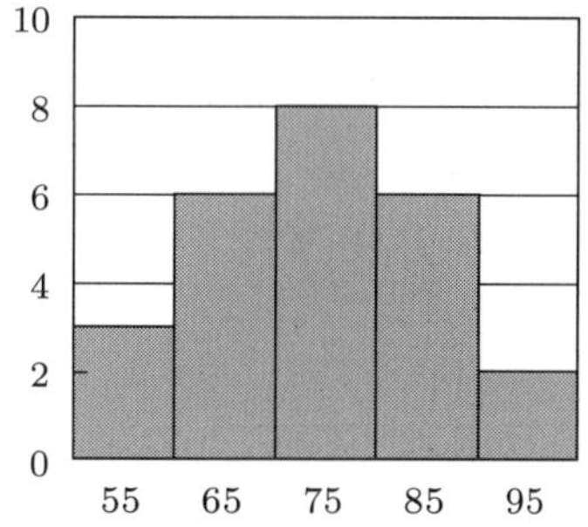

数学の成績の最小値は 45，最大値は 98 だから，階級幅 10 で 6 階級とする．

階級	階級値	度数	相対度数
40 以上 50 未満	45	2	0.08
50 以上 60 未満	55	4	0.16
60 以上 70 未満	65	9	0.36
70 以上 80 未満	75	4	0.16
80 以上 90 未満	85	3	0.12
90 以上 100 未満	95	3	0.12

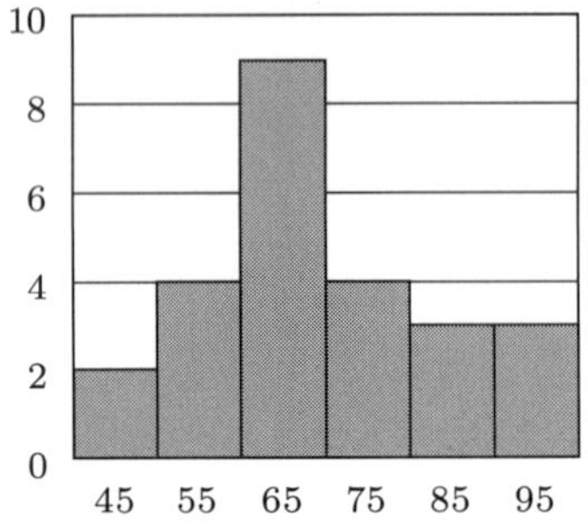

(b) 国語の成績を横軸，数学の成績を縦軸にとって散布図を描くと，弱い負の相関関係があるように見える．

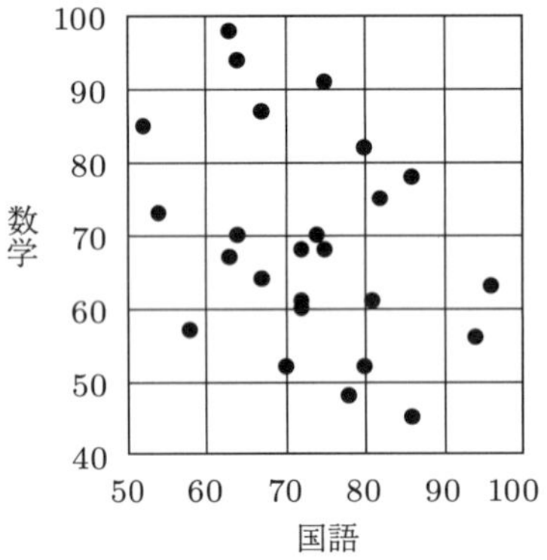

4. 1 人あたり県民所得を横軸，普通出生率を縦軸にとって散布図を描くと，正の相関関係があるように見える．

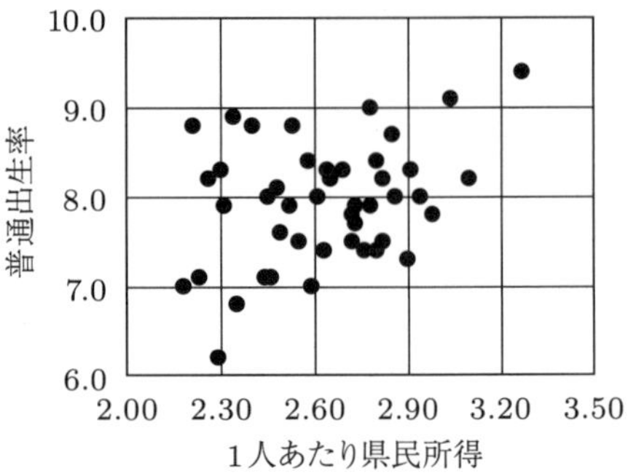

5. 1 人あたり県民所得を横軸，1 人あたりを自動車保有台数を縦軸にとって散布図を描くと，負の相関関係があるように見える．

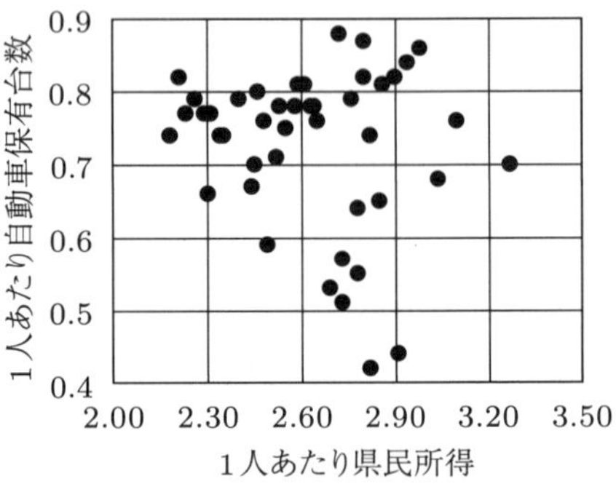

第 10 章の演習問題

1. (a) 測定値の総和は 1020，測定値の総数 $N = 20$ だから，平均値 M は

$$M = \frac{1020}{20} = 51$$

である．また，測定値を昇順に整列すると

27, 35, 37, 39, 43, 43, 47, 48, 50, 52,
52, 52, 55, 56, 57, 58, 62, 63, 67, 77

であり，

$$(N+3) \div 4 = 23 \div 4 = 5 \text{ 余り } 3$$

だから，四分位数 Q_1, Q_2, Q_3 は

$$\begin{aligned} Q_1 &= x_5 + \frac{3(x_6 - x_5)}{4} \\ &= 43 + \frac{3(43-43)}{4} = 43, \\ Q_2 &= \frac{x_{10} + x_{11}}{2} = \frac{52+52}{2} = 52, \\ Q_3 &= x_{16} - \frac{3(x_{16} - x_{15})}{4} \\ &= 58 - \frac{3(58-57)}{4} = 57.25 \end{aligned}$$

である．よって，中央値は 52，四分位偏差は

$$Q = \frac{Q_3 - Q_1}{2} = 7.125$$

である．一方，偏差 $(x_i - M)$ の 2 乗の総和は 2652 であるから，標本分散 s^2，不偏分散 u^2，標本標準偏差 s，不偏標準偏差 u はそれぞれ

$$s^2 = \frac{2652}{20} = 132.6,$$
$$u^2 = \frac{2652}{19} \approx 139.6,$$
$$s = \sqrt{132.6} \approx 11.5,$$
$$u \approx \sqrt{139.6} \approx 11.8$$

である．また，偏差の 3 乗の総和は 1974, 4 乗の総和は 1027464 であるから，歪度 g と尖度 k は

$$g \approx \frac{1974}{20 \times 11.8^3} \approx 0.060,$$
$$k \approx \frac{1027464}{20 \times 11.8^4} - 3 \approx -0.36$$

であり，正規分布に近い分布であると考えられる．実際，ヒストグラムを描くとつぎのようになる．

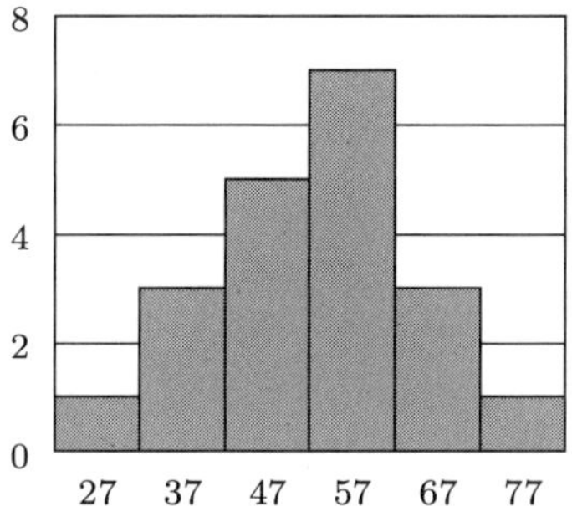

(b) 測定値の総和は 1425，測定値の総数 $N = 25$ だから，平均値 M は

$$M = \frac{1425}{25} = 57$$

である．また，測定値を昇順に整列すると

41, 41, 43, 44, 48, 50, 52, 52, 53, 53,
54, 54, 55, 56, 56, 59, 59, 59, 62, 63,
65, 68, 71, 77, 90

であり，

$$(N+3) \div 4 = 28 \div 4 = 7 \text{ 余り } 0$$

だから，四分位数 Q_1, Q_2, Q_3 は

$$Q_1 = x_7 = 52,$$
$$Q_2 = x_{13} = 55,$$
$$Q_3 = x_{19} = 62$$

である．よって，中央値は 55，四分位偏差は

$$Q = \frac{Q_3 - Q_1}{2} = 5$$

である．一方，偏差 $(x_i - M)$ の 2 乗の総和は 3056 であるから，標本分散 s^2，不偏分散 u^2，標本標準偏差 s，不偏標準偏差 u はそれぞれ

$$s^2 = \frac{3056}{25} \approx 122.2,$$
$$u^2 = \frac{3056}{24} \approx 127.3,$$
$$s = \sqrt{122.2} \approx 11.1,$$
$$u \approx \sqrt{127.3} \approx 11.3$$

である．また，偏差の 3 乗の総和は 34242, 4 乗の総和は 1613996 であるから，歪度 g と尖度 k は

$$g \approx \frac{34242}{25 \times 11.3^3} \approx 0.95,$$
$$k \approx \frac{1613996}{25 \times 11.3^4} - 3 \approx 0.98$$

であり，ピークが左に偏って右に裾の長い分布であると考えられる．実際，ヒストグラムを描くとつぎのようになる．

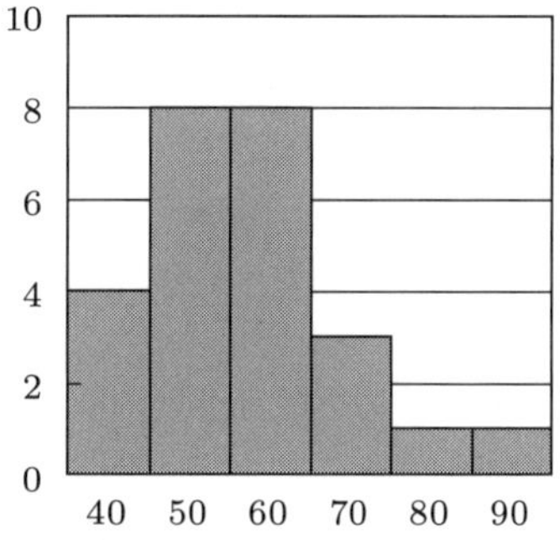

(c) 測定値の総和は 1200，測定値の総数 $N = 30$ だから，平均値 M は

$$M = \frac{1200}{30} = 40$$

である．また，測定値を昇順に整列すると

20, 24, 27, 28, 31, 31, 31, 36, 36, 37,
38, 40, 40, 40, 41, 42, 43, 44, 44, 44,
45, 45, 46, 47, 47, 49, 50, 51, 51, 52

であり，

$$(N+3) \div 4 = 33 \div 4 = 8 \text{ 余り } 1$$

だから，四分位数 Q_1, Q_2, Q_3 は

$$\begin{aligned} Q_1 &= x_8 + \frac{x_9 - x_8}{4} \\ &= 36 + \frac{36-36}{4} = 36, \\ Q_2 &= \frac{x_{15}+x_{16}}{2} = \frac{41+42}{2} = 41.5, \\ Q_3 &= x_{23} - \frac{x_{23}-x_{22}}{4} \\ &= 46 - \frac{46-45}{4} = 45.75 \end{aligned}$$

である．よって，中央値は 41.5，四分位偏差は

$$Q = \frac{Q_3 - Q_1}{2} = 4.875$$

である．一方，偏差 $(x_i - M)$ の 2 乗の総和は 2070 であるから，標本分散 s^2，不偏分散 u^2，標本標準偏差 s，不偏標準偏差 u はそれぞれ

$$\begin{aligned} s^2 &= \frac{2070}{30} = 69.0, \\ u^2 &= \frac{2070}{29} \approx 71.4, \\ s &= \sqrt{69.0} \approx 8.31, \\ u &\approx \sqrt{71.4} \approx 8.45 \end{aligned}$$

である．また，偏差の 3 乗の総和は -10872，4 乗の総和は 369918 であるから，歪度 g と尖度 k は

$$\begin{aligned} g &\approx \frac{-10872}{30 \times 8.45^3} \approx -0.60, \\ k &\approx \frac{1027464}{30 \times 8.45^4} - 3 \approx -0.58 \end{aligned}$$

であり，ピークが右に偏って左に裾の長い分布であると考えられる．実際，ヒストグラムを描くとつぎのようになる．

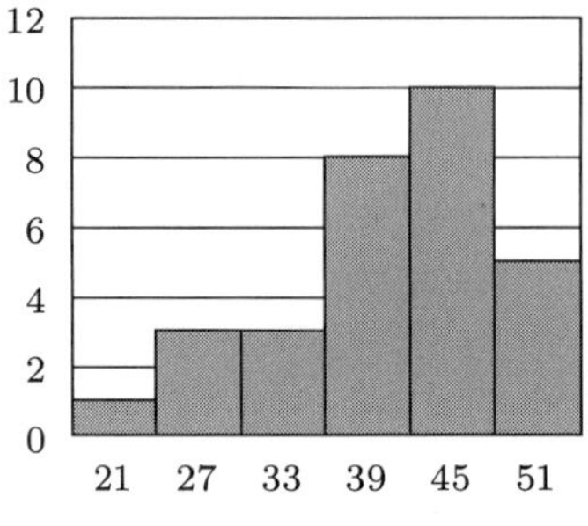

(d) 測定値の総和は 1750，測定値の総数 $N = 35$ だから，平均値 M は

$$M = \frac{1750}{35} = 50$$

である．また，測定値を昇順に整列すると

13, 16, 22, 23, 24, 26, 29, 29, 30, 36,
37, 39, 39, 41, 41, 43, 43, 43, 55, 56,
57, 57, 59, 63, 66, 66, 69, 71, 73, 76,
78, 79, 83, 84, 84

であり，

$$(N+3) \div 4 = 38 \div 4 = 9 \text{ 余り } 2$$

だから，四分位数 Q_1, Q_2, Q_3 は

$$\begin{aligned} Q_1 &= x_9 + \frac{2(x_{10} - x_9)}{4} \\ &= 30 + \frac{2(36-30)}{4} = 33, \\ Q_2 &= x_{18} = 43, \\ Q_3 &= x_{27} - \frac{2(x_{27}-x_{26})}{4} \\ &= 69 - \frac{2(69-66)}{4} = 67.5 \end{aligned}$$

である．よって，中央値は 43，四分位偏差は

$$Q = \frac{Q_3 - Q_1}{2} = 17.25$$

である．一方，偏差 $(x_i - M)$ の 2 乗の総和は 15442 であるから，標本分散 s^2，不偏分散 u^2，標本標準偏差 s，不偏標準偏差 u はそれぞれ

$$\begin{aligned} s^2 &= \frac{15442}{35} \approx 441, \\ u^2 &= \frac{15442}{34} \approx 454, \\ s &\approx \sqrt{441} \approx 21.0, \\ u &\approx \sqrt{454} \approx 21.3 \end{aligned}$$

である．また，偏差の 3 乗の総和は 19290，4 乗の総和は 12225958 であるから，歪度 g と尖度 k は

$$\begin{aligned} g &\approx \frac{19290}{35 \times 21.3^3} \approx 0.057, \\ k &\approx \frac{12225958}{35 \times 21.3^4} - 3 \approx -1.31 \end{aligned}$$

であり，左右対称であるが，平均値付近にデータが集まっていない分布であると考えられる．実際，ヒストグラムを描くとつぎのようになる[4]．

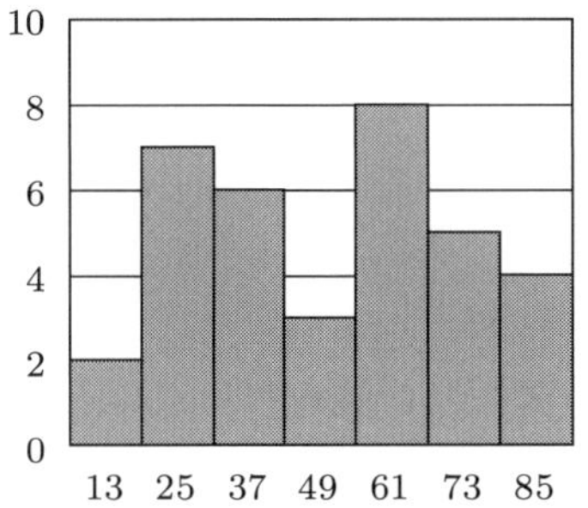

(e) 測定値の総和は 1600，測定値の総数 $N=40$ だから，平均値 M は

$$M=\frac{1600}{40}=40$$

である．また，測定値を昇順に整列すると

3, 4, 8, 8, 14, 17, 18, 19, 19, 20,
21, 24, 25, 26, 28, 29, 31, 33, 33, 35,
37, 40, 43, 45, 45, 46, 47, 48, 49, 53,
58, 58, 64, 67, 68, 70, 80, 82, 90, 95

であり，

$$(N+3)\div 4=43\div 4=10\text{ 余り }3$$

だから，四分位数 Q_1, Q_2, Q_3 は

$$\begin{aligned}
Q_1 &= x_{10}+\frac{3(x_{11}-x_{10})}{4} \\
&= 20+\frac{3(21-20)}{4}=20.75, \\
Q_2 &= \frac{x_{20}+x_{21}}{2}=\frac{35+37}{2}=36, \\
Q_3 &= x_{31}-\frac{3(x_{31}-x_{30})}{4} \\
&= 58-\frac{3(58-53)}{4}=54.25
\end{aligned}$$

である．よって，中央値は 36，四分位偏差は

$$Q=\frac{Q_3-Q_1}{2}=16.75$$

である．一方，偏差 (x_i-M) の 2 乗の総和は 22184 であるから，標本分散 s^2，不偏分散 u^2，標本標準偏差 s，不偏標準偏差 u はそれぞれ

$$\begin{aligned}
s^2 &= \frac{22184}{40}\approx 555, \\
u^2 &= \frac{22184}{39}\approx 569, \\
s &\approx \sqrt{555}\approx 23.5, \\
u &\approx \sqrt{569}\approx 23.8
\end{aligned}$$

である．また，偏差の 3 乗の総和は 276402，4 乗の総和は 31117700 であるから，歪度 g と尖度 k は

$$\begin{aligned}
g &\approx \frac{276402}{40\times 23.8^3}\approx 0.51, \\
k &\approx \frac{31117700}{40\times 23.8^4}-3\approx -0.60
\end{aligned}$$

であり，ピークが左に偏って右に裾の長い分布であると考えられる．実際，ヒストグラムを描くとつぎのようになる．

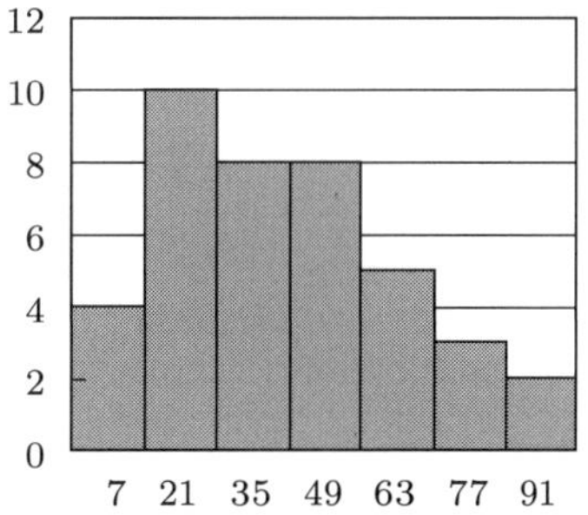

(f) 測定値の総和は 1450，測定値の総数 $N=50$ だから，平均値 M は

$$M=\frac{1450}{50}=29$$

である．また，測定値を昇順に整列すると

0, 3, 5, 5, 5, 5, 6, 6, 7, 7,
7, 9, 9, 12, 12, 12, 14, 15, 15, 15,
17, 17, 18, 20, 20, 23, 23, 25, 25, 27,
30, 31, 37, 37, 38, 41, 45, 45, 45, 47,
51, 53, 57, 57, 62, 66, 71, 75, 85, 93

であり，

$$(N+3)\div 4=53\div 4=13\text{ 余り }1$$

だから，四分位数 Q_1, Q_2, Q_3 は

[4] 二山型とよばれる分布で，数学の試験の点数などでしばしば現れる形である．

$$\begin{aligned}Q_1 &= x_{13} + \frac{x_{14}-x_{13}}{4}\\ &= 9 + \frac{12-9}{4} = 9.75,\\ Q_2 &= \frac{x_{25}+x_{26}}{2} = \frac{20+23}{2} = 21.5,\\ Q_3 &= x_{38} - \frac{x_{38}-x_{37}}{4}\\ &= 45 - \frac{45-45}{4} = 45\end{aligned}$$

である．よって，中央値は 21.5，四分位偏差は

$$Q = \frac{Q_3 - Q_1}{2} = 17.625$$

である．一方，偏差 $(x_i - M)$ の 2 乗の総和は 27138 であるから，標本分散 s^2，不偏分散 u^2，標本標準偏差 s，不偏標準偏差 u はそれぞれ

$$\begin{aligned}s^2 &= \frac{27138}{50} \approx 543,\\ u^2 &= \frac{27138}{49} \approx 554,\\ s &\approx \sqrt{543} \approx 23.3,\\ u &\approx \sqrt{554} \approx 23.5\end{aligned}$$

である．また，偏差の 3 乗の総和は 583062，4 乗の総和は 43955982 であるから，歪度 g と尖度 k は

$$\begin{aligned}g &\approx \frac{583062}{50 \times 23.5^3} \approx 0.89,\\ k &\approx \frac{43955982}{50 \times 23.5^4} - 3 \approx -0.13\end{aligned}$$

であり，ピークが左に偏って右に裾の長い分布であると考えられる．実際，ヒストグラムを描くとつぎのようになる．

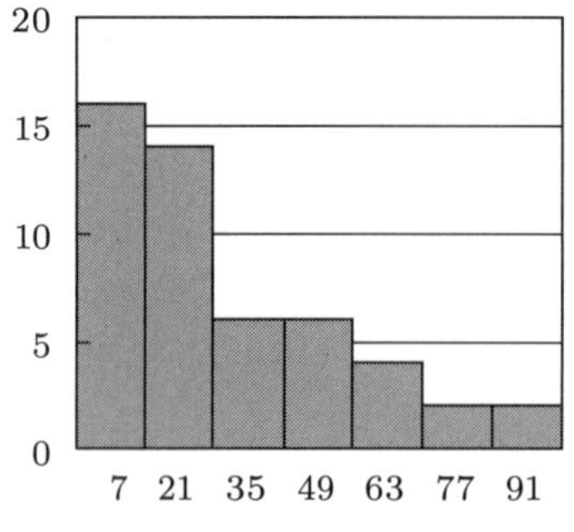

2. 身長の総和は 5265，測定値の総数 $N = 45$ だから，平均値 M は

$$M = \frac{5265}{45} = 117 \text{ (cm)}$$

である．また，測定値を昇順に整列すると

100, 103, 104, 106, 106, 107, 109, 111, 111, 112, 112, 112, 113, 114, 114, 114, 115, 115, 116, 116, 117, 117, 117, 118, 118, 119, 119, 119, 120, 120, 120, 120, 121, 121, 121, 123, 123, 123, 124, 125, 125, 128, 129, 132, 136

であり，

$$(N+3) \div 4 = 48 \div 4 = 12 \text{ 余り } 0$$

だから，四分位数 Q_1, Q_2, Q_3 は

$$\begin{aligned}Q_1 &= x_{12} = 112,\\ Q_2 &= x_{23} = 117,\\ Q_3 &= x_{34} = 121\end{aligned}$$

である．よって，中央値は 117，四分位偏差は

$$Q = \frac{Q_3 - Q_1}{2} = 4.5$$

である．一方，偏差 $(x_i - M)$ の 2 乗の総和は 2494 であるから，標本分散 s^2，不偏分散 u^2，標本標準偏差 s，不偏標準偏差 u はそれぞれ

$$\begin{aligned}s^2 &= \frac{2494}{45} \approx 55.4,\\ u^2 &= \frac{2494}{44} \approx 56.7,\\ s &\approx \sqrt{55.4} \approx 7.44,\\ u &\approx \sqrt{56.7} \approx 7.53\end{aligned}$$

である．また，偏差の 3 乗の総和は 636，4 乗の総和は 430822 だから，歪度 g と尖度 k は

$$\begin{aligned}g &\approx \frac{636}{45 \times 7.53^3} \approx 0.033,\\ k &\approx \frac{430822}{45 \times 7.53^4} - 3 \approx -0.020\end{aligned}$$

となり，正規分布に近い分布であることがわかる．

一方，体重の総和は 900.0，測定値の総数 $N = 45$ だから，平均値 M は

$$M = \frac{900.0}{45} = 20.0 \text{ (kg)}$$

である．また，測定値を昇順に整列すると

11.9, 12.7, 13.4, 14.7, 15.1, 15.3, 15.4, 15.5,

15.6, 15.7, 15.9, 16.0, 16.3, 16.3, 16.4, 16.5, 16.7, 17.0, 17.1, 17.5, 17.6, 18.1, 18.1, 18.4, 19.1, 19.2, 19.3, 19.8, 20.3, 20.5, 21.1, 21.2, 21.3, 21.4, 21.9, 22.5, 23.5, 24.7, 26.3, 27.3, 28.5, 30.4, 33.1, 34.2, 41.2

であり，

$$(N+3) \div 4 = 48 \div 4 = 12 \text{ 余り } 0$$

だから，四分位数 Q_1, Q_2, Q_3 は

$$Q_1 = x_{12} = 16.0,$$
$$Q_2 = x_{23} = 18.1,$$
$$Q_3 = x_{34} = 21.4$$

である．よって，中央値は 18.1，四分位偏差は

$$Q = \frac{Q_3 - Q_1}{2} = 2.7$$

である．一方，偏差 $(x_i - M)$ の 2 乗の総和は 1600.3 であるから，標本分散 s^2，不偏分散 u^2，標本標準偏差 s，不偏標準偏差 u はそれぞれ

$$s^2 = \frac{1600.3}{45} \approx 35.6,$$
$$u^2 = \frac{1600.3}{44} \approx 36.4,$$
$$s \approx \sqrt{35.6} \approx 5.96,$$
$$u \approx \sqrt{36.4} \approx 6.03$$

である．また，偏差の 3 乗の総和は 14803.5, 4 乗の総和は 308217.0766 であるから，歪度 g と尖度 k は

$$g \approx \frac{14803.5}{45 \times 6.03^3} \approx 1.50,$$
$$k \approx \frac{308217}{45 \times 6.03^4} - 3 \approx 2.18$$

であり，ピークが左に偏って右に裾の長い分布であることがわかる．

3. 教員数の総和は 1038，小学校の総数 $N = 37$ だから，平均値 M は

$$M = \frac{1038}{37} \approx 28 \text{（人）}$$

である．また，教員数を昇順に整列すると

7, 10, 10, 11, 13, 13, 14, 14, 14, 16, 18, 19, 20, 20, 21, 22, 23, 27, 28, 31, 32, 33, 34, 35, 35, 37, 39, 40, 41, 41, 42, 42, 43, 46, 47, 49, 51

であり，

$$(N+3) \div 4 = 40 \div 4 = 10 \text{ 余り } 0$$

だから，四分位数 Q_1, Q_2, Q_3 は

$$Q_1 = x_{10} = 16,$$
$$Q_2 = x_{19} = 28,$$
$$Q_3 = x_{28} = 40$$

である．よって，中央値は 28，四分位偏差は

$$Q = \frac{Q_3 - Q_1}{2} = 12$$

である．一方，偏差 $(x_i - M)$ の 2 乗の総和は 6120 であるから，標本分散 s^2，不偏分散 u^2，標本標準偏差 s，不偏標準偏差 u はそれぞれ

$$s^2 = \frac{6120}{37} \approx 165.4,$$
$$u^2 = \frac{6120}{36} = 170.0,$$
$$s \approx \sqrt{165.4} \approx 12.9,$$
$$u = \sqrt{170.0} \approx 13.0$$

である．また，偏差の 3 乗の総和は 6296, 4 乗の総和は 1697460 だから，歪度 g と尖度 k は

$$g \approx \frac{6296}{37 \times 13.0^3} \approx 0.077,$$
$$k \approx \frac{1697460}{37 \times 13.0^4} - 3 \approx -1.41$$

であり，左右対称だが正規分布のように平均値付近にデータが集まっていない分布になっていると考えられる．実際，ヒストグラムを描くとつぎのようになる．

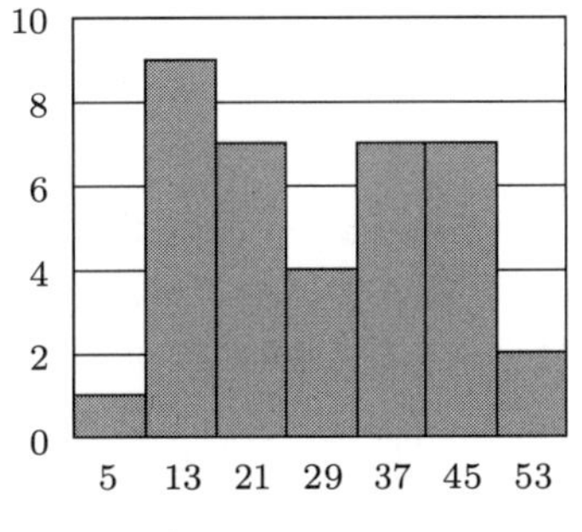

一方，児童数の総和は 19286，小学校の総数 $N = 37$ だから，平均値 M は

$$M = \frac{19286}{37} \approx 521 \text{（人）}$$

である．また，児童を昇順に整列すると

15, 82, 92, 96, 148, 154, 183, 193,
209, 218, 222, 253, 288, 294, 357, 398,
441, 476, 516, 516, 561, 563, 630, 668,
714, 732, 761, 835, 852, 877, 887, 916,
966, 973, 1027, 1031, 1142

であり，

$$(N+3) \div 4 = 40 \div 4 = 10 \text{ 余り } 0$$

だから，四分位数 Q_1, Q_2, Q_3 は

$$Q_1 = x_{10} = 218,$$
$$Q_2 = x_{19} = 516,$$
$$Q_3 = x_{28} = 835$$

である．よって，中央値は 516，四分位偏差は

$$Q = \frac{Q_3 - Q_1}{2} = 308.5$$

である．一方，偏差 $(x_i - M)$ の 2 乗の総和は 3920969 であるから，標本分散 s^2，不偏分散 u^2，標本標準偏差 s，不偏標準偏差 u はそれぞれ

$$s^2 = \frac{3920969}{37} \approx 105972,$$
$$u^2 = \frac{3920969}{36} \approx 108916,$$
$$s \approx \sqrt{105972} \approx 326,$$
$$u = \sqrt{108916} \approx 330$$

である．また，偏差の 3 乗の総和は約 259674000，4 乗の総和は約 719228000000 であるから，歪度 g と尖度 k は

$$g \approx \frac{259674000}{37 \times 330^3} \approx 0.195,$$
$$k \approx \frac{719228000000}{37 \times 330^4} - 3 \approx -1.361$$

であり，ピークがやや左に偏り，正規分布のように平均値付近にデータが集まっていない分布になっていると考えられる．実際，ヒストグラムを描くとつぎのようになる．

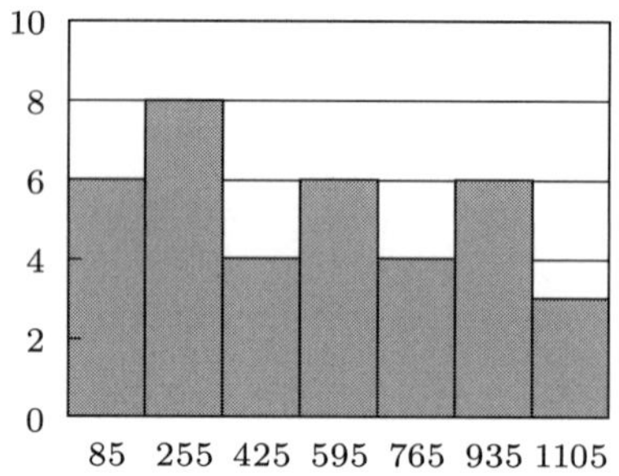

第 11 章の演習問題

1. (a) データの総数は $N = 10$ であり，経過年数の総和は 60，販売価格の総和は 1100 だから，経過年数の平均値を M_x，販売価格の平均値を M_y とおくと

$$M_x = \frac{60}{10} = 6, \quad M_y = \frac{1100}{10} = 110$$

である．

(b) 経過年数の偏差平方和は 96，販売価格の偏差平方和は 33068 だから，経過年数の標本分散を s_x^2，販売価格の標本分散を s_y^2 とおくと

$$s_x^2 = \frac{96}{10} = 9.6, \quad s_y^2 = \frac{33068}{10} = 3306.8$$

である．

(c) 経過年数と販売価格の偏差積和は -796 だから，共分散を s_{xy}，相関係数を r_{xy} とおくと

$$s_{xy} = \frac{-796}{10} = -79.6,$$
$$r_{xy} = \frac{-79.6}{\sqrt{9.6 \times 3306.8}} \approx -0.447$$

であり，負の相関をもつことがわかる．

(d) 販売価格 Y が経過年数 X を用いて式

$$Y = b_0 + b_1 X$$

により計算できると仮定すると，回帰係数 b_1 は

$$b_1 = \frac{s_{xy}}{s_x^2} = \frac{-79.6}{9.6} \approx -8.29$$

であり，切片 b_0 は

$$\begin{aligned} b_0 &= M_y - M_x b_1 \\ &= 110 + 6 \times 8.29 = 159.75 \end{aligned}$$

である．よって，販売価格 Y は式

$$Y = 159.75 - 8.29X$$

により予測できる．

(e) 説明変数が 1 個のとき，決定係数は独立変数と従属変数の相関係数の 2 乗に等しいから，

$$R^2 = r_{xy}^2 = \frac{(-79.6)^2}{9.6 \times 3306.8} \approx 0.200$$

である．また，自由度調整済決定係数は

$$\begin{aligned} \hat{R}^2 &= 1 - \frac{10-1}{10-1-1}(1-R^2) \\ &\approx 1 - \frac{9}{8} \times 0.800 = 0.100 \end{aligned}$$

である．

2. (a) データの総数は $N = 10$ であり，身長の総和は 1430，座高の総和は 730，前腕の長さの総和は 220 だから，身長の平均値を M_x，座高の平均値を M_w，前腕の長さの平均値を M_y とおくと

$$M_x = \frac{1430}{10} = 143,$$

$$M_w = \frac{730}{10} = 73,$$

$$M_y = \frac{220}{10} = 22$$

である．

(b) 身長の偏差平方和は 280，座高の偏差平方和は 262，前腕の長さの偏差平方和は 30 だから，身長の標本分散を s_x^2，座高の標本分散を s_w^2，前腕の長さの偏差平方和を s_y^2 とおくと

$$\begin{aligned} s_x^2 &= \frac{280}{10} = 28, \\ s_w^2 &= \frac{262}{10} = 26.2, \\ s_y^2 &= \frac{30}{10} = 3 \end{aligned}$$

である．

(c) 身長と座高の偏差積和は -8 だから，共分散を s_{xw}，相関係数を r_{xw} とおくと

$$\begin{aligned} s_{xw} &= \frac{-8}{10} = -0.8, \\ r_{xw} &= \frac{-0.8}{\sqrt{28 \times 26.2}} \approx -0.0295 \end{aligned}$$

であり，ほとんど相関はないことがわかる．

(d) 身長と前腕の長さの偏差積和は 63 だから，共分散を s_{xy}，相関係数を r_{xy} とおくと

$$\begin{aligned} s_{xy} &= \frac{63}{10} = 6.3, \\ r_{xy} &= \frac{6.3}{\sqrt{28 \times 3}} \approx 0.687 \end{aligned}$$

であり，正の相関があることがわかる．

(e) 前腕の長さ Y が身長 X を用いて式

$$Y = b_0 + b_1 X$$

により計算できると仮定すると，回帰係数 b_1 は

$$b_1 = \frac{s_{xy}}{s_x^2} = \frac{6.3}{28} = 0.225$$

であり，切片 b_0 は

$$\begin{aligned} b_0 &= M_y - M_x b_1 \\ &= 22 - 143 \times 0.225 = -10.175 \end{aligned}$$

である．よって，前腕の長さ Y は式

$$Y = -10.75 + 0.225X$$

により予測できる．

(f) 説明変数が 1 個のとき，決定係数は独立変数と従属変数の相関係数の 2 乗に等しいから，

$$R^2 = r_{xy}^2 = \frac{6.3^2}{28 \times 3} = 0.4725$$

である．また，自由度調整済決定係数は

$$\begin{aligned} \hat{R}^2 &= 1 - \frac{10-1}{10-1-1}(1-R^2) \\ &\approx 1 - \frac{9}{8} \times 0.5275 \approx 0.407 \end{aligned}$$

である．

3. (a) データの総数は $N=10$ であり，含水率の総和は 330，平均気温の総和は 230，発生数の総和は 290 だから，含水率の平均値を M_1，平均気温の平均値を M_2，発生数の平均値を M_y とおくと

$$M_1 = \frac{330}{10} = 33,\quad M_2 = \frac{230}{10} = 23,\quad M_y = \frac{290}{10} = 29$$

である．

(b) 含水率の偏差平方和は 170，平均気温の偏差平方和は 60，発生数の偏差平方和は 860 だから，含水率の標本分散を s_1^2，平均気温の標本分散を s_2^2，発生数の偏差平方和を s_y^2 とおくと

$$s_1^2 = \frac{170}{10} = 17,\quad s_2^2 = \frac{60}{10} = 6,\quad s_y^2 = \frac{860}{10} = 86$$

である．

(c) 含水率と平均気温の偏差積和は -3 だから，共分散を s_{12} とおくと

$$s_{12} = \frac{-3}{10} = -0.3$$

であり，相関係数は $r_{12} \approx -0.030$ であるから，ほとんど相関がないことがわかる．

(d) 含水率と発生数の偏差積和は -173 だから，共分散を s_{1y} とおくと

$$s_{1y} = \frac{-173}{10} = -17.3$$

であり，相関係数は $r_{1y} \approx -0.45$ であるから，負の相関があることがわかる．

(e) 平均気温と発生数の偏差積和は 129 だから，共分散を s_{2y} とおくと

$$s_{2y} = \frac{129}{10} = 12.9$$

であり，相関係数は $r_{2y} \approx 0.57$ であるから，正の相関があることがわかる．

(f) この生物の発生数 Y が，含水率 X_1 と平均気温 X_2 を用いて式

$$Y = b_0 + b_1X_1 + b_2X_2$$

により計算できると仮定すると，偏回帰係数 b_1, b_2 は正規方程式

$$\begin{aligned} 17\,b_1 - 0.3b_2 &= -17.3 \\ -0.3b_1 + 6\,b_2 &= 12.9 \end{aligned}$$

の解である．これを解くと，

$$b_1 = \frac{-17.3\times 6 + 0.3\times 12.9}{17\times 6 - 0.3\times 0.3} \approx -0.98,\quad b_2 = \frac{17\times 12.9 - 17.3\times 0.3}{17\times 6 - 0.3\times 0.3} \approx 2.1$$

を得る．また，切片 b_0 は

$$\begin{aligned} b_0 &= M_y - M_1b_1 - M_2b_2 \\ &= 29 + 33\times 0.98 - 23\times 2.1 \approx 13 \end{aligned}$$

である．したがって，発生数 Y は式

$$Y = 13 - 0.98X_1 + 2.1X_2$$

により予測できる[5]．

(g) 説明変数の影響度を比較するために標準偏回帰係数を計算すると，

$$\beta_1 = \frac{b_1s_1}{s_y} \approx -0.98\times\sqrt{\frac{17}{86}} \approx -0.44,\quad \beta_2 = \frac{b_2s_2}{s_y} \approx 2.1\times\sqrt{\frac{6}{86}} \approx 0.55$$

であるから，$|\beta_1| < |\beta_2|$ である．よって，含水率より平均気温の影響の方が大きいと考えられる．

4. (a) データの総数は $N=20$ であり，人口の総和は 2000，登録者の総和は 260，蔵書数の総和は 340，貸出数の総和は 600 だから，人口の平均値を M_1，登録者の平均値を M_2，蔵書数の平均値を M_3，貸出数の平均値を M_y とおくと

$$M_1 = \frac{2000}{20} = 100,\quad M_2 = \frac{260}{20} = 13,\quad M_3 = \frac{340}{20} = 17,\quad M_y = \frac{600}{20} = 30$$

である．

[5] 統計解析ソフトウェアを使って決定係数を計算すると，$R^2 \approx 0.51$ であることがわかる．

(b) 人口の偏差平方和は 22784，登録者の偏差平方和は 348，蔵書数の偏差平方和は 360，貸出数の偏差平方和は 3132 だから，人口の標本分散を s_1^2，登録者の標本分散を s_2^2，蔵書数の標本分散を s_3^2，貸出数の偏差平方和を s_y^2 とおくと

$$\begin{aligned} s_1^2 &= \frac{22784}{20} = 1139.2, \\ s_2^2 &= \frac{348}{20} = 17.4, \\ s_3^2 &= \frac{360}{20} = 18.0, \\ s_y^2 &= \frac{3132}{20} = 156.6 \end{aligned}$$

である．

(c) 人口と登録者の偏差積和は 2680 だから，共分散を s_{12} とおくと

$$s_{12} = \frac{2680}{20} = 134$$

であり，相関係数は $r_{12} \approx 0.952$ であるから，強い正の相関があることがわかる．人口と蔵書数の偏差積和は -168 だから，共分散を s_{13} とおくと

$$s_{13} = -\frac{168}{20} = -8.4$$

であり，相関係数は $r_{13} \approx -0.0587$ であるから，ほとんど相関がないことがわかる．登録者と蔵書数の偏差積和は 7 だから，共分散 s_{23} とおくと

$$s_{22} = \frac{7}{20} = 0.35$$

であり，相関係数は $r_{23} \approx 0.0067$ であるから，ほとんど相関がないことがわかる．

(d) 人口と貸出数の偏差積和は 1531 だから，共分散を s_{1y} とおくと

$$s_{1y} = \frac{1531}{20} = 76.55$$

であり，相関係数は $r_{1y} \approx 0.181$ であるから，正の相関があることがわかる．登録者と貸出数の偏差積和は 188 だから，共分散を s_{2y} とおくと

$$s_{2y} = \frac{188}{20} = 9.4$$

であり，相関係数は $r_{2y} \approx 0.180$ であるから，正の相関があることがわかる．蔵書数と貸出数の偏差積和は 312 だから，共分散を s_{3y} とおくと

$$s_{3y} = \frac{312}{20} = 15.6$$

であり，相関係数は $r_{3y} \approx 0.294$ であるから，正の相関があることがわかる．

(e) 人口と登録者の間には強い正の相関があるから，その双方を説明変数に組み込むことは適切でない．そこで，貸出数 Y は，ほとんど相関のない登録者 X_2 と蔵書数 X_3 を用いて式

$$Y = b_0 + b_2X_2 + b_3X_3$$

により計算できると仮定すると，偏回帰係数 b_2, b_3 は正規方程式

$$\begin{aligned} 17.4b_2 + 0.35b_3 &= 9.4, \\ 0.35b_2 + 18.0b_3 &= 15.6 \end{aligned}$$

の解である．これを解くと，

$$\begin{aligned} b_2 &= \frac{9.4 \times 18.0 - 0.35 \times 15.6}{17.4 \times 18.0 - 0.35 \times 0.35} \approx 0.523, \\ b_3 &= \frac{17.4 \times 15.6 - 9.4 \times 0.35}{17.4 \times 18.0 - 0.35 \times 0.35} \approx 0.856 \end{aligned}$$

を得る．また，切片 b_0 は

$$\begin{aligned} b_0 &= M_y - M_2b_2 - M_3b_3 \\ &= 30 - 13 \times 0.523 - 17 \times 0.856 \\ &\approx 8.64 \end{aligned}$$

である．したがって，貸出数 Y は式

$$Y = 8.64 + 0.523X_2 + 0.856X_3$$

により予測できる[6]．なお，人口 X_1，登録者 X_2，蔵書数 X_3 を用いて貸出数 Y を予測する回帰式は

$$Y = 7.25 + 0.136X_1 - 0.527X_2 + 0.940X_3$$

と計算され，貸出数 Y と正の相関をもつ登録者 X_2 の偏回帰係数が負になってしまう．

[6] 統計解析ソフトウェアを使って決定係数を計算すると，$R^2 \approx 0.117$ であることがわかる．

(f) 説明変数の影響度を比較するために標準偏回帰係数を計算すると，

$$\beta_2 = \frac{b_2 s_2}{s_y} \approx 0.523 \times \sqrt{\frac{17.4}{156.6}} \approx 0.174,$$
$$\beta_3 = \frac{b_3 s_3}{s_y} \approx 0.856 \times \sqrt{\frac{18.0}{156.6}} \approx 0.290$$

であるから，$|\beta_2| < |\beta_3|$ である．よって，登録者より蔵書数の影響の方が大きいと考えられる．

5. (a) データの総数は $N = 20$ であり，入試の総和は 1460，心理学の総和は 1480，数学の総和は 1460 だから，入試の平均値を M_1，心理学の平均値を M_2，数学の平均値を M_3 とおくと

$$M_1 = \frac{1460}{20} = 73,$$
$$M_2 = \frac{1480}{20} = 74,$$
$$M_3 = \frac{1460}{20} = 73$$

である．

(b) 入試の偏差平方和は 1914，心理学の偏差平方和は 2510，数学の偏差平方和は 2142 だから，入試の標本分散を s_1^2，心理学の標本分散を s_2^2，数学の標本分散を s_3^2 とおくと

$$s_1^2 = \frac{1914}{20} = 95.7,$$
$$s_2^2 = \frac{2510}{20} = 125.5,$$
$$s_3^2 = \frac{2142}{20} = 107.1$$

である．

(c) 入試と心理学の偏差積和は 1930 だから，共分散を s_{12}，相関係数を r_{12} とおくと

$$s_{12} = \frac{1930}{20} = 96.5,$$
$$r_{12} = \frac{96.5}{\sqrt{95.7 \times 125.5}} \approx 0.881$$

であり，強い正の相関があることがわかる．入試と数学の偏差積和は 1843 だから，共分散を s_{13}，相関係数を r_{13} とおくと

$$s_{13} = \frac{1843}{20} = 92.15,$$
$$r_{13} = \frac{92.15}{\sqrt{95.7 \times 107.1}} \approx 0.910$$

であり，強い正の相関関係があることがわかる．心理学と数学の偏差積和は 1870 だから，共分散を s_{23}，相関係数を r_{23} とおくと

$$s_{23} = \frac{1870}{20} = 93.5,$$
$$r_{23} = \frac{93.5}{\sqrt{125.5 \times 107.1}} \approx 0.806$$

であり，強い正の相関関係があることがわかる．

(d) 心理学の成績と数学の成績の間の相関関係に入試成績の影響があるかどうかを確かめるために，入試成績の影響を取り除いた場合の心理学の成績と数学の成績偏相関係数を計算すると

$$\frac{r_{23} - r_{12} r_{13}}{\sqrt{1 - r_{12}^2}\sqrt{1 - r_{13}^2}} \approx \frac{0.005}{\sqrt{0.225}\sqrt{0.172}} \approx 0.0255$$

を得る．よって，入試成績の影響を取り除くと，心理学の成績と数学の成績の間にはほとんど相関関係がないことがわかる．よって，心理学の成績と数学の成績にはいずれも入試成績の強い影響があり，心理学の成績と数学の成績の間に観測される正の相関関係は擬似相関関係であると考えられる．

第 12 章の演習問題

1. (a) 標本の大きさ N は 20 であり，標本の総和は 1362 であるから，標本平均を M とおくと

$$M = \frac{1362}{20} = 68.1$$

であり，これは母平均の不偏推定量である．

(b) 標本の 2 乗の総和は 97434 だから，標本分散を s^2，不偏分散を u^2 とおくと

$$s^2 = \frac{97434}{20} - 68.1^2 \approx 234,$$
$$u^2 \approx 234 \times \frac{20}{20 - 1} \approx 246$$

であり，u^2 は母分散の不偏推定量である．

(c) 正規分布表より

$$z(0.05/2) \approx 1.96$$

だから，母平均を μ とおくと，その 95 % 信頼区間は

$$1.96 \times \sqrt{\frac{245}{20}} = 6.86$$

より $61.2 \leqq \mu \leqq 75.0$ である．

(d) t 分布表より

$$t_{20-1}(0.05/2) \approx 2.09$$

だから，母平均を μ とおくと，その 95 % 信頼区間は

$$2.09 \times \sqrt{\frac{246}{20}} = 7.33$$

より $60.8 \leqq \mu \leqq 75.4$ である．

(e) χ^2 分布表より

$$y_{20-1}(0.05/2) \approx 32.9,$$
$$y_{20-1}(1-0.05/2) \approx 8.91$$

だから，母分散を σ^2 とおくと，その 95 % 信頼区間は

$$\frac{(20-1) \times 246}{32.9} \leqq \sigma^2 \leqq \frac{(20-1) \times 246}{8.91}$$

より $142 \leqq \sigma^2 \leqq 525$ である．

2. (a) 標本の大きさ N と観測比率 p は

$$N = 50, \quad p = 0.1$$

であり，正規分布表より

$$z(0.05/2) \approx 1.96$$

だから，全来店者に占める喫煙者の割合を ρ とおくと，その 95 % 信頼区間は

$$1.96 \times \sqrt{0.1 \times (1-0.1) \div 50} = 0.0832$$

より $0.0168 \leqq \rho \leqq 0.183$ である．

(b) 標本の大きさ N と観測比率 p は

$$N = 100, \quad p = 0.1$$

だから，全来店者に占める喫煙者の割合を ρ とおくと，その 95 % 信頼区間は

$$1.96 \times \sqrt{0.1 \times (1-0.1) \div 100} = 0.0588$$

より $0.0412 \leqq \rho \leqq 0.159$ である．

(c) 標本の大きさを N，観測比率を p とするとき，喫煙者の割合 ρ の 95 % 信頼区間の幅を ±2 % 以下にするには，

$$1.96\sqrt{\frac{p(1-p)}{N}} \leqq 0.02$$

であればよい．これを解くと

$$N \geqq \left(\frac{1.96}{0.02}\right)^2 p(1-p) = 9604p(1-p)$$

を得る．観測比率 $p = 0.1$ であれば $N \geqq 864.36$ であるから，865 人以上の来店者について調査すればよい．

3. (a) 標本の総数は $N = 25$ であり，預貯金残高の総和は 1250 だから，預貯金残高の標本平均を M とおくと

$$M = \frac{1250}{25} = 50$$

であり，これは預貯金残高の母平均の不偏推定量である．

(b) 預貯金残高の偏差平方和は 1920 だから，預貯金残高の不偏分散を u^2 とおくと，

$$u^2 = \frac{1920}{25-1} = 80$$

であり，これは預貯金残高の母分散の不偏推定量である．

(c) t 分布表より

$$t_{25-1}(0.05/2) \approx 2.06$$

だから，預貯金残高の母平均を μ とおくと，その 95 % 信頼区間は

$$2.06 \times \sqrt{\frac{80}{25}} \approx 3.69$$

より $46.3 \leqq \mu_1 \leqq 53.7$ である．

(d) χ^2 分布表より

$$y_{25-1}(0.05/2) \approx 39.4,$$
$$y_{25-1}(1-0.05/2) \approx 12.4$$

だから，預貯金残高の母分散を σ^2 とおくと，その 95 % 信頼区間は

$$\frac{(25-1)\times 80}{39.4} \leqq \sigma^2 \leqq \frac{(25-1)\times 80}{12.4}$$

より $48.7 \leqq \sigma^2 \leqq 155$ である．

(e) 標本として抽出された 25 世帯の中で持家は 10 世帯だから，その観測比率を p とおくと

$$p = \frac{10}{25} = 0.4$$

である．正規分布表より

$$z(0.05/2) \approx 1.96$$

だから，この町の 14824 世帯の中で持家の世帯の割合を ρ とおくと，その 95 % 信頼区間は

$$1.96 \times \sqrt{0.4 \times (1-0.4) \div 25} \approx 0.192$$

より $0.208 \leqq \rho \leqq 0.592$ である．

4. (a) 標本の総数は $N = 21$ であり，利き手の握力の総和は 420，非利き手の握力の総和は 378 だから，利き手の握力の標本平均を M_1，非利き手の握力の標本平均を M_2 とおくと，

$$M_1 = \frac{420}{21} = 20, \quad M_2 = \frac{378}{21} = 18$$

であり，これらはそれぞれ，利き手の握力の母平均および非利き手の握力の母平均の不偏推定量である．

(b) 利き手の握力の偏差平方和は 476，非利き手の握力の偏差平方和は 332 だから，利き手の握力の不偏分散を u_1^2，非利き手の握力の不偏分散を u_2^2 とおくと，

$$u_1^2 = \frac{476}{21-1} = 23.8, \quad u_2^2 = \frac{332}{21-1} = 16.6$$

であり，これらはそれぞれ，利き手の握力の母分散および非利き手の握力の母分散の不偏推定量である．

(c) t 分布表より

$$t_{21-1}(0.05/2) \approx 2.09$$

だから，利き手の握力の母平均を μ_1 とおくと，その 95 % 信頼区間は

$$2.09 \times \sqrt{\frac{16.6}{21}} \approx 2.22$$

より $17.8 \leqq \mu_1 \leqq 22.2$ である．また，非利き手の握力の母平均を μ_2 とおくと，その 95 % 信頼区間は

$$2.09 \times \sqrt{\frac{23.8}{21}} \approx 1.86$$

より $16.1 \leqq \mu_1 \leqq 19.9$ である．

(d) χ^2 分布表より

$$y_{21-1}(0.05/2) \approx 34.2,$$
$$y_{21-1}(1-0.05/2) \approx 9.59$$

だから，利き手の握力の母分散を σ_1^2 とおくと，その 95 % 信頼区間は

$$\frac{(21-1)\times 23.8}{34.2} \leqq \sigma_1^2 \leqq \frac{(21-1)\times 23.8}{9.59}$$

より $13.9 \leqq \sigma_1^2 \leqq 49.6$ である．また，非利き手の握力の母分散を σ_2^2 とおくと，その 95 % 信頼区間は

$$\frac{(21-1)\times 16.6}{34.2} \leqq \sigma_1^2 \leqq \frac{(21-1)\times 16.6}{9.59}$$

より $9.71 \leqq \sigma_1^2 \leqq 34.6$ である．

(e) 標本として抽出された 21 人の中で左利きの人は 3 人だから，その観測比率を p とおくと

$$p = \frac{3}{21} = \frac{1}{7} \approx 0.143$$

である．正規分布表より

$$z(0.05/2) \approx 1.96$$

だから，この町の小学 6 年生全員の中で左利きの児童の割合を ρ とおくと，その 95 % 信頼区間は

$$1.96 \times \sqrt{\frac{1}{7} \times \left(1 - \frac{1}{7}\right) \div 21} \approx 0.150$$

より $0.00 \leqq \rho \leqq 0.293$ である[7)]．

[7)] 計算上は $-0.007 \leqq \rho \leqq 0.293$ であるが，児童の割合が負になることはないから，信頼区間の下限を 0.00 としている．

5. (a) 脂っこい食べ物が嫌いな人の LDL の値は

$$127, 86, 76, 56, 117, 76, 91, 107$$

だから，標本平均を M_0 とおくと

$$M_0 = \frac{736}{8} = 92$$

である．また，脂っこい食べ物がどちらともいえない人の LDL の値は

$$97, 96, 111, 88, 82, 133, 74, 108, 129$$

だから，標本平均を M_1 とおくと

$$M_1 = \frac{918}{9} = 102$$

である．さらに，脂っこい食べ物が好きな人の LDL の値は

$$115, 170, 151, 171, 117, 152, 121, 99,$$

だから，標本平均を M_2 とおくと

$$M_2 = \frac{1096}{8} = 137$$

である．これらはそれぞれ，脂っこい食べ物が嫌い，どちらとも言えない，好きな人の血液 1 dL 中に含まれる LDL コレステロール重量の母平均の不偏推定量である．

(b) 脂っこい食べ物が嫌いな人，どちらともいえない人，好きな人の LDL の値の偏差平方和はそれぞれ 3920, 3248, 5250 だから，それぞれの不偏分散を u_0^2, u_1^2, u_2^2 とおくと，

$$u_0^2 = \frac{3920}{8-1} = 560,$$
$$u_1^2 = \frac{3248}{9-1} = 406,$$
$$u_2^2 = \frac{5250}{8-1} = 750$$

である．これらはそれぞれ，脂っこい食べ物が嫌い，どちらとも言えない，好きな人の血液 1 dL 中に含まれる LDL コレステロール重量の母分散の不偏推定量である．

(c) t 分布表より

$$t_{8-1}(0.05/2) \approx 2.36$$

だから，脂っこい食べ物が嫌いな人の血液 1 dL 中に含まれる LDL コレステロール重量の母平均を μ_0 とおくと，その 95 % 信頼区間は

$$2.36 \times \sqrt{\frac{560}{8}} \approx 19.7$$

より $72.3 \leqq \mu_0 \leqq 112$ である．また，t 分布表より

$$t_{9-1}(0.05/2) \approx 2.31$$

だから，脂っこい食べ物がどちらともいえない人の血液 1 dL 中に含まれる LDL コレステロール重量の母平均を μ_1 とおくと，その 95 % 信頼区間は

$$2.31 \times \sqrt{\frac{406}{9}} \approx 15.5$$

より $86.5 \leqq \mu_1 \leqq 118$ である．さらに，脂っこい食べ物が好きな人の血液 1 dL 中に含まれる LDL コレステロール重量の母平均を μ_2 とおくと，その 95 % 信頼区間は

$$2.36 \times \sqrt{\frac{750}{8}} \approx 22.9$$

より $114 \leqq \mu_2 \leqq 160$ である．

(d) χ^2 分布表より

$$y_{8-1}(0.05/2) \approx 16.0,$$
$$y_{8-1}(1-0.05/2) \approx 1.69$$

だから，脂っこい食べ物が嫌いな人の血液 1 dL 中に含まれる LDL コレステロール重量の母分散を σ_0^2 とおくと，その 95 % 信頼区間は

$$\frac{(8-1) \times 560}{16.0} \leqq \sigma_0^2 \leqq \frac{(8-1) \times 560}{1.69}$$

より $245 \leqq \sigma_0^2 \leqq 2320$ である．また，χ^2 分布表より

$$y_{9-1}(0.05/2) \approx 17.5,$$
$$y_{9-1}(1-0.05/2) \approx 2.18$$

だから，脂っこい食べ物がどちらともいえない人の血液 1 dL 中に含まれる LDL コレステロール重量の母分散を σ_1^2 とおくと，その 95 % 信頼区間は

$$\frac{(9-1) \times 406}{17.5} \leqq \sigma_1^2 \leqq \frac{(9-1) \times 406}{2.18}$$

より $186 \leqq \sigma_0^2 \leqq 1490$ である．さらに，脂っこい食べ物が好きな人の血液 1 dL 中に含まれる LDL コレステロール重量の母分散を σ_2^2 とおくと，その 95 % 信頼区間は

$$\frac{(8-1)\times 750}{16.0} \leqq \sigma_2^2 \leqq \frac{(8-1)\times 750}{1.69}$$

より $328 \leqq \sigma_2^2 \leqq 3110$ である．

(e) 標本として抽出された 25 人の中で脂っこい食べ物が好きな人は 8 人だから，その観測比率を p とおくと

$$p = \frac{8}{25} = 0.32$$

である．正規分布表より

$$z(0.05/2) \approx 1.96$$

だから，この町の 40 ~ 60 歳の男女全員の中で脂っこい食べ物が好きな人の割合を ρ とおくと，その 95 % 信頼区間は

$$1.96 \times \sqrt{0.32 \times (1-0.32) \div 25} \approx 0.183$$

より $0.137 \leqq \rho \leqq 0.503$ である．

第 13 章の演習問題

1. 標本平均を M とおくと，

$$M = \frac{49.8 + 50.3 + \cdots + 50.2}{16} = \frac{796.8}{16} = 49.8$$

であり，製造仕様の 50.0 とは少し異なっている．そこで，母平均を μ と書き，帰無仮説 H_0 と対立仮説 H_1 をそれぞれ

$$H_0 : \mu = 50.0,$$
$$H_1 : \mu \neq 50.0$$

とおいて両側検定を行う．母分散を σ^2，標本の大きさを N と書き，検定統計量として

$$Z = \frac{M - 50.0}{\sigma/\sqrt{N}}$$

を用いると，Z は標準正規分布に従う．題意より $\sigma^2 = 0.16$ と仮定でき，$N = 16$, $M = 49.8$ だから，統計量 Z の実現値として

$$Z = \frac{49.8 - 50.0}{\sqrt{0.16/16}} = \frac{-0.2}{0.1} = -2.0$$

を得る．有意水準を 0.05 とすると，正規分布表より棄却域は

$$|Z| > z(0.05/2) \approx 1.96$$

であるから，$Z = -2.0$ はこれに含まれる．よって，帰無仮説は棄却され，$\mu \neq 50.0$，すなわち，ネジの長さの母平均は製造仕様の 50.0 mm とは異なっていると結論できる．

2. (a) 標本平均を M とおくと

$$M = \frac{7.7 + 8.0 + \cdots + 8.5}{25} = \frac{192.5}{25} = 7.7$$

である．また，不偏分散を u^2 とおくと

$$\begin{aligned} u^2 &= \frac{1}{25-1}\left\{(7.7-7.7)^2 + (8.0-7.7)^2 \right. \\ &\qquad \left. + \cdots + (8.5-7.7)^2\right\} \\ &= \frac{11.76}{24} = 0.49 \end{aligned}$$

を得る．

(b) 標本平均 $M = 7.7$ は全国平均値の 7.5 よりも良くないので，この中学校の 14 歳男子の 50 m 走の記録の母平均を μ と書き，帰無仮説 H_0 と対立仮説 H_1 をそれぞれ

$$H_0 : \mu = 7.5,$$
$$H_1 : \mu > 7.5$$

とおいて片側検定を行う．標本の大きさを N と書き，検定統計量として

$$T = \frac{M - 7.5}{u/\sqrt{N}}$$

を用いると，T は自由度 $N-1$ の t 分布に従う．いま，$N = 25$, $M = 7.7$, $u^2 = 0.49$ だから，統計量 T の実現値として

$$T = \frac{7.7 - 7.5}{\sqrt{0.49/25}} = \frac{0.2}{0.14} \approx 1.43$$

を得る．有意水準を 0.05 とすると，片側検定用の t 分布表より棄却域は

$$T > t_{25-1}(0.05) \approx 1.71$$

であるから，$T = 1.43$ はこれに含まれない．よって，帰無仮説は採択され，$\mu > 7.5$ であるとはいえない，すなわち，この中学校の 50 m 走の記録は全国平均より悪いとはいえないと結論できる．

3. 無作為抽出した 25 粒の粒径の標本平均を M とおくと，

$$M = \frac{17+19+\cdots+17}{25} = \frac{500}{25} = 20$$

であるから，不偏分散を u^2 とおくと

$$\begin{aligned} u^2 &= \frac{1}{25-1}\left\{(17-20)^2 + (19-20)^2 \right.\\ &\qquad \left. + \cdots + (17-20)^2\right\} \\ &= \frac{152}{24} = \frac{19}{3} \end{aligned}$$

を得る．不偏分散 u^2 は理想とする値 2^2 とは少し異なるので，母分散を σ^2 と書き，帰無仮説 H_0 と対立仮説 H_1 をそれぞれ

$$\begin{aligned} H_0 &: \sigma^2 = 2^2, \\ H_1 &: \sigma^2 \neq 2^2 \end{aligned}$$

とおいて両側検定を行う．標本の大きさを N と書き，検定統計量として

$$Y = \frac{u^2}{2^2/(N-1)}$$

を用いると，Y は自由度 $N-1$ の χ^2 分布に従う．いま，$N = 25$, $u^2 = 19/3$ だから，統計量 Y の実現値として

$$Y = \frac{19/3}{4/24} = 38$$

を得る．有意水準を 0.05 とすると，χ^2 分布表より棄却域は

$$Y < y_{25-1}(0.975) \approx 12.4$$

または

$$Y > y_{25-1}(0.025) \approx 39.4$$

であるから，$Y = 38$ はこれに含まれない．よって，帰無仮説は採択され，$\sigma^2 \neq 2^2$ とはいえないと結論できる，すなわち，この袋は検査合格である．

4. 月，火，水，木，金，土の測定値の標本平均をそれぞれ M_1, M_2, M_3, M_4, M_5, M_6 とおくと

$$\begin{aligned} M_1 &= \frac{81+80+\cdots+80}{16} = \frac{1280}{16} = 80, \\ M_2 &= \frac{81+81+\cdots+81}{16} = \frac{1280}{16} = 80, \\ M_3 &= \frac{81+81+\cdots+82}{16} = \frac{1296}{16} = 81, \\ M_4 &= \frac{81+82+\cdots+82}{16} = \frac{1280}{16} = 80, \\ M_5 &= \frac{81+82+\cdots+81}{16} = \frac{1280}{16} = 80, \\ M_6 &= \frac{82+80+\cdots+79}{16} = \frac{1264}{16} = 79 \end{aligned}$$

である．また，月，火，水，木，金，土の測定値の不偏分散をそれぞれ u_1^2, u_2^2, u_3^2, u_4^2, u_5^2, u_6^2 とおくと

$$\begin{aligned} u_1^2 &= \frac{1}{16-1}\left\{(81-80)^2 + (80-80)^2 \right.\\ &\qquad \left. + \cdots + (80-80)^2\right\} \\ &= \frac{12}{15} = \frac{4}{5}, \\ u_2^2 &= \frac{1}{16-1}\left\{(81-80)^2 + (81-80)^2 \right.\\ &\qquad \left. + \cdots + (81-80)^2\right\} \\ &= \frac{18}{15} = \frac{6}{5}, \\ u_3^2 &= \frac{1}{16-1}\left\{(81-81)^2 + (81-81)^2 \right.\\ &\qquad \left. + \cdots + (82-81)^2\right\} \\ &= \frac{20}{15} = \frac{4}{3}, \\ u_4^2 &= \frac{1}{16-1}\left\{(81-80)^2 + (82-80)^2 \right.\\ &\qquad \left. + \cdots + (82-80)^2\right\} \\ &= \frac{24}{15} = \frac{8}{5}, \\ u_5^2 &= \frac{1}{16-1}\left\{(81-80)^2 + (82-80)^2 \right.\\ &\qquad \left. + \cdots + (81-80)^2\right\} \\ &= \frac{30}{15} = 2, \\ u_6^2 &= \frac{1}{16-1}\left\{(82-79)^2 + (80-79)^2 \right.\\ &\qquad \left. + \cdots + (79-79)^2\right\} \\ &= \frac{36}{15} = \frac{12}{5} \end{aligned}$$

を得る．月，火，水，木，金，土の内容量の母分散をそれぞれ σ_1^2, σ_2^2, σ_3^2, σ_4^2, σ_5^2, σ_6^2 とおき，これらが 1 を越えていないかどうかを順次検定する．

(a) 月曜日の不偏分散 u_1^2 は 4/5 で 1 より小さい．不偏分散は母分散の不偏推定量であるから，月曜日の母分散 σ_1^2 は 1 を越えていないと考えてよい．

(b) 火曜日の母分散を検定するために，帰無仮説 H_0 と対立仮説 H_1 をそれぞれ

$$H_0 : \sigma_2^2 = 1,$$
$$H_1 : \sigma_2^2 > 1$$

とおいて片側検定を行う．標本の大きさを N と書き，検定統計量として

$$Y = \frac{u_2^2}{1/(N-1)}$$

を用いると，Y は自由度 $N-1$ の χ^2 分布に従う．いま，$N = 16$, $u_2^2 = 6/5$ だから，統計量 Y の実現値として

$$Y = \frac{6 \times 15}{5} = 18$$

を得る．有意水準を 0.05 とすると，χ^2 分布表より棄却域は

$$Y > y_{16-1}(0.05) \approx 25.0$$

であるから，$Y = 18$ はこれに含まれない．よって，帰無仮説は採択され，$\sigma_2^2 > 1$ とはいえないと結論できる．すなわち，翌水曜日にノズルの洗浄を行う必要はなかった．

(c) 水曜日の母分散を検定するために，帰無仮説 H_0 と対立仮説 H_1 をそれぞれ

$$H_0 : \sigma_3^2 = 1,$$
$$H_1 : \sigma_3^2 > 1$$

とおいて片側検定を行う．標本の大きさを N と書き，検定統計量として

$$Y = \frac{u_3^2}{1/(N-1)}$$

を用いると，Y は自由度 $N-1$ の χ^2 分布に従う．いま，$N = 16$, $u_3^2 = 4/3$ だから，統計量 Y の実現値として

$$Y = \frac{4 \times 15}{3} = 20$$

を得る．棄却域は

$$Y > y_{16-1}(0.05) \approx 25.0$$

であるから，$Y = 20$ はこれに含まれない．よって，帰無仮説は採択され，$\sigma_3^2 > 1$ とはいえないと結論できる．すなわち，翌木曜日にノズルの洗浄を行う必要はなかった．

(d) 木曜日の母分散を検定するために，帰無仮説 H_0 と対立仮説 H_1 をそれぞれ

$$H_0 : \sigma_4^2 = 1,$$
$$H_1 : \sigma_4^2 > 1$$

とおいて片側検定を行う．標本の大きさを N と書き，検定統計量として

$$Y = \frac{u_4^2}{1/(N-1)}$$

を用いると，Y は自由度 $N-1$ の χ^2 分布に従う．いま，$N = 16$, $u_4^2 = 8/5$ だから，統計量 Y の実現値として

$$Y = \frac{8 \times 15}{5} = 24$$

を得る．有意水準を 0.05 とすると，χ^2 分布表より棄却域は

$$Y > y_{16-1}(0.05) \approx 25.0$$

であるから，$Y = 24$ はこれに含まれない．よって，帰無仮説は採択され，$\sigma_4^2 > 1$ とはいえないと結論できる．すなわち，翌金曜日にノズルの洗浄を行う必要はなかった．

(e) 金曜日の母分散を検定するために，帰無仮説 H_0 と対立仮説 H_1 をそれぞれ

$$H_0 : \sigma_5^2 = 1,$$
$$H_1 : \sigma_5^2 > 1$$

とおいて片側検定を行う．標本の大きさを N と書き，検定統計量として

$$Y = \frac{u_5^2}{1/(N-1)}$$

を用いると，Y は自由度 $N-1$ の χ^2 分布に従う．いま，$N = 16$, $u_5^2 = 2$ だから，統計量 Y の実現値として

$$Y = 2 \times 15 = 30$$

を得る．有意水準を 0.05 とすると，χ^2 分布表より棄却域は

$$Y > y_{16-1}(0.05) \approx 25.0$$

であるから，$Y = 30$ はこれに含まれる．よって，帰無仮説は棄却され，$\sigma_5^2 > 1$ と結論できる．すなわち，翌土曜日にノズルの洗浄を行う必要があったことがわかる．

5. この町の持家率を ρ と書き，帰無仮説 H_0 と対立仮説 H_1 をそれぞれ

$$H_0 : \rho = 0.619,$$
$$H_1 : \rho > 0.619$$

とおいて片側検定を行う．標本の大きさを N，観測比率を p と書き，検定統計量として

$$Z = \frac{p - 0.619}{\sqrt{\dfrac{0.619 \times (1 - 0.619)}{N}}}$$

を用いると，Z は近似的に標準正規分布に従う．また，有意水準を 0.05 とすると，正規分布表より棄却域は

$$Z > z(0.05) \approx 1.64$$

である．

(a) $N = 50$, $p = 0.7$ のとき，統計量 Z の実現値は

$$Z = \frac{0.7 - 0.619}{\sqrt{\dfrac{0.619 \times (1 - 0.619)}{50}}} \approx 1.18$$

であり，棄却域に含まれない．よって，帰無仮説は採択され，$\rho > 0.619$ とはいえないと結論できる．すなわち，この町の持家率は全国平均より高いとはいえない．

(b) $N = 200$, $p = 0.7$ のとき，統計量 Z の実現値は

$$Z = \frac{0.7 - 0.619}{\sqrt{\dfrac{0.619 \times (1 - 0.619)}{200}}} \approx 2.36$$

であり，棄却域に含まれる．よって，帰無仮説は棄却され，$\rho > 0.619$ であると結論できる．すなわち，この町の持家率は全国平均より高いといえる．

このように，観測比率が想定される母比率より高くても，十分な標本の大きさのもとで得られた観測結果でなければ，直ちに母比率も高いと結論できるわけではない．

6. その市の全住民の中で賛成の住民の比率を ρ と書き，帰無仮説 H_0 を

$$H_0 : \rho = 0.5$$

とおく．標本の大きさを N，観測比率を p と書き，検定統計量として

$$Z = \frac{p - 0.5}{\sqrt{\dfrac{0.5 \times (1 - 0.5)}{N}}} = (2p - 1)\sqrt{N}$$

を用いると，Z は近似的に標準正規分布に従う．

(a) 対立仮説 H_1 を

$$H_1 : \rho > 0.5$$

とおいて片側検定を行う．有意水準を 0.05 とすると，正規分布表より棄却域は

$$Z > z(0.05) \approx 1.64$$

である．

A 市の調査結果では $p = 21/50 < 0.5$ だから，賛成の住民の方が多いとは考えられない．

B 市の調査結果でも $p = 31/80 < 0.5$ だから，賛成の住民の方が多いとは考えられない．

C 市の調査結果において $N = 60$, $p = 39/60$ であるから，統計量 Z の実現値は

$$Z = \left(2 \times \frac{39}{60} - 1\right) \times \sqrt{60} \approx 2.32$$

であり，棄却域に含まれる．よって，帰無仮説は棄却され，$\rho > 0.5$ であると結論できる．すなわち，C 市では賛成の住民の方が多いといえる．

D 市の調査結果では $p = 12/30 < 0.5$ だから，賛成の住民の方が多いとは考えられない．

E 市の調査結果でも $p = 40/100 < 0.5$ だから，賛成の住民の方が多いとは考えられない．

F 市の調査結果において $N = 50$, $p = 32/50$ であるから，統計量 Z の実現値は

$$Z = \left(2 \times \frac{32}{50} - 1\right) \times \sqrt{50} \approx 1.98$$

であり，棄却域に含まれる．よって，帰無仮説は棄却され，$\rho > 0.5$ であると結論できる．すなわち，F 市では賛成の住民の方が多いといえる．

G 市の調査結果では $p = 16/40 < 0.5$ だから，賛成の住民の方が多いとは考えられない．

H 市の調査結果において $N = 90$, $p = 55/90$ であるから，統計量 Z の実現値は

$$Z = \left(2 \times \frac{55}{90} - 1\right) \times \sqrt{90} \approx 2.11$$

であり，棄却域に含まれる．よって，帰無仮説は棄却され，$\rho > 0.5$ であると結論できる．すなわち，H 市では賛成の住民の方が多いといえる．

(b) 対立仮説 H_1 を

$$H_1 : \rho < 0.5$$

とおいて片側検定を行う．有意水準を 0.05 とすると，正規分布表より棄却域は

$$Z < -z(0.05) \approx -1.64$$

である．

A 市の調査結果において $N = 50$, $p = 21/50$ であるから，統計量 Z の実現値は

$$Z = \left(2 \times \frac{21}{50} - 1\right) \times \sqrt{50} \approx -1.13$$

であり，棄却域に含まれない．よって，帰無仮説は採択され，$\rho < 0.5$ とはいえないと結論できる．すなわち，A 市では反対の住民の方が多いとはいえない．

B 市の調査結果において $N = 80$, $p = 31/80$ であるから，統計量 Z の実現値は

$$Z = \left(2 \times \frac{31}{80} - 1\right) \times \sqrt{80} \approx -2.01$$

であり，棄却域に含まれる．よって，帰無仮説は棄却され，$\rho < 0.5$ であると結論できる．すなわち，B 市では反対の住民の方が多いといえる．

C 市の調査結果では $p = 39/60 > 0.5$ だから，反対の住民の方が多いとは考えられない．

D 市の調査結果において $N = 30$, $p = 12/30$ であるから，統計量 Z の実現値は

$$Z = \left(2 \times \frac{12}{30} - 1\right) \times \sqrt{30} \approx -1.10$$

であり，棄却域に含まれない．よって，帰無仮説は採択され，$\rho < 0.5$ とはいえないと結論できる．すなわち，D 市では反対の住民の方が多いとはいえない．

E 市の調査結果において $N = 100$, $p = 40/100$ であるから，統計量 Z の実現値は

$$Z = \left(2 \times \frac{40}{100} - 1\right) \times \sqrt{100} \approx -2.00$$

であり，棄却域に含まれる．よって，帰無仮説は棄却され，$\rho < 0.5$ であると結論できる．すなわち，E 市では反対の住民の方が多いといえる．

F 市の調査結果では $p = 32/50 > 0.5$ だから，反対の住民の方が多いとは考えられない．

G 市の調査結果において $N = 40$, $p = 16/40$ であるから，統計量 Z の実現値は

$$Z = \left(2 \times \frac{16}{40} - 1\right) \times \sqrt{40} \approx -1.26$$

であり，棄却域に含まれない．よって，帰無仮説は採択され，$\rho < 0.5$ とはいえないと結論できる．すなわち，G 市では反対の住民の方が多いとはいえない．

H 市の調査結果では $p = 55/90 > 0.5$ だから，反対の住民の方が多いとは考えられない．

(c) 対立仮説 H_1 を

$$H_1 : \rho \neq 0.5$$

とおいて両側検定を行う．有意水準を 0.05 とすると，正規分布表より棄却域は

$$|\,Z\,| > z(0.025) \approx 1.96$$

である．

A 市の調査結果において検定統計量の実現値は $Z \approx -1.13$ であり，棄却域に含まれない．よって，帰無仮説は採択され，$\rho \neq 0.5$ とはいえないと結論できる．すなわち，A 市では賛成と反対の住民が半々であると考えられる．

B 市の調査結果において検定統計量の実現値は $Z \approx -2.01$ であり，棄却域に含まれる．よって，帰無仮説は棄却され，$\rho \neq 0.5$ であると結論できる．すなわち，B 市では賛成と反対の住民が半々ではないと考えられる．

C 市の調査結果において検定統計量の実現値は $Z \approx 2.32$ であり，棄却域に含まれる．よって，帰無仮説は棄却され，$\rho \neq 0.5$ であると結論できる．すなわち，C 市では賛成と反対の住民が半々ではないと考えられる．

D 市の調査結果において検定統計量の実現値は $Z \approx -1.10$ であり，棄却域に含まれない．よって，帰無仮説は採択され，$\rho \neq 0.5$ とはいえないと結論できる．すなわち，D 市では賛成と反対の住民が半々であると考えられる．

E 市の調査結果において検定統計量の実現値は $Z \approx -2.00$ であり，棄却域に含まれる．よって，帰無仮説は棄却され，$\rho \neq 0.5$ であると結論できる．すなわち，E 市では賛成と反対の住民が半々ではないと考えられる．

F 市の調査結果において検定統計量の実現値は $Z \approx 1.98$ であり，棄却域に含まれる．よって，帰無仮説は棄却され，$\rho \neq 0.5$ であると結論できる．すなわち，F 市では賛成と反対の住民が半々ではないと考えられる．

G 市の調査結果において検定統計量の実現値は $Z \approx -1.26$ であり，棄却域に含まれない．よって，帰無仮説は採択され，$\rho \neq 0.5$ とはいえないと結論できる．すなわち，G 市では賛成と反対の住民が半々であると考えられる．

H 市の調査結果において検定統計量の実現値は $Z \approx 2.11$ であり，棄却域に含まれる．よって，帰無仮説は棄却され，$\rho \neq 0.5$ であると結論できる．すなわち，H 市では賛成と反対の住民が半々ではないと考えられる．

第 14 章の演習問題

1. (a) まったくランダムに解答するとき，それらが正解である確率は 1/4 であり，正解数は二項分布 $B_{4,1/4}$ に従う確率変数になる．正解数の実現値 $0, 1, 2, 3, 4$ に対する確率関数の値は

$$B_{4,1/4}(0) = {}_4C_0 \left(\frac{1}{4}\right)^0 \left(\frac{3}{4}\right)^4 = \frac{81}{256},$$
$$B_{4,1/4}(1) = {}_4C_1 \left(\frac{1}{4}\right)^1 \left(\frac{3}{4}\right)^3 = \frac{108}{256},$$
$$B_{4,1/4}(2) = {}_4C_2 \left(\frac{1}{4}\right)^2 \left(\frac{3}{4}\right)^2 = \frac{54}{256},$$
$$B_{4,1/4}(3) = {}_4C_3 \left(\frac{1}{4}\right)^3 \left(\frac{3}{4}\right)^1 = \frac{12}{256},$$
$$B_{4,1/4}(4) = {}_4C_4 \left(\frac{1}{4}\right)^4 \left(\frac{3}{4}\right)^0 = \frac{1}{256}$$

であるから，正解数ごとの期待度数はつぎの表のように与えられる．

正解数	0	1	2	3	4
人数	81	108	54	12	1

(b) 帰無仮説 H_0 と対立仮説 H_1 をそれぞれ

H_0 : 学生はまったくランダムに解答している，
H_1 : 学生は問題を解く力がある

とおく．正解数が 0, 1, 2, 3, 4 である学生の人数をそれぞれ X_0, X_1, X_2, X_3, X_4 と書き，検定統計量として

$$Y = \frac{(X_0 - 81)^2}{81} + \frac{(X_1 - 108)^2}{108} + \frac{(X_2 - 54)^2}{54} + \frac{(X_3 - 12)^2}{12} + \frac{(X_4 - 1)^2}{1}$$

を用いると，Y は近似的に自由度 $5 - 1 = 4$ の χ^2 分布に従う．また，観測度数は

$$X_0 = 63, \quad X_1 = 108, \quad X_2 = 63, \quad X_3 = 18, \quad X_4 = 4$$

であるから，統計量 Y の実現値として

$$Y = \frac{(63 - 81)^2}{81} + \frac{(108 - 108)^2}{108} + \frac{(63 - 54)^2}{54} + \frac{(18 - 12)^2}{12} + \frac{(4 - 1)^2}{1} = 4 + 0 + 1.5 + 3 + 9 = 17.5$$

を得る．有意水準を 0.05 とすると，χ^2 分布表より棄却域は

$$Y > y_{5-1}(0.05) \approx 9.49$$

であるから，$Y = 17.5$ はこれに含まれる．よって，帰無仮説は棄却され，学生はまったくランダムに解答したわけではない，すなわち，Y 先生の問題を解く力があるといえる．

2. (a) 256 株を 9 : 3 : 3 : 1 に分ければよいから，

$$\text{AB 型} : 256 \times \frac{9}{16} = 144 \text{ 株},$$
$$\text{Ab 型} : 256 \times \frac{3}{16} = 48 \text{ 株},$$
$$\text{aB 型} : 256 \times \frac{3}{16} = 48 \text{ 株},$$
$$\text{ab 型} : 256 \times \frac{1}{16} = 16 \text{ 株}$$

になると期待される．

(b) 帰無仮説 H_0 と対立仮説 H_1 をそれぞれ

H_0 : AB 型，Ab 型，aB 型，ab 型の出現比率は 9 : 3 : 3 : 1 である，
H_1 : AB 型，Ab 型，aB 型，ab 型の出現比率は 9 : 3 : 3 : 1 ではない

とおく．AB 型，Ab 型，aB 型，ab 型の観測数をそれぞれ $X_{\mathrm{AB}}, X_{\mathrm{Ab}}, X_{\mathrm{aB}}, X_{\mathrm{ab}}$ と書き，検定統計量として

$$Y = \frac{(X_{\mathrm{AB}} - 144)^2}{144} + \frac{(X_{\mathrm{Ab}} - 48)^2}{48} + \frac{(X_{\mathrm{aB}} - 48)^2}{48} + \frac{(X_{\mathrm{ab}} - 16)^2}{16}$$

を用いると，Y は近似的に自由度 $4 - 1 = 3$ の χ^2 分布に従う．また，観測度数は

$$X_{\mathrm{AB}} = 135, \quad X_{\mathrm{Ab}} = 57, \quad X_{\mathrm{aB}} = 40, \quad X_{\mathrm{ab}} = 24$$

であるから，統計量 Y の実現値として

$$Y = \frac{9^2}{144} + \frac{9^2}{48} + \frac{8^2}{48} + \frac{8^2}{16} = \frac{1092}{144} = \frac{91}{12} \approx 7.58$$

を得る．有意水準を 0.05 とすると，χ^2 分布表より棄却域は

$$Y > y_{4-1}(0.05) \approx 7.81$$

であるから，$Y = 7.58$ はこれに含まれない．よって，帰無仮説は採択され，AB 型，Ab 型，aB 型，ab 型の出現比率は 9 : 3 : 3 : 1 でないとはいえないという結論を得る．

3. (a) 合計 100 人の調査対象者のうち 32 人が病気にかかったから，ワクチンを接種した 40 人のうちの 32 % である 12.8 人と，ワクチンを接種しなかった 60 人のうちの 32 % である 19.2 人が病気にかかると予想される．

(b) 観測度数と期待度数をクロス集計表にまとめるとつぎのようになる．

観測	罹患	非罹患	計
非接種	24	36	60
接種	8	32	40
計	32	68	100

期待	罹患	非罹患	計
非接種	19.2	40.8	60.0
接種	12.8	27.2	40.0
計	32.0	68.0	100

帰無仮説 H_0 と対立仮説 H_1 をそれぞれ

H_0 : ワクチン接種と病気に関連がない，
H_1 : ワクチン接種と病気に関連がある

とおく．ワクチンを接種しなかった人のうち，病気にかかる人の数を X_{11}，病気にかからない人の数を X_{12} と書き，ワクチンを接種をした人のうち，病気にかかる人の数を X_{21}，病気にかからない人の数を X_{22} と書く．そのとき，検定統計量として

$$Y = \frac{(X_{11} - 19.2)^2}{19.2} + \frac{(X_{12} - 40.8)^2}{40.8} + \frac{(X_{21} - 12.8)^2}{12.8} + \frac{(X_{22} - 27.2)^2}{27.2}$$

を用いると，Y は近似的に自由度 $(2 - 1) \times (2 - 1) = 1$ の χ^2 分布に従う．また，観測度数は

$$X_{11} = 24, \quad X_{12} = 36, \quad X_{21} = 8, \quad X_{22} = 32$$

であるから，統計量 Y の実現値として

$$Y = \frac{4.8^2}{19.2} + \frac{4.8^2}{40.8} + \frac{4.8^2}{12.8} + \frac{4.8^2}{27.2} \approx 4.41$$

を得る．有意水準を 0.05 とすると，χ^2 分布表より棄却域は

$$Y > y_1(0.05) \approx 3.84$$

であるから，$Y \approx 11.6$ はこれに含まれる．よって，帰無仮説は棄却され，ワクチンを接種するかしないかと，病気にかかるかかからな

いかに関連があるという結論が得られる[8)].

4. (a) 男女あわせて 500 人の大学生のうち，赤，緑，黒を選んだ人はそれぞれ 180 人，175 人，145 人だから，男子学生 260 人の中で赤，緑，黒を選ぶ学生数の期待値は，それぞれ

$$\text{赤}: 260 \times \frac{180}{500} = 93.6\ \text{人},$$
$$\text{緑}: 260 \times \frac{175}{500} = 91.0\ \text{人},$$
$$\text{黒}: 260 \times \frac{145}{500} = 75.4\ \text{人}$$

である．また，女子学生 240 人の中で赤，緑，黒を選ぶ学生数の期待値は，それぞれ

$$\text{赤}: 240 \times \frac{180}{500} = 86.4\ \text{人},$$
$$\text{緑}: 240 \times \frac{175}{500} = 84.0\ \text{人},$$
$$\text{黒}: 240 \times \frac{145}{500} = 69.6\ \text{人}$$

である．

(b) 帰無仮説 H_0 と対立仮説 H_1 をそれぞれ

H_0 : 性別と色の好みに関連がない，
H_1 : 性別と色の好みに関連がある

とおく．男子学生の中で赤，緑，黒を選んだ人の数をそれぞれ X_{11}, X_{12}, X_{13} と書き，女子学生の中で赤，緑，黒を選んだ人の数をそれぞれ X_{21}, X_{22}, X_{23} と書く．そのとき，検定統計量として

$$Y = \frac{(X_{11}-93.6)^2}{93.6} + \frac{(X_{12}-91.0)^2}{91.0} + \frac{(X_{13}-75.4)^2}{75.4} + \frac{(X_{21}-86.4)^2}{86.4} + \frac{(X_{22}-84.0)^2}{84.0} + \frac{(X_{23}-69.6)^2}{69.6}$$

を用いると，Y は近似的に自由度 $(2-1)\times(3-1)=2$ の χ^2 分布に従う．また，観測度数は

$$X_{11}=88,\quad X_{12}=81,\quad X_{13}=91,$$
$$X_{21}=92,\quad X_{22}=94,\quad X_{23}=54$$

であるから，統計量 Y の実現値として

$$Y = \frac{5.6^2}{93.6} + \frac{10.0^2}{91.0} + \frac{15.6^2}{75.4} + \frac{5.6^2}{86.4} + \frac{10.0^2}{84.0} + \frac{15.6^2}{69.6} \approx 9.71$$

を得る．有意水準を 0.05 とすると，χ^2 分布表より棄却域は

$$Y > y_2(0.05) \approx 5.99$$

であるから，$Y \approx 9.71$ はこれに含まれる．よって，帰無仮説は棄却され，性別と色の好みに関連があるという結論が得られる[9)].

5. (a) A 組，B 組，C 組，D 組，E 組，F 組あわせて 250 人のうち，秀，優，良，可，不可の成績がついた人はそれぞれ 35 人，48 人，82 人，48 人，37 人だから，在籍者が 40 人の A 組，C 組，D 組，E 組 において，秀，優，良，可，不可の成績がつく学生数の期待値は，

$$\text{秀}: 40 \times \frac{35}{250} = 5.60\ \text{人},$$
$$\text{優}: 40 \times \frac{48}{250} = 7.68\ \text{人},$$
$$\text{良}: 40 \times \frac{82}{250} = 13.12\ \text{人},$$
$$\text{可}: 40 \times \frac{48}{250} = 7.68\ \text{人},$$
$$\text{不可}: 40 \times \frac{37}{250} = 5.92\ \text{人}$$

であり，在籍者が 45 人の B 組，F 組 において，秀，優，良，可，不可の成績がつく学生数の期待値は，つぎのようになる．

$$\text{秀}: 45 \times \frac{35}{250} = 6.30\ \text{人},$$
$$\text{優}: 45 \times \frac{48}{250} = 8.64\ \text{人},$$
$$\text{良}: 45 \times \frac{82}{250} = 14.76\ \text{人},$$
$$\text{可}: 45 \times \frac{48}{250} = 8.64\ \text{人},$$
$$\text{不可}: 45 \times \frac{37}{250} = 6.66\ \text{人}$$

(b) 帰無仮説 H_0 と対立仮説 H_1 をそれぞれ

H_0 : 組と成績の分布に関連がない，
H_1 : 組と成績の分布に関連がある

8) 観測度数から判断すると，ワクチンを接種すると病気にかかりにくくなるという結論が得られたと考えてよい．
9) 性別によって好みの色が異なることが結論されただけであり，男子学生は何色を好む傾向がある，あるいは，女子学生は何色を好む傾向があるということがわかったわけではない．

とおく．組 $i = \mathrm{A}, \mathrm{B}, \ldots, \mathrm{F}$ のそれぞれに対して，i 組の中で秀，優，良，可，不可の成績がつく学生の数をそれぞれ X_{i1}, X_{i2}, X_{i3}, X_{i4}, X_{i5} と書く．そのとき，検定統計量として

$$\begin{aligned}Y = &\frac{(X_{\mathrm{A}1} - 5.60)^2}{5.60} + \frac{(X_{\mathrm{A}2} - 7.68)^2}{7.68} \\ &+ \frac{(X_{\mathrm{A}3} - 13.12)^2}{13.12} + \frac{(X_{\mathrm{A}4} - 7.68)^2}{7.68} \\ &+ \frac{(X_{\mathrm{A}5} - 5.92)^2}{5.92} + \cdots \\ &+ \frac{(X_{\mathrm{F}1} - 6.30)^2}{6.30} + \frac{(X_{\mathrm{F}2} - 8.64)^2}{8.64} \\ &+ \frac{(X_{\mathrm{F}3} - 14.76)^2}{14.76} + \frac{(X_{\mathrm{F}4} - 8.64)^2}{8.64} \\ &+ \frac{(X_{\mathrm{F}5} - 6.66)^2}{6.66}\end{aligned}$$

を用いると，Y は近似的に自由度 $(6-1) \times (5-1) = 20$ の χ^2 分布に従う．また，観測度数は

$$\begin{aligned}&X_{\mathrm{A}1} = 6, \quad X_{\mathrm{A}2} = 9, \quad X_{\mathrm{A}3} = 15, \\ &X_{\mathrm{A}4} = 5, \quad X_{\mathrm{A}5} = 5, \quad \ldots, \\ &X_{\mathrm{F}1} = 5, \quad X_{\mathrm{F}2} = 7, \quad X_{\mathrm{F}3} = 12, \\ &X_{\mathrm{F}4} = 14, \quad X_{\mathrm{F}5} = 7\end{aligned}$$

であるから，統計量 Y の実現値として

$$\begin{aligned}Y = &\frac{0.40^2}{5.60} + \frac{1.32^2}{7.68} + \frac{1.88^2}{13.12} \\ &+ \frac{2.68^2}{7.68} + \frac{0.92^2}{5.92} + \cdots \\ &+ \frac{1.30^2}{6.30} + \frac{1.64^2}{8.64} + \frac{2.76^2}{14.76} \\ &+ \frac{5.36^2}{8.64} + \frac{0.34^2}{6.66} \\ \approx &\ 17.72\end{aligned}$$

を得る．有意水準を 0.05 とすると，χ^2 分布表より棄却域は

$$Y > y_{20}(0.05) \approx 31.41$$

であるから，$Y \approx 17.72$ はこれに含まれない．よって，帰無仮説は採択され，組によって成績の分布に差があるとはいえないという結論が得られる．

6. (a) 回答者数の期待値はつぎのようになる．

$$\begin{aligned}&\text{高松市：} && \frac{419,011}{980,497} \times 100 \approx 42.7, \\ &\text{丸亀市：} && \frac{110,301}{980,497} \times 100 \approx 11.2, \\ &\text{坂出市：} && \frac{53,715}{980,497} \times 100 \approx 5.5, \\ &\text{善通寺市：} && \frac{32,975}{980,497} \times 100 \approx 3.4, \\ &\text{観音寺市：} && \frac{61,041}{980,497} \times 100 \approx 6.2, \\ &\text{さぬき市：} && \frac{50,811}{980,497} \times 100 \approx 5.2, \\ &\text{東かがわ市：} && \frac{31,775}{980,497} \times 100 \approx 3.2, \\ &\text{三豊市：} && \frac{66,468}{980,497} \times 100 \approx 6.8, \\ &\text{郡部：} && \frac{154,400}{980,497} \times 100 \approx 15.7\end{aligned}$$

(b) 帰無仮説 H_0 と対立仮説 H_1 をそれぞれ

H_0：回答者は 8 つの市と郡部から偏りなく選ばれている，
H_1：回答者の選択に偏りがある

とおく．高松市，丸亀市，坂出市，善通寺市，観音寺市，さぬき市，東かがわ市，三豊市および郡部から選ばれる回答者数をそれぞれ X_1, X_2, X_3, X_4, X_5, X_6, X_7, X_8, X_9 と書き，検定統計量として

$$\begin{aligned}Y = &\frac{(X_1 - 42.7)^2}{42.7} + \frac{(X_2 - 11.2)^2}{11.2} \\ &+ \frac{(X_3 - 5.5)^2}{5.5} + \frac{(X_4 - 3.4)^2}{3.4} \\ &+ \frac{(X_5 - 6.2)^2}{6.2} + \frac{(X_6 - 5.2)^2}{5.2} \\ &+ \frac{(X_7 - 3.2)^2}{3.2} + \frac{(X_8 - 6.8)^2}{6.8} \\ &+ \frac{(X_9 - 15.7)^2}{15.7}\end{aligned}$$

を用いると，Y は近似的に自由度 $9 - 1 = 8$ の χ^2 分布に従う．また，観測度数は

$$\begin{aligned}&X_1 = 32, \quad X_2 = 10, \quad X_3 = 8, \\ &X_4 = 6, \quad X_5 = 8, \quad X_6 = 8, \\ &X_7 = 6, \quad X_8 = 8, \quad X_9 = 14\end{aligned}$$

であるから，統計量 Y の実現値として

$$
\begin{aligned}
Y &= \frac{12.7^2}{42.7} + \frac{1.2^2}{11.2} + \frac{2.5^2}{5.5} \\
&\quad + \frac{3.6^2}{3.4} + \frac{1.8^2}{6.2} + \frac{2.8^2}{5.2} \\
&\quad + \frac{3.8^2}{3.2} + \frac{1.2^2}{6.8} + \frac{1.7^2}{15.7} \\
&\approx 10.8
\end{aligned}
$$

を得る．有意水準を 0.05 とすると，χ^2 分布表より棄却域は

$$Y > y_{9-1}(0.05) \approx 15.5$$

であるから，$Y \approx 10.8$ はこれに含まれない．よって，帰無仮説は採択され，回答者の選択に偏りがあるとはいえないという結論が得られる．

(c) 香川県全体で持家に居住する人の割合は 70 % であるから，持家に住んでいる人の割合は居住する市郡によって違いがないと仮定すると，8 つの市と郡部の回答者で「持家」,「借家」に居住する人数の期待値はつぎのようになる．

居住地	回答者	持家	借家
高松市	32	22.4	9.6
丸亀市	10	7.0	3.0
坂出市	8	5.6	2.4
善通寺市	6	4.2	1.8
観音寺市	8	5.6	2.4
さぬき市	8	5.6	2.4
東かがわ市	6	4.2	1.8
三豊市	8	5.6	2.4
郡部	14	9.8	4.2
合計	100	70.0	30.0

(d) 帰無仮説 H_0 と対立仮説 H_1 をそれぞれ

H_0 : 居住地により持家率に差がない，
H_1 : 居住地により持家率に差がある

とおく．高松市における持家，借家の観測度数をそれぞれ X_{11}, X_{12}，丸亀市における持家，借家の観測度数をそれぞれ $X_{21}, X_{22}, \ldots$，三豊市における持家，借家の観測度数をそれぞれ X_{81}, X_{82}，郡部における持家，借家の観測度数をそれぞれ X_{91}, X_{92} と書き，検定統計量として

$$
\begin{aligned}
Y &= \frac{(X_{11}-22.4)^2}{22.4} + \frac{(X_{12}-9.6)^2}{9.6} \\
&\quad + \frac{(X_{21}-7.0)^2}{7.0} + \frac{(X_{22}-3.0)^2}{3.0} \\
&\quad + \cdots \\
&\quad + \frac{(X_{81}-5.6)^2}{5.6} + \frac{(X_{82}-2.4)^2}{2.4} \\
&\quad + \frac{(X_{91}-9.8)^2}{9.8} + \frac{(X_{92}-4.2)^2}{4.2}
\end{aligned}
$$

を用いると，Y は近似的に自由度 $(9-1)\times(2-1)=8$ の χ^2 分布に従う．また，観測度数は

$$
\begin{aligned}
X_{11} &= 16, & X_{12} &= 16, \\
X_{21} &= 6, & X_{22} &= 4, \\
&\vdots & &\vdots \\
X_{81} &= 7, & X_{82} &= 1, \\
X_{91} &= 13, & X_{92} &= 1
\end{aligned}
$$

であるから，統計量 Y の実現値として

$$
\begin{aligned}
Y &= \frac{6.4^2}{22.4} + \frac{6.4^2}{9.6} + \frac{1.0^2}{7.0} + \frac{1.0^2}{3.0} \\
&\quad + \cdots + \frac{1.4^2}{5.6} + \frac{1.4^2}{2.4} + \frac{3.2^2}{9.8} + \frac{3.2^2}{4.2} \\
&\approx 12.5
\end{aligned}
$$

を得る．有意水準を 0.05 とすると，χ^2 分布表より棄却域は

$$Y > y_8(0.05) \approx 15.5$$

であるから，$Y \approx 12.5$ はこれに含まれない．よって，帰無仮説は採択され，居住地により持家率に差があるとはいえないという結論が得られる．

第 15 章の演習問題

1. (a) 21 人のそれぞれについて，利き手の握力から非利き手の握力をひくとつぎのようになる．

$$\begin{array}{ccccccc} 3, & 3, & 2, & -3, & -1, & 5, & 4, \\ 6, & 3, & 5, & 3, & -3, & 2, & -2, \\ 5, & 3, & -4, & -2, & 4, & 3, & 6 \end{array}$$

これらの平均値を M，不偏分散を u^2 とおくと

$$\begin{aligned} M &= \frac{1}{21} \times (3+3+2-3-1+5+4 \\ &\qquad +6+3+5+3-3+2-2 \\ &\qquad +5+3-4-2+4+3+6) \\ &= \frac{42}{21} = 2, \\ u^2 &= \frac{1}{21-1} \times (1^2+1^2+0^2+5^2+3^2 \\ &\qquad +3^2+2^2+4^2+1^2 \\ &\qquad +3^2+1^2+5^2+0^2 \\ &\qquad +4^2+3^2+1^2+6^2 \\ &\qquad +4^2+2^2+1^2+4^2) \\ &= \frac{200}{20} = 10 \end{aligned}$$

であり，利き手の握力の方が非利き手の握力より強いように思われる．そこで，帰無仮説 H_0 と対立仮説 H_1 をそれぞれ

H_0：利き手の握力の平均値と非利き手の握力の平均値は等しい，
H_1：利き手の握力の平均値の方が非利き手の握力の平均値より大きい

とおいて片側検定を行う．標本の大きさを N と書くと，検定統計量

$$T = \frac{M}{u/\sqrt{N}}$$

は自由度 $N-1$ の t 分布に従う．いま $N=21$ だから，統計量 T の実現値は

$$T = \frac{2}{\sqrt{10/21}} \approx 2.90$$

である．一方，有意水準を 0.05 とすると，帰無仮説の棄却域は

$$T > t_{21-1}(0.05) \approx 1.72$$

であるから，$T=2.90$ はこれに含まれる．よって，帰無仮説は棄却され，利き手の握力の平均値は非利き手の握力の平均値より大きいと結論できる．

(b) 利き手の握力を男女別に整理すると

男：25, 13, 18, 21, 24, 15, 23, 30, 19, 23,
女：14, 22, 20, 20, 15, 19, 19, 16, 12, 23, 29

を得る．男子の標本平均を M_1，女子の標本平均 M_2 とおくと，

$$\begin{aligned} M_1 &= \frac{1}{10} \times (25+13+18+21+24 \\ &\qquad +15+23+30+19+23) \\ &= \frac{211}{10} = 21.1, \\ M_2 &= \frac{1}{11} \times (14+22+20+20+15+19 \\ &\qquad +19+16+12+23+29) \\ &= \frac{209}{11} = 19 \end{aligned}$$

であり，男子と女子で利き手の握力の平均値に差がありそうである．また，男子の不偏分散を u_1^2，女子の不偏分散を u_2^2 とおくと，

$$\begin{aligned} u_1^2 &= \frac{10}{10-1} \times \left\{ \frac{1}{10} \times (25^2+13^2+18^2 \right. \\ &\qquad +21^2+24^2+15^2+23^2 \\ &\qquad \left. +30^2+19^2+23^2) - 21.1^2 \right\} \\ &= \frac{10 \times (467.9 - 445.21)}{9} = \frac{2269}{90}, \\ u_2^2 &= \frac{1}{11-1} \times (5^2+3^2+1^2+1^2+4^2 \\ &\qquad +0^2+0^2+3^2+7^2+4^2+10^2) \\ &= \frac{226}{10} \end{aligned}$$

であり，母分散に大きな違いはなさそうである．そこで，男子の母平均を μ_1, 女子の母平均を μ_2 と書き，帰無仮説 H_0 と対立仮説 H_1 をそれぞれ

$$H_0 : \mu_1 = \mu_2, \quad H_1 : \mu_1 \neq \mu_2$$

とおいて両側検定を行う．母分散は等しいと仮定されているので，検定統計量として

$$T = \frac{M_1 - M_2}{\sqrt{u^2(1/N_1 + 1/N_2)}}$$

を用いる．ただし，N_1，N_2 はそれぞれ男子と女子の標本の大きさであり，u^2 は母分散の不偏推定量である．統計量 T は自由度 $N_1+N_2-2=10+11-2=19$ の t 分布に従うから，有意水準を 0.05 とすると，帰無仮説の棄却域は

$$|T|>t_{19}(0.05/2)\approx 2.09$$

である．一方，母分散の不偏推定量 u^2 は

$$u^2=\frac{(N_1-1)u_1^2+(N_2-1)u_2^2}{N_1+N_2-2}=\frac{226.9+226}{10+11-2}=\frac{452.9}{19}\approx 23.8$$

と計算できるから，検定統計量 T の実現値は

$$T\approx\frac{21.1-19}{\sqrt{23.8\times(1/10+1/11)}}\approx 0.98$$

であり，棄却域に含まれない．よって，帰無仮説は採択され，男子の利き手の握力の平均値と女子の利き手の握力の平均値に差はないという結論を得る．

2. (a) 合宿の参加者 15 人のそれぞれについて，7 月の記録から 9 月の記録をひくと

0.6, 0.4, −0.1, 0.2, −0.2, 0.6, 0.3, 0.5,
0.2, 0.4, 0.3, −0.2, 0.3, −0.1, −0.2

を得る．これらの平均値を M，不偏分散を u^2 とおくと，

$$\begin{aligned}M&=\frac{1}{15}\times(0.6+0.4-0.1+0.2-0.2\\&\quad+0.6+0.3+0.5+0.2+0.4\\&\quad+0.3-0.2+0.3-0.1-0.2)\\&=\frac{3.0}{15}=0.2,\\u^2&=\frac{1}{15-1}\times(0.4^2+0.2^2+0.3^2+0.0^2\\&\quad+0.4^2+0.4^2+0.1^2+0.3^2\\&\quad+0.0^2+0.2^2+0.1^2+0.4^2\\&\quad+0.1^2+0.3^2+0.4^2)\\&=\frac{1.18}{14}\approx 0.084\end{aligned}$$

であり，7 月の記録と 9 月の記録の間に差がありそうである．そこで，帰無仮説 H_0 と対立仮説 H_1 をそれぞれ

H_0：7 月の記録の平均値と 9 月の記録の平均値は等しい，
H_1：7 月の記録の平均値と 9 月の記録の平均値は異なる

とおいて両側検定を行う．標本の大きさを N と書くと，検定統計量

$$T=\frac{M}{u/\sqrt{N}}$$

は自由度 $N-1$ の t 分布に従う．いま $N=15$ だから，統計量 T の実現値は

$$T=\frac{0.2}{\sqrt{0.084/15}}\approx 2.67$$

である．一方，有意水準を 0.05 とすると，帰無仮説の棄却域は

$$|T|>t_{15-1}(0.05/2)\approx 2.14$$

であるから，$T=2.67$ はこれに含まれる．よって，帰無仮説は棄却され，7 月の記録の平均値と 9 月の記録の平均値は異なる，すなわち，合宿練習は 50 m 走の記録に何らかの影響を与えていると結論できる[10]．

(b) 7 月の記録を，合宿練習の参加状況別に整理すると

参加： 8.0, 8.2, 7.1, 9.5, 7.6,
8.9, 7.6, 7.6, 7.6, 7.5,
7.3, 7.4, 8.3, 7.4, 8.5,
不参加： 7.7, 8.1, 7.6, 6.7, 6.5,
7.8, 7.7, 6.9, 6.6, 8.4

を得る．参加者の標本平均を M_1，不参加者の標本平均を M_2 とおくと，

[10] 対立仮説を「H_1：7 月の記録の平均値は 9 月の記録の平均値よりも大きい」とおいて片側検定を行えば，合宿練習が 50 m 走の記録を伸ばすことに貢献しているか否かを検証できる．片側検定の棄却域は $T>t_{15-1}(0.05)\approx 1.76$ であるから，$T=2.67$ はこれに含まれる．よって，帰無仮説は棄却され，7 月の記録の平均値は 9 月の記録の平均値よりも大きいと結論できる．

$$\begin{aligned} M_1 &= \frac{1}{15} \times (8.0 + 8.2 + 7.1 + 9.5 + 7.6 \\ &\quad +8.9 + 7.6 + 7.6 + 7.6 + 7.5 \\ &\quad +7.3 + 7.4 + 8.3 + 7.4 + 8.5) \\ &= \frac{1185}{15} = 7.9, \\ M_2 &= \frac{1}{10} \times (7.7 + 8.1 + 7.6 + 6.7 + 6.5 \\ &\quad +7.8 + 7.7 + 6.9 + 6.6 + 8.4) \\ &= \frac{740}{10} = 7.4 \end{aligned}$$

であり，参加者の記録の方が不参加者の記録より悪そうである．また，参加者の不偏分散を u_1^2，不参加者の不偏分散を u_2^2 とおくと，

$$\begin{aligned} u_1^2 &= \frac{1}{14} \times (0.1^2 + 0.3^2 + 0.8^2 + 1.6^2 \\ &\quad +0.3^2 + 1.0^2 + 0.3^2 + 0.3^2 \\ &\quad +0.3^2 + 0.4^2 + 0.6^2 + 0.5^2 \\ &\quad +0.4^2 + 0.5^2 + 0.6^2) \\ &= \frac{6.20}{14} \approx 0.443, \\ u_2^2 &= \frac{1}{9} \times (0.3^2 + 0.7^2 + 0.2^2 + 0.7^2 \\ &\quad +0.9^2 + 0.4^2 + 0.3^2 + 0.5^2 \\ &\quad +0.8^2 + 1.0^2) \\ &= \frac{4.06}{9} \approx 0.451 \end{aligned}$$

であり，母分散に大きな違いはなさそうである．そこで，合宿練習に参加した生徒の 7 月の記録の母平均を μ_1，参加しなかった生徒の 7 月の記録の母平均を μ_2 と書き，帰無仮説 H_0 と対立仮説 H_1 をそれぞれ

$$\begin{aligned} H_0 &: \mu_1 = \mu_2, \\ H_1 &: \mu_1 > \mu_2 \end{aligned}$$

とおいて片側検定を行う．母分散は等しいと仮定されているので，検定統計量として

$$T = \frac{M_1 - M_2}{\sqrt{u^2(1/N_1 + 1/N_2)}}$$

を用いる．ただし，N_1, N_2 はそれぞれ参加者と不参加者の標本の大きさであり，u^2 は母分散の不偏推定量である．統計量 T は自由度 $N_1 + N_2 - 2 = 15 + 10 - 2 = 23$ の t 分布に従うから，有意水準を 0.05 とすると，帰無仮説の棄却域は

$$T > t_{23}(0.05) \approx 1.71$$

である．一方，母分散の不偏推定量 u^2 は，

$$\begin{aligned} u^2 &= \frac{(N_1 - 1)u_1^2 + (N_2 - 1)u_2^2}{N_1 + N_2 - 2} \\ &= \frac{6.20 + 4.06}{15 + 10 - 2} = \frac{10.26}{23} \approx 0.446 \end{aligned}$$

と計算できるから，検定統計量 T の実現値は

$$T = \frac{7.9 - 7.4}{\sqrt{0.446 \times (1/15 + 1/10)}} \approx 1.83$$

であり，棄却域に含まれる．よって，帰無仮説は棄却され，7 月の記録の平均値は，合宿練習参加者の方が不参加者より悪いと結論できる．

3. 塗装前における大型車の速度の標本平均を M_{11}，小型車の速度の標本平均を M_{12}，塗装後における大型車の速度の標本平均を M_{21}，小型車の速度の標本平均を M_{22} とおくと，

$$\begin{aligned} M_{11} &= \frac{43 + 44 + \cdots + 24 + 39}{15} = \frac{645}{15} = 43, \\ M_{12} &= \frac{41 + 44 + \cdots + 54 + 45}{25} = \frac{1275}{25} = 51, \\ M_{21} &= \frac{44 + 40 + \cdots + 40 + 41}{15} = \frac{630}{15} = 42, \\ M_{22} &= \frac{63 + 29 + \cdots + 41 + 39}{25} = \frac{1150}{25} = 46 \end{aligned}$$

であり，塗装前における大型車の速度の不偏分散を u_{11}^2，小型車の速度の不偏分散を u_{12}^2，塗装後における大型車の速度の不偏分散を u_{21}^2，小型車の速度の不偏分散を u_{22}^2 とおくと，

$$\begin{aligned} u_{11}^2 &= \frac{0^2 + 1^2 + \cdots + 19^2 + 4^2}{15 - 1} = \frac{854}{14} = 61, \\ u_{12}^2 &= \frac{10^2 + 7^2 + \cdots + 3^2 + 6^2}{25 - 1} = \frac{3226}{24} \approx 134, \\ u_{21}^2 &= \frac{2^2 + 2^2 + \cdots + 2^2 + 1^2}{15 - 1} = \frac{1140}{14} \approx 81.4, \\ u_{22}^2 &= \frac{17^2 + 17^2 + \cdots + 5^2 + 7^2}{25 - 1} = \frac{3000}{24} = 125 \end{aligned}$$

である．

(a) 塗装前における自動車全体の速度の標本平均を M_1，塗装後における自動車全体の速度の標本平均を M_2 とおくと，

$$\begin{aligned} M_1 &= \frac{15M_{11} + 25M_{12}}{15 + 25} = \frac{1920}{40} = 48, \\ M_2 &= \frac{15M_{21} + 25M_{22}}{15 + 25} = \frac{1780}{40} = 44.5 \end{aligned}$$

であり，速度の平均値が減少しているように思われる．また，塗装前における全体の不偏

分散を u_1^2，塗装後における全体の不偏分散を u_2^2 とおくと，

$$u_1^2 = \frac{5^2 + \cdots + 9^2 + 7^2 + \cdots + 3^2}{15 + 25 - 1} = \frac{4680}{39} = 120,$$

$$u_2^2 = \frac{0.5^2 + \cdots + 3.5^2 + 18.5^2 + \cdots + 5.5^2}{15 + 25 - 1} = \frac{4290}{39} = 110$$

を得る．塗装前における自動車全体の速度の母平均を μ_1，塗装後における自動車全体の速度の母平均を μ_2 と書き，帰無仮説 H_0 と対立仮説 H_1 をそれぞれ

$$H_0 : \mu_1 = \mu_2,$$
$$H_1 : \mu_1 > \mu_2$$

とおいて片側検定を行う．母分散に関する情報がないので，検定統計量として

$$\tilde{T} = \frac{M_1 - M_2}{\sqrt{u_1^2/N_1 + u_2^2/N_2}}$$

を用いる．ただし，N_1, N_2 はそれぞれ塗装前と塗装後の標本の大きさである．統計量 $\tilde{T}$ は近似的に自由度

$$n = \frac{\left(\dfrac{u_1^2}{N_1} + \dfrac{u_2^2}{N_2}\right)^2}{\dfrac{\left(\dfrac{u_1^2}{N_1}\right)^2}{N_1 - 1} + \dfrac{\left(\dfrac{u_2^2}{N_2}\right)^2}{N_2 - 1}} = \frac{\left(\dfrac{120}{40} + \dfrac{110}{40}\right)^2}{\dfrac{\left(\dfrac{120}{40}\right)^2}{40 - 1} + \dfrac{\left(\dfrac{110}{40}\right)^2}{40 - 1}} \approx 77.9$$

の t 分布に従うから，有意水準を 0.05 とすると，片側検定の棄却域は Excel の関数 `tinv`$(0.10, 77.9)$ を用いて

$$\tilde{T} > t_{77.9}(0.05) \approx 1.66$$

と計算できる．一方，統計量 $\tilde{T}$ の実現値は

$$\tilde{T} = \frac{48 - 44.5}{\sqrt{120/40 + 110/40}} \approx 1.46$$

であるから，棄却域に含まれない．よって，帰無仮説は採択され，「通学路」と塗装することによって，この小学校の正門前を通過する自動車の速度の平均値が減少したとはいえないという結論を得る．

(b) $M_{11} = 43$, $M_{12} = 51$ だから，母平均にも差がありそうである．そこで，塗装前における大型車の速度の母平均を μ_{11}，小型車の速度の母平均を μ_{12} と書き，帰無仮説 H_0 と対立仮説 H_1 をそれぞれ

$$H_0 : \mu_{11} = \mu_{12},$$
$$H_1 : \mu_{11} \neq \mu_{12}$$

とおいて両側検定を行う．母分散に関する情報がないので，検定統計量として

$$\tilde{T} = \frac{M_{11} - M_{12}}{\sqrt{u_{11}^2/N_{11} + u_{12}^2/N_{12}}}$$

を用いる．ただし，N_{11}, N_{12} はそれぞれ塗装前における大型車と小型車の標本の大きさである．統計量 $\tilde{T}$ は近似的に自由度

$$n = \frac{\left(\dfrac{u_{11}^2}{N_{11}} + \dfrac{u_{12}^2}{N_{12}}\right)^2}{\dfrac{\left(\dfrac{u_{11}^2}{N_{11}}\right)^2}{N_{11} - 1} + \dfrac{\left(\dfrac{u_{12}^2}{N_{12}}\right)^2}{N_{12} - 1}} = \frac{\left(\dfrac{61}{15} + \dfrac{134}{25}\right)^2}{\dfrac{\left(\dfrac{61}{15}\right)^2}{15 - 1} + \dfrac{\left(\dfrac{134}{25}\right)^2}{25 - 1}} \approx 37.5$$

の t 分布に従うから，有意水準を 0.05 とすると，両側検定の棄却域は Excel の関数 `tinv`$(0.05, 37.5)$ を用いて

$$\left|\tilde{T}\right| > t_{37.5}(0.05/2) \approx 2.03$$

と計算できる．一方，統計量 $\tilde{T}$ の実現値は

$$\tilde{T} \approx \frac{43 - 51}{\sqrt{61/15 + 134/25}} \approx -2.60$$

であるから，棄却域に含まれる．よって，帰無仮説は棄却され，塗装する前において大型車の速度の平均値と小型車の速度の平均値に差があったという結論を得る．

4. (a) 煙草を吸わない 40 人と煙草を吸う 10 人をあわせた合計 50 人のそれぞれについて，第 1 子の体重から第 2 子の体重をひくと，

$$
\begin{array}{rrrrr}
0.7, & 0.1, & 0.4, & 0.2, & 0.4,\\
0.5, & -0.2, & 0.6, & 0.7, & 0.3,\\
0.5, & -0.9, & 0.1, & -0.2, & 0.8,\\
0.7, & -0.2, & -0.1, & -0.9, & -0.1,\\
-0.2, & 0.2, & -0.1, & 0.4, & 1.0,\\
0.3, & 0.0, & -0.2, & -0.5, & -0.7,\\
0.5, & 0.2, & 0.1, & -0.1, & -0.2,\\
0.6, & 0.3, & -0.6, & -0.2, & -0.2,\\
-0.3, & -0.1, & -0.5, & 0.4, & 0.8,\\
0.0, & -0.4, & -0.3, & 0.3, & 0.1
\end{array}
$$

である．これらの平均値を M，不偏分散を u^2 とおくと

$$
\begin{aligned}
M &= \frac{0.7+0.1+\cdots+0.3+0.1}{50}\\
&= \frac{4.0}{50} = 0.08,\\
u^2 &= \frac{0.62^2+0.02^2+\cdots+0.22^2+0.02^2}{50-1}\\
&= \frac{9.74}{49} \approx 0.20
\end{aligned}
$$

であり，第 1 子の出生時体重と第 2 子の出生時体重にはほとんど差がないように思われる．そこで，帰無仮説 H_0 と対立仮説 H_1 をそれぞれ

H_0：第 1 子の出生時体重の平均値と第 2 子の出生時体重の平均値は等しい，

H_1：第 1 子の出生時体重の平均値と第 2 子の出生時体重の平均値は異なる

とおいて両側検定を行う．標本の大きさを N と書くと，検定統計量

$$T = \frac{M}{u/\sqrt{N}}$$

は自由度 $N-1$ の t 分布に従う．いま $N=50$ だから，統計量 T の実現値は

$$T = \frac{0.08}{\sqrt{0.20/50}} \approx 1.27$$

である．一方，有意水準を 0.05 とすると，帰無仮説の棄却域は

$$|\,T\,| > t_{50-1}(0.05/2) \approx 2.01$$

であるから[11]，$T \approx 1.27$ はこれに含まれない．よって，帰無仮説は採択され，第 1 子の出生時体重の平均値と第 2 子の出生時体重の平均値に有意な差があるとはいえないという結論になる．

(b) 煙草を吸わない女性から産まれた第 1 子の出生時体重の標本平均を M_1，煙草を吸う女性から産まれた第 1 子の出生時体重の標本平均を M_2 とおくと，

$$
\begin{aligned}
M_1 &= \frac{2.8+3.1+\cdots+2.9+2.9}{40}\\
&= \frac{124}{40} = 3.1,\\
M_2 &= \frac{2.2+2.6+\cdots+3.2+3.2}{10}\\
&= \frac{28}{10} = 2.8
\end{aligned}
$$

であり，煙草を吸う女性から産まれた第 1 子の出生時体重の方が軽そうである．また，煙草を吸わない女性から産まれた第 1 子の出生時体重の不偏分散を u_1^2，煙草を吸う女性から産まれた第 1 子の出生時体重の不偏分散を u_2^2 とおくと，

$$
\begin{aligned}
u_1^2 &= \frac{0.3^2+0.0^2+\cdots+0.2^2+0.2^2}{40-1}\\
&= \frac{3.800}{39} \approx 0.0974,\\
u_2^2 &= \frac{0.6^2+0.2^2+\cdots+0.4^2+0.4^2}{10-1}\\
&= \frac{0.90}{9} = 0.10
\end{aligned}
$$

であり，母分散に大きな違いはなさそうである．そこで，煙草を吸わない女性から産まれた第 1 子の出生時体重の母平均を μ_1，煙草を吸う女性から産まれた第 1 子の出生時体重の母平均を μ_2 と書き，帰無仮説 H_0 と対立仮説 H_1 をそれぞれ

$$
\begin{aligned}
H_0 &: \mu_1 = \mu_2,\\
H_1 &: \mu_1 > \mu_2
\end{aligned}
$$

とおいて片側検定を行う．母分散は等しいと仮定されているので，検定統計量として

11) 付録 G に掲げる t 分布表に自由度 $n=49$ の欄はないが，$t_{40}(0.05/2) \approx 2.0211$, $t_{50}(0.05/2) \approx 2.0086$ より，$t_{49}(0.05/2) \approx 2.01$ と推測できる．また，Excel の関数を用いると $t_{49}(0.05/2)$ の値は `tinv(0.05, 49)` により計算できる．

$$T = \frac{M_1 - M_2}{\sqrt{u^2(1/N_1 + 1/N_2)}}$$

を用いる．ただし，N_1, N_2 はそれぞれ母親が煙草を吸わない場合と煙草を吸う場合の標本の大きさであり，u^2 は母分散の不偏推定量である．統計量 T は自由度 $N_1 + N_2 - 2 = 40 + 10 - 2 = 48$ の t 分布に従うから，有意水準を 0.05 とすると，帰無仮説の棄却域は

$$T > t_{48}(0.05) \approx 1.68$$

である[12)]．一方，母分散の不偏推定量 u^2 は

$$\begin{aligned} u^2 &= \frac{(N_1-1)u_1^2 + (N_2-1)u_2^2}{N_1 + N_2 - 2} \\ &= \frac{3.8 + 0.9}{40 + 10 - 2} = \frac{4.7}{48} \approx 0.0979 \end{aligned}$$

と計算できるから，検定統計量 T の実現値は

$$T \approx \frac{3.1 - 2.8}{\sqrt{0.0979 \times (1/40 + 1/10)}} \approx 2.71$$

であり，棄却域に含まれる．よって，帰無仮説は棄却され，煙草を吸う女性から産まれた第 1 子の出生時体重の平均値は，煙草を吸わない女性から産まれた第 1 子の出生時体重の平均値より小さいという結論を得る．

第 16 章の演習問題

1. 第 15 章の演習問題 1 で求めたように，男子の不偏分散を u_1^2，女子の不偏分散を u_2^2 とおくと

$$u_1^2 = \frac{2269}{90}, \quad u_2^2 = \frac{226}{10}$$

である．男子の母分散を σ_1^2，女子の母分散を σ_2^2 と書き，帰無仮説 H_0 と対立仮説 H_1 をそれぞれ

$$H_0 : \sigma_1^2 = \sigma_2^2,$$
$$H_1 : \sigma_1^2 \neq \sigma_2^2$$

とおいて両側検定を行う．検定統計量として

$$W = \frac{u_1^2}{u_2^2}$$

を用いると，男子の標本の大きさは $N_1 = 10$，女子の標本の大きさは $N_2 = 11$ だから，帰無仮説 H_0 のもとで W は自由度 $(N_1 - 1, N_2 - 1) = (9, 10)$ の F 分布に従う．有意水準を 0.05 とおくと，両側検定の棄却域は

$$\begin{aligned} W < w_{9,10}(0.975) &= \frac{1}{w_{10,9}(0.025)} \\ &\approx \frac{1}{3.96} \approx 0.25 \end{aligned}$$

または

$$W > w_{9,10}(0.025) \approx 3.78$$

である．一方，統計量 W の実現値は

$$W = \frac{2269}{90} \times \frac{10}{226} = \frac{2269}{9 \times 226} \approx 1.12$$

であるから，棄却域に含まれない．よって，帰無仮説は採択され，男子の母分散と女子の母分散が異なっているとはいえないという結論を得る．

2. A 大学の学生の成績の標本平均と B 大学の学生の成績の標本平均をそれぞれ M_A, M_B とすると

$$\begin{aligned} M_A &= \frac{53 + 57 + \cdots + 57 + 56}{31} = \frac{2015}{31} = 65, \\ M_B &= \frac{75 + 63 + \cdots + 54 + 63}{31} = \frac{2015}{31} = 65 \end{aligned}$$

であり，その値は等しい[13)]．一方，A 大学の学生の成績の不偏分散と B 大学の学生の成績の不偏分散をそれぞれ u_A^2, u_B^2 とすると

$$\begin{aligned} u_A^2 &= \frac{12^2 + 8^2 + \cdots + 8^2 + 9^2}{31 - 1} = \frac{3330}{30} = 111, \\ u_B^2 &= \frac{10^2 + 2^2 + \cdots + 11^2 + 2^2}{31 - 1} = \frac{1470}{30} = 49 \end{aligned}$$

であり，A 大学の方がかなり大きいことがわかる．そこで，A 大学の学生の成績の母分散と B 大学の学生の成績の母分散をそれぞれ σ_A^2, σ_B^2

12) 付録 G に掲げる t 分布表に自由度 $n = 48$ の欄はないが，$t_{40}(0.05) \approx 1.6839$, $t_{50}(0.05) \approx 1.6759$ より，$t_{48}(0.05) \approx 1.68$ と推測できる．また，Excel の関数を用いると $t_{48}(0.05)$ の値は $\mathtt{tinv}(0.05 \times 2, 48)$ により計算できる．

13) A 大学，B 大学ともに，標本の最大値は 84，最小値は 53 であり，範囲も等しい．

と書き，帰無仮説 H_0 と対立仮説 H_1 をそれぞれ

$$H_0 : \sigma_A^2 = \sigma_B^2,$$
$$H_1 : \sigma_A^2 > \sigma_B^2$$

とおいて片側検定を行う．検定統計量として

$$W = \frac{\sigma_A^2}{\sigma_B^2}$$

を用いると，A 大学の標本の大きさは $N_A = 31$，B 大学の標本の大きさも $N_B = 31$ だから，帰無仮説 H_0 のもとで W は自由度 $(N_A - 1, N_B - 1) = (30, 30)$ の F 分布に従う．有意水準を 0.05 とおくと，片側検定の棄却域は

$$W > w_{30,30}(0.05) \approx 1.84$$

である．統計量 W の実現値は

$$W = \frac{111}{49} \approx 2.27$$

であるから，棄却域に含まれる．よって，帰無仮説は棄却され，A 大学の学生の成績の母分散は B 大学の学生の成績の母分散よりも大きいという結論を得る．

3. 脂っこい食べ物が嫌いな人，どちらともいえない人，好きな人の血液 1 dL 中の LDL コレステロール重量の標本平均をそれぞれ M_0, M_1, M_2 とすると，

$$M_0 = \frac{127 + 86 + \cdots + 91 + 107}{8} = \frac{736}{8} = 92,$$
$$M_1 = \frac{97 + 96 + \cdots + 107 + 129}{9} = \frac{918}{9} = 102,$$
$$M_2 = \frac{115 + 170 + \cdots + 121 + 99}{8} = \frac{1096}{8} = 137$$

であり，母平均にも差がありそうである．全標本の平均値を M とすると

$$M = \frac{8M_0 + 9M_1 + 8M_2}{8 + 9 + 8} = \frac{2750}{25} = 110$$

である．脂っこい食べ物が嫌いな人，どちらともいえない人，好きな人の血液 1 dL 中の LDL コレステロール重量の母平均をそれぞれ μ_0, μ_1, μ_2 と書き，帰無仮説 H_0 と対立仮説 H_1 をそれぞれ

$$H_0 : \mu_0 = \mu_1 = \mu_2,$$
$$H_1 : \mu_0 = \mu_1 = \mu_2 \text{ ではない}$$

とおいて分散分析を行う．グループ間の偏差平方和を S_d，グループ内の偏差平方和を S_e とすると，

$$\begin{aligned} S_d &= 8(92 - 110)^2 + 9(102 - 110)^2 \\ &\qquad + 8(137 - 110)^2 \\ &= 9000, \\ S_e &= (35^2 + 6^2 + \cdots + 1^2 + 15^2) \\ &\quad + (5^2 + 6^2 + \cdots + 5^2 + 27^2) \\ &\quad + (22^2 + 34^2 + \cdots + 16^2 + 38^2) \\ &= 12418 \end{aligned}$$

であり，対応する自由度はそれぞれ

$$n_d = 3 - 1 = 2,$$
$$n_e = (8 - 1) + (9 - 1) + (8 - 1) = 22$$

である．よって，平均平方は

$$u_d^2 = \frac{9000}{2} = 4500, \quad u_e^2 = \frac{12418}{22} \approx 564$$

と計算でき，それらの比をとることによって，検定統計量 F の実現値は

$$F = \frac{u_d^2}{u_e^2} = \frac{4500 \times 22}{12418} \approx 7.97$$

であることがわかる．有意水準を 0.05 とすると，片側検定の棄却域は

$$F > w_{2,22}(0.05) \approx 3.44$$

であるから[14]，$F \approx 7.97$ はこれに含まれる．よって，帰無仮説は棄却され，脂っこい食べ物の好みによって，血液 1 dL 中の LDL コレステロール重量の母平均に違いがあると結論できる．

	平方和	自由度	平均平方	F 値
グループ間	9000	2	4500	7.97
グループ内	12418	22	564	
合計	21418	24		

[14] 付録 F に掲げる F 分布表に自由度 $(n_1, n_2) = (2, 22)$ の欄はないが，$w_{2,20}(0.05) \approx 3.49$, $w_{2,30}(0.05) \approx 3.32$ より，$w_{2,22}(0.05) \approx 3.44$ と推測できる．また，Excel の関数を用いると，$w_{2,22}(0.05)$ の値は $\texttt{finv}(0.05, 2, 22)$ により計算できる．

4. 早番，遅番，夜勤の時間帯における不良品発生率の標本平均をそれぞれ M_1, M_2, M_3 とすると，

$$M_1 = \frac{5.3+5.2+\cdots+4.6+4.8}{11} = \frac{53.9}{11} = 4.9,$$
$$M_2 = \frac{4.8+4.5+\cdots+5.2+5.5}{11} = \frac{53.9}{11} = 4.9,$$
$$M_3 = \frac{5.1+5.2+\cdots+5.4+5.3}{11} = \frac{57.2}{11} = 5.2$$

であり，全標本の平均値を M とすると

$$M = \frac{11M_1+11M_2+11M_3}{11+11+11} = \frac{165.0}{33} = 5.0$$

を得る．早番，遅番，夜勤の時間帯における不良品発生率の母平均をそれぞれ μ_1, μ_2, μ_3 と書き，帰無仮説 H_0 と対立仮説 H_1 をそれぞれ

$$H_0 : \mu_1 = \mu_2 = \mu_3,$$
$$H_1 : \mu_1 = \mu_2 = \mu_3 \text{ ではない}$$

とおいて分散分析を行う．グループ間の偏差平方和を S_d，グループ間の偏差平方和を S_e とすると，

$$S_d = 11(4.9-5.0)^2 + 11(4.9-5.0)^2 + 11(5.2-5.0)^2 = 0.66,$$
$$S_e = (0.4^2+0.3^2+\cdots+0.3^2+0.1^2) + (0.1^2+0.4^2+\cdots+0.3^2+0.6^2) + (0.1^2+0.0^2+\cdots+0.2^2+0.1^2) = 3.20$$

であり，対応する自由度はそれぞれ

$$n_d = 3-1 = 2,$$
$$n_e = (11-1)+(11-1)+(11-1) = 30$$

である．よって，平均平方は

$$u_d^2 = \frac{0.66}{2} = 0.33, \quad u_e^2 = \frac{3.20}{30} \approx 0.107$$

と計算でき，それらの比をとることによって，検定統計量 F の実現値は

$$F = \frac{u_d^2}{u_e^2} = \frac{19.8}{6.40} \approx 3.09$$

であることがわかる．有意水準を 0.05 とすると，片側検定の棄却域は

$$F > w_{2,30}(0.05) \approx 3.32$$

であるから，$F \approx 3.09$ はこれに含まれない．よって，帰無仮説は採択され，早番，遅番，夜勤の時間帯における不良品発生率の母平均に差があるとはいえないという結論になる．

	平方和	自由度	平均平方	F 値
グループ間	0.66	2	0.33	3.09
グループ内	3.20	30	0.107	
合計	3.86	32		

5. A 川，B 川，C 川，D 川において捕獲されたアユの体長の標本平均をそれぞれ M_A, M_B, M_C, M_D とすると，

$$M_A = \frac{16.3+19.2+\cdots+25.2+19.6}{11} = \frac{201.3}{11} = 18.3,$$
$$M_B = \frac{14.6+20.9+\cdots+16.3+12.4}{12} = \frac{171.6}{12} = 14.3,$$
$$M_C = \frac{21.4+19.4+\cdots+15.1+15.4}{10} = \frac{165.0}{10} = 16.5,$$
$$M_D = \frac{17.4+18.4+\cdots+12.4+24.5}{11} = \frac{192.5}{11} = 17.5$$

であり，全標本の平均値を M とすると

$$M = \frac{11M_A+12M_B+10M_C+11M_D}{11+12+10+11} = \frac{730.4}{44} = 16.6$$

を得る．A 川，B 川，C 川，D 川を遡上するアユの体長の母平均をそれぞれ $\mu_A, \mu_B, \mu_C, \mu_D$ と書き，帰無仮説 H_0 と対立仮説 H_1 をそれぞれ

$$H_0 : \mu_A = \mu_B = \mu_C = \mu_D,$$
$$H_1 : \mu_A = \mu_B = \mu_C = \mu_D \text{ ではない}$$

とおいて分散分析を行う．グループ間の偏差平方和を S_d，グループ間の偏差平方和を S_e とす

ると，

$$\begin{aligned} S_d &= 11(18.3-16.6)^2+12(14.3-16.6)^2 \\ &\quad +10(16.5-16.6)^2+11(17.5-16.6)^2 \\ &= 104.28, \\ S_e &= (2.0^2+0.9^2+\cdots+6.9^2+1.3^2) \\ &\quad +(0.3^2+6.6^2+\cdots+2.0^2+1.9^2) \\ &\quad +(4.9^2+2.9^2+\cdots+1.4^2+1.1^2) \\ &\quad +(0.1^2+0.9^2+\cdots+5.1^2+7.0^2) \\ &= 645.9 \end{aligned}$$

であり，対応する自由度はそれぞれ

$$\begin{aligned} n_d &= 4-1=3, \\ n_e &= (11-1)+(12-1) \\ &\quad +(10-1)+(11-1)=40 \end{aligned}$$

である．よって，平均平方は

$$u_d^2=\frac{104.28}{3}=34.76, \quad u_e^2=\frac{645.9}{40}=16.1475$$

と計算でき，それらの比をとることによって，検定統計量 F の実現値は

$$F=\frac{u_d^2}{u_e^2}=\frac{34.76}{16.1475}\approx 2.15$$

であることがわかる．有意水準を 0.05 とすると，片側検定の棄却域は

$$F>w_{3,40}(0.05)\approx 2.84$$

であるから，$F\approx 2.15$ はこれに含まれない．よって，帰無仮説は採択され，A 川，B 川，C 川，D 川を遡上するアユの体長の母平均に差があるとはいえないという結論になる．

	平方和	自由度	平均平方	F 値
グループ間	104.28	3	34.76	2.15
グループ内	645.9	40	16.1475	
合計	750.18	43		

6. 月曜日，火曜日，水曜日，木曜日，金曜日の来店者数の標本平均をそれぞれ M_1，M_2，M_3，M_4，M_5 とすると，

$$\begin{aligned} M_1 &= \frac{37+38+\cdots+39+38}{15} \\ &= \frac{585}{15}=39, \\ M_2 &= \frac{39+49+\cdots+35+38}{15} \\ &= \frac{630}{15}=42, \\ M_3 &= \frac{48+32+\cdots+36+43}{15} \\ &= \frac{600}{15}=40, \\ M_4 &= \frac{37+38+\cdots+30+36}{15} \\ &= \frac{570}{15}=38, \\ M_5 &= \frac{46+48+\cdots+51+43}{15} \\ &= \frac{660}{15}=44 \end{aligned}$$

であり，全標本の平均値を M とすると

$$\begin{aligned} M &= \frac{15M_1+15M_2+15M_3+15M_4+15M_5}{15+15+15+15+15} \\ &= \frac{3045}{75}=40.6 \end{aligned}$$

を得る．月曜日，火曜日，水曜日，木曜日，金曜日の来店者数の母平均をそれぞれ μ_1，μ_2，μ_3，μ_4 μ_5 と書き，帰無仮説 H_0 と対立仮説 H_1 をそれぞれ

$$\begin{aligned} &H_0: \mu_1=\mu_2=\mu_3=\mu_4=\mu_5, \\ &H_1: \mu_1=\mu_2=\mu_3=\mu_4=\mu_5 \text{ ではない} \end{aligned}$$

とおいて分散分析を行う．グループ間の偏差平方和を S_d，グループ間の偏差平方和を S_e とすると，

$$\begin{aligned} S_d &= 15(39-40.6)^2+15(42-40.6)^2 \\ &\quad +15(40-40.6)^2+15(38-40.6)^2 \\ &\quad +15(44-40.6)^2 \\ &= 348.0, \\ S_e &= (2^2+1^2+\cdots+0^2+1^2) \\ &\quad +(3^2+7^2+\cdots+7^2+4^2) \\ &\quad +(8^2+8^2+\cdots+4^2+3^2) \\ &\quad +(1^2+0^2+\cdots+8^2+2^2) \\ &\quad +(2^2+4^2+\cdots+7^2+1^2) \\ &= 1722 \end{aligned}$$

であり，対応する自由度はそれぞれ

$$\begin{aligned} n_d &= 5-1=4, \\ n_e &= (15-1)+(15-1)+(15-1) \\ &\quad +(15-1)+(15-1)=70 \end{aligned}$$

である．よって，平均平方は

$$u_d^2=\frac{348.0}{4}=87.0, \quad u_e^2=\frac{1722}{70}=24.6$$

と計算でき，それらの比をとることによって，検定統計量 F の実現値は

$$F = \frac{u_d^2}{u_e^2} = \frac{87.0}{24.6} \approx 3.54$$

であることがわかる．有意水準を 0.05 とすると，片側検定の棄却域は

$$F > w_{4,70}(0.05) \approx 2.50$$

であるから[15]，$F \approx 3.54$ はこれに含まれる．よって，帰無仮説は棄却され，平日の曜日によって来店者数の母平均に差があるという結論になる．

	平方和	自由度	平均平方	F 値
グループ間	348.0	4	87.0	3.54
グループ内	1722	70	24.6	
合計	2070	43		

[15] 付録 F に掲げる F 分布表に自由度 $(n_1, n_2) = (4, 70)$ の欄はないが，F 分布の確率密度関数のグラフの概形と $w_{4,50}(0.05) \approx 2.56$ より，$w_{4,70}(0.05) > 2.56$ と推測できる．また，Excel の関数を用いると，$w_{4,70}(0.05)$ の値は `finv`$(0.05, 4, 70)$ により計算できる．

文献案内

本書では，社会調査に必要な統計学の知識と，その背景にある確率論の考え方を理解するために，最低限必要な定義とそこから導かれる基本的な性質を述べるとともに，例題や演習問題を通じて確率に関する様々な計算と統計分析の基礎的な手法を身につけられるようにした．本書を執筆する際には以下の書物を参考にしたので，さらに深く学びたい読者は，これらの書物や，そこに掲載された参考文献を参照して，より専門的な知識を習得していただきたい．

[1] 石原辰雄，長谷川勝也，川口輝久：Lotus 1-2-3 活用多変量解析，共立出版，1990.

[2] 石村園子：すぐわかる確率・統計，東京図書，2001.

[3] 木村俊一，古澄英男，鈴川晶夫：確率と統計—基礎と応用，朝倉書店，2003.

[4] 小針晛宏：確率・統計入門，岩波書店，1973.

[5] 篠原清夫，清水強志，榎本環，大矢根淳：社会調査の基礎—社会調査士 A・B・C・D 科目対応，弘文堂，2010.

[6] 高橋幸雄：確率論，朝倉書店，2008.

[7] 土田昭司，山川栄樹：新・社会調査のためのデータ分析入門—実証科学への招待，有斐閣，2011.

[8] 東京大学教養学部統計学教室：統計学入門，東京大学出版会，1991.

文献 [1] は，B5 版 500 ページを越える大著であり，パソコンのオペレーティング・システムが MS-DOS であった時代の代表的な表計算ソフトウェアである Lotus 1-2-3 のアドインソフトの解説書である．本書でも取り上げた重回帰分析や分散分析のほか，判別分析，主成分分析，因子分析，数量化理論，クラスタ分析について，理論面，実用面から非常に詳しく解説されているため，SPSS や R などの統計解析ソフトを用いて多変量解析を行う場合であっても，一度は目を通しておきたい文献の 1 つである．

文献 [2] は，大学初年次で学ぶ微分・積分の知識を前提に，離散型および連続型の確率分布とその基本的な性質を学びたい場合に利用できる，比較的平易な教科書の 1 つである．本書でも取り上げた正規分布，χ^2 分布，t 分布，F 分布を確率密度関数を用いて定義し，積分計算を用いてその平均値と分散を求める方法がわかりやすく解説されている．また，本書では取り上げなかったポアソン分布や指数分布，一様分布についても学ぶことができる．

文献 [3], [6], [8] は，いずれも理工系の大学生が確率論あるいは統計学を学ぶためのテキストである．文献 [6] には，例題や演習問題が 500 問以上掲載されており，順列・組合せなどの場合の数の概念から，ルベーグ積分の考え方を導入した公理論的確率論に至るまで，確率論の基礎理論を手を動かしながらじっくりと学ぶことができる．一方，文献 [8] は，データの整理，確率分布，中心極限定理，標本分布，統計的推測，回帰分析などの統計学の基礎的事項を体系的に学ぶための標準的なテキストである．これに対して，文献 [3] は，確率論を偶然現象の構造を数学的に定義するための基礎理論と位置づけ，統計分析の手法に確率論がどのように反映されているかを 1 つひとつ確認しながら学ぶことができるようになっている．また，確率論の応用として，信頼性工学や金融工学が取り上げられている点も特徴的である．

文献 [4] は，筆者が学生時代に確率論を学ぶ際に用いた教科書であるが，現在でもそこに掲載された例題がしばしば引用される古典的名著の 1 つである．内容の理解には解析学の知識が必要であるが，独特な語り口で確率論を楽しく学ぶことができるように工夫されている．推測統計学については理論的な事項がコンパクトにまとめられているだけであるが，乱歩（ランダム・ウォーク）を取り上げた章もあり，確率過程の基礎的事項も同時に学ぶことができるユニークなテキストである．

文献 [5] には，一般社団法人社会調査協会が認定する社会調査士資格を取得するために履修しなければならない科目のうち，社会調査の基本的事項に関する科目（A 科目），調査設計と実施方法に関する科目（B 科目），基本的な資料とデータの分析に関する科目（C 科目），社会調査に必要な統計学に関する科目（D 科目）の 4 科目において，習得すべき事項が簡潔にまとめられている．それぞれの科目の履修には，そこに掲載された参考文献を参照する必要があるが，社会調査に必要な知識を概観するには手頃な参考書である．なお，まえがきでも述べたように，本書は上記 D 科目を履修するためのテキストとして利用することを想定して執筆している．

筆者も著者の 1 人となっている文献 [7] は，統計解析ソフト SPSS および R を用いて統計分析を行うための解説書である．本書で取り上げた回帰分析，χ^2 検定，t 検定，F 検定のほか，因子分析，クラスタ分析，コレスポンデンス分析などを SPSS や R を用いて実行する手順を，例をあげながらわかりやすく説明している．本書で学んだ統計分析の手法を実際のデータに応用する際には，ぜひ参考にしてほしいテキストである．

本書で取り上げた確率論や統計学については，さまざまな難易度の書物が多数発行されている．自分自身のレベルにあった参考書をうまくみつけて，理解を深めるようにしていただきたい．

付録A　二項分布の諸性質

【性質】二項分布の確率関数 $B_{n,p}(x) = {}_nC_x\, p^x(1-p)^{n-x}$ $(x=0,1,2,\ldots,n-1,n)$ は，条件

$$B_{n,p}(0) + B_{n,p}(1) + B_{n,p}(2) + \cdots + B_{n,p}(n-1) + B_{n,p}(n) = 1$$

を満たす．

【証明】表記を簡単にするために $q = 1-p$ とおくと，

$$\begin{aligned}&B_{n,p}(0) + B_{n,p}(1) + B_{n,p}(2) + \cdots + B_{n,p}(n-1) + B_{n,p}(n)\\&\quad = {}_nC_0\, p^0q^n + {}_nC_1\, p^1q^{n-1} + {}_nC_2\, p^2q^{n-2} + \cdots + {}_nC_{n-1}\, p^{n-1}q^1 + {}_nC_n\, p^nq^0\end{aligned}$$

を得る．よって，

$$(p+q)^n = {}_nC_0\, p^0q^n + {}_nC_1\, p^1q^{n-1} + {}_nC_2\, p^2q^{n-2} + \cdots + {}_nC_{n-1}\, p^{n-1}q^1 + {}_nC_n\, p^nq^0$$

であることを証明すれば十分である．

まず，${}_nC_0 = {}_nC_n = 1$ より，$n=1$ のとき主張は正しい．そこで，$n=k$ のときに主張が正しいと仮定する．すなわち，

$$(p+q)^k = {}_kC_0\, p^0q^k + {}_kC_1\, p^1q^{k-1} + {}_kC_2\, p^2q^{k-2} + \cdots + {}_kC_{k-1}\, p^{k-1}q^1 + {}_kC_k\, p^kq^0$$

が成り立っているとする．そのとき，

$$\begin{aligned}(p+q)^{k+1} &= (p+q)^kq + (p+q)^kp\\&= {}_kC_0\, p^0q^{k+1} + {}_kC_1\, p^1q^k + {}_kC_2\, p^2q^{k-1} + \cdots + {}_kC_{k-1}\, p^{k-1}q^2 + {}_kC_k\, p^kq^1\\&\qquad + {}_kC_0\, p^1q^k + {}_kC_1\, p^2q^{k-1} + {}_kC_2\, p^3q^{k-2} + \cdots + {}_kC_{k-1}\, p^kq^1 + {}_kC_k\, p^{k+1}q^0\\&= {}_kC_0\, p^0q^{k+1} + ({}_kC_1 + {}_kC_0)\, p^1q^k + ({}_kC_2 + {}_kC_1)\, p^2q^{k-1}\\&\qquad + \cdots + ({}_kC_{k-1} + {}_kC_{k-2})\, p^{k-1}q^2 + ({}_kC_k + {}_kC_{k-1})\, p^kq^1 + {}_kC_k\, p^{k+1}q^0\end{aligned}$$

を得る．ここで，

$$\begin{aligned}{}_kC_{i+1} + {}_kC_i &= \frac{k\times(k-1)\times\cdots\times(k-i+1)\times(k-i)}{(i+1)\times i\times(i-1)\times\cdots\times 1} + \frac{k\times(k-1)\times\cdots\times(k-i+1)}{i\times(i-1)\times\cdots\times 1}\\&= \frac{k\times(k-1)\times\cdots\times(k-i+1)\times\{(k-i)+(i+1)\}}{(i+1)\times i\times(i-1)\times\cdots\times 1}\\&= \frac{(k+1)\times k\times(k-1)\times\cdots\times(k-i+1)}{(i+1)\times i\times(i-1)\times\cdots\times 1}\\&= {}_{k+1}C_{i+1}\end{aligned}$$

であることに注意すると，

$$\begin{aligned}(p+q)^{k+1} = {}_kC_0\, p^0q^{k+1} &+ {}_{k+1}C_1\, p^1q^k + {}_{k+1}C_2\, p^2q^{k-1}\\&+ \cdots + {}_{k+1}C_{k-1}\, p^{k-1}q^2 + {}_{k+1}C_k\, p^kq^1 + {}_kC_k\, p^{k+1}q^0\end{aligned}$$

を得る．さらに，${}_kC_0 = 1 = {}_{k+1}C_0$, ${}_kC_k = 1 = {}_{k+1}C_{k+1}$ だから，

$$(p+q)^{k+1} = {}_{k+1}C_0\, p^0 q^{k+1} + {}_{k+1}C_1\, p^1 q^k + {}_{k+1}C_2\, p^2 q^{k-1} + \cdots + {}_{k+1}C_{k-1}\, p^{k-1} q^2 + {}_{k+1}C_k\, p^k q^1 + {}_{k+1}C_{k+1}\, p^{k+1} q^0$$

が成り立つ．これは，$n = k+1$ のときも主張が正しいことを示している．

以上により，すべての自然数 n に対して主張は正しいことが確かめられた．□

【性質】 離散型確率変数 X の確率関数が $B_{n,p}(x)$ であるとき，$E(X) = np$ である．

【証明】 表記を簡単にするために $q = 1-p$ とおくと，$E(X)$ はつぎのように計算できる．

$$\begin{aligned}
E(X) &= 0 \times B_{n,p}(0) + 1 \times B_{n,p}(1) + 2 \times B_{n,p}(2) + 3 \times B_{n,p}(3) \\
&\qquad + \cdots + (n-1) \times B_{n,p}(n-1) + n \times B_{n,p}(n) \\
&= 0 \times {}_nC_0\, p^0\, q^n + 1 \times {}_nC_1\, p^1\, q^{n-1} + 2 \times {}_nC_2\, p^2\, q^{n-2} + 3 \times {}_nC_3\, p^3\, q^{n-3} \\
&\qquad + \cdots + (n-1) \times {}_nC_{n-1}\, p^{n-1}\, q^1 + n \times {}_nC_n\, p^n q^0 \\
&= n\, p\, q^{n-1} + 2 \times \frac{n \times (n-1)}{2 \times 1}\, p^2\, q^{n-2} + 3 \times \frac{n \times (n-1) \times (n-2)}{3 \times 2 \times 1}\, p^3\, q^{n-3} \\
&\qquad + \cdots + (n-1) \times \frac{n \times (n-1) \times \cdots \times 2}{(n-1) \times (n-2) \times \cdots \times 1}\, p^{n-1}\, q + n \times \frac{n \times (n-1) \times \cdots \times 1}{n \times (n-1) \times \cdots \times 1}\, p^n \\
&= np \left\{ q^{n-1} + \frac{n-1}{1}\, p\, q^{n-2} + \frac{(n-1) \times (n-2)}{2 \times 1}\, p^2\, q^{n-3} \right. \\
&\qquad \left. + \cdots + \frac{(n-1) \times \cdots \times 2}{(n-2) \times \cdots \times 1}\, p^{n-2}\, q + \frac{(n-1) \times \cdots \times 1}{(n-1) \times \cdots \times 1}\, p^{n-1} \right\} \\
&= np \left({}_{n-1}C_0\, p^0\, q^{n-1} + {}_{n-1}C_1\, p^1\, q^{n-2} + {}_{n-1}C_2\, p^2\, q^{n-3} + \cdots + {}_{n-1}C_{n-2}\, p^{n-2}\, q^1 + {}_{n-1}C_{n-1}\, p^{n-1}\, q^0 \right) \\
&= np \left\{ B_{n-1,p}(0) + B_{n-1,p}(1) + B_{n-1,p}(2) + \cdots + B_{n-1,p}(n-2) + B_{n-1,p}(n-1) \right\} \\
&= np \quad \square
\end{aligned}$$

【性質】 離散型確率変数 X の確率関数が $B_{n,p}(x)$ であるとき，$E(X^2) = np\{(n-1)p+1\}$ である．

【証明】 表記を簡単にするために $q = 1-p$ とおくと，$E(X^2)$ はつぎのように計算できる．

$$\begin{aligned}
E(X^2) &= 0^2 \times B_{n,p}(0) + 1^2 \times B_{n,p}(1) + 2^2 \times B_{n,p}(2) + 3^2 \times B_{n,p}(3) \\
&\qquad + \cdots + (n-1)^2 \times B_{n,p}(n-1) + n^2 \times B_{n,p}(n) \\
&= \{1 \times (1-1) + 1\} \times B_{n,p}(1) + \{2 \times (2-1) + 2\} \times B_{n,p}(2) + \{3 \times (3-1) + 3\} \times B_{n,p}(3) \\
&\qquad + \cdots + [(n-1) \times \{(n-1)-1\} + (n-1)] \times B_{n,p}(n-1) + \{n(n-1) + n\} \times B_{n,p}(n) \\
&= 2 \times (2-1) \times B_{n,p}(2) + 3 \times (3-1) \times B_{n,p}(3) \\
&\qquad + \cdots + (n-1) \times \{(n-1)-1\} \times B_{n,p}(n-1) + n(n-1) \times B_{n,p}(n) \\
&\qquad + 1 \times B_{n,p}(1) + 2 \times B_{n,p}(2) + 3 \times B_{n,p}(3) + \cdots + (n-1) \times B_{n,p}(n-1) + n \times B_{n,p}(n) \\
&= 2 \times 1 \times {}_nC_2\, p^2 q^{n-2} + 3 \times 2 \times {}_nC_3\, p^3 q^{n-3} \\
&\qquad + \cdots + (n-1) \times (n-2) \times {}_nC_{n-1}\, p^{n-1} q^1 + n(n-1) \times {}_nC_n\, p^n q^0 + E(X) \\
&= 2 \times 1 \times \frac{n(n-1)}{2 \times 1} p^2 q^{n-2} + 3 \times 2 \times \frac{n(n-1)(n-2)}{3 \times 2 \times 1} p^3 q^{n-3} \\
&\qquad + \cdots + (n-1) \times (n-2) \times \frac{n \times (n-1) \times \cdots \times 2}{(n-1) \times (n-2) \times \cdots \times 1} p^{n-1} q^1 \\
&\qquad + n(n-1) \times \frac{n \times (n-1) \times \cdots \times 1}{n \times (n-1) \times \cdots \times 1} p^n q^0 + E(X)
\end{aligned}$$

$$
\begin{aligned}
&= n(n-1)p^2 \left\{ p^0 q^{n-2} + \frac{n-2}{1} pq^{n-3} + \cdots + \frac{(n-2)\times(n-3)\times\cdots\times 2}{(n-3)\times(n-4)\times\cdots\times 1} p^{n-3} q^1 \right. \\
&\qquad\qquad \left. + \frac{(n-2)\times(n-3)\times\cdots\times 1}{(n-2)\times(n-3)\times\cdots\times 1} p^{n-2} q^0 \right\} + E(X) \\
&= n(n-1)p^2 \left({}_{n-2}C_0\, p^0 q^{n-2} + {}_{n-2}C_1\, pq^{n-3} + \cdots + {}_{n-2}C_{n-3}\, p^{n-3} q^1 + {}_{n-2}C_{n-2}\, p^{n-2} q^0 \right) + E(X) \\
&= n(n-1)p^2 \left\{ B_{n-2,p}(0) + B_{n-2,p}(1) + \cdots + B_{n-2,p}(n-3) + B_{n-2,p}(n-2) \right\} + E(X) \\
&= n(n-1)p^2 \times 1 + np \\
&= np\{(n-1)p + 1\} \quad \square
\end{aligned}
$$

付録B　連続型確率変数の諸性質

【定義】 連続型確率変数 X の分布関数 F に対して，式

$$F(x) = \int_{-\infty}^{x} f(u)du$$

を満たす関数 f を X の確率密度関数という[1]．□

【性質】 連続型確率変数 X の確率密度関数を f とする．そのとき，X の任意の実現値 x に対して

$$f(x) \geqq 0$$

が成り立つ．

【証明】 確率変数 X の分布関数を F とすると，第 6.1 節で述べたように

$$x \leqq y \;\Rightarrow\; F(x) \leqq F(y)$$

が成り立つ．よって，$x \leqq y$ を満たす任意の x, y に対して

$$\int_{x}^{y} f(u)du = \int_{-\infty}^{y} f(u)du - \int_{-\infty}^{x} f(u)du = F(y) - F(x) \geqq 0$$

が成り立つ．よって，任意の x に対して $f(x) \geqq 0$ である．□

【性質】 連続型確率変数 X の確率密度関数を f とするとき，次式が成り立つ．

$$\int_{-\infty}^{\infty} f(x)dx = 1$$

【証明】 確率変数 X の分布関数を F とすると，分布関数の性質より

$$\int_{-\infty}^{\infty} f(x)dx = \lim_{x\to\infty} F(x) = 1$$

を得る．□

【定義】 連続型確率変数 X の確率密度関数を f とする．そのとき，X の期待値 $E(X)$ を次式で定義する．

$$E(X) = \int_{-\infty}^{\infty} xf(x)dx \quad \square$$

【性質】 連続型確率変数 X と定数 a, b に対して，確率変数 Y を式

$$Y = aX + b$$

で定義する．そのとき，次式が成り立つ．

$$E(Y) = aE(X) + b$$

【証明】 確率変数 X の確率密度関数を f とすると

$$E(Y) = \int_{-\infty}^{\infty} (ax+b)f(x)dx = a\int_{-\infty}^{\infty} xf(x)dx + b\int_{-\infty}^{\infty} f(x)dx = aE(X) + b$$

を得る．□

---

[1] 分布関数 F が微分可能であれば，$f(x) = F'(x)$ である．

付録C　回帰分析の諸性質

【性質】 測定値 $(x_{11}, x_{12}, \ldots, x_{1p}; y_1), (x_{21}, x_{22}, \ldots, x_{2p}; y_2), \ldots, (x_{N1}, x_{N2}, \ldots, x_{Np}; y_N)$ が式

$$y_i = b_0 + b_1 x_{i1} + b_2 x_{i2} + \cdots + b_p x_{ip} + e_i \quad (i = 1, 2, \ldots, N)$$

を満たすとき，残差平方和

$$q = e_1^2 + e_2^2 + \cdots + e_N^2$$

を最小にする偏回帰係数 $b_1, b_2, \ldots, b_p$ は，正規方程式

$$\begin{aligned} s_{11}b_1 + s_{12}b_2 + \cdots + s_{1p}b_p &= s_{1y}, \\ s_{21}b_1 + s_{22}b_2 + \cdots + s_{2p}b_p &= s_{2y}, \\ &\vdots \\ s_{p1}b_1 + s_{p2}b_2 + \cdots + s_{pp}b_p &= s_{py} \end{aligned}$$

の解であり，切片 b_0 は次式で計算できる．

$$b_0 = M_y - (M_1 b_1 + M_2 b_2 + \cdots + M_p a_p)$$

【証明】 添字 $i = 1, 2, \ldots, N$ のそれぞれに対して，誤差の 2 乗 e_i^2 は

$$\begin{aligned} e_i^2 &= \left\{y_i - (b_0 + b_1 x_{i1} + b_2 x_{i2} + \cdots + b_p x_{ip})\right\}^2 \\ &= (y_i - b_0)^2 - 2(y_i - b_0)(b_1 x_{i1} + b_2 x_{i2} + \cdots + b_p x_{ip}) + (b_1 x_{i1} + b_2 x_{i2} + \cdots + b_p x_{ip})^2 \end{aligned}$$

と計算できるから，b_0 で偏微分すると

$$\frac{\partial e_i^2}{\partial b_0} = 2(b_0 - y_i) + 2(b_1 x_{i1} + b_2 x_{i2} + \cdots + b_p x_{ip})$$

であり，$b_j\,(j = 1, 2, \ldots, p)$ で偏微分すると

$$\frac{\partial e_i^2}{\partial b_j} = 2(b_0 - y_i)x_{ij} + 2(b_1 x_{i1} + b_2 x_{i2} + \cdots + b_p x_{ip})x_{ij}$$

である．よって，偏差平方和 $q = e_1^2 + e_2^2 + \cdots + e_N^2$ を b_0 で偏微分すると

$$\begin{aligned} \frac{\partial q}{\partial b_0} = 2Nb_0 &- 2(y_i + y_2 + \cdots + y_N) + 2b_1(x_{11} + x_{21} + \cdots + x_{N1}) \\ &+ 2b_2(x_{12} + x_{22} + \cdots + x_{N2}) + \cdots + 2b_p(x_{1p} + x_{2p} + \cdots + x_{Np}) \end{aligned}$$

であるから，その値を 0 とおくと

$$\begin{aligned} b_0 &= \frac{y_i + y_2 + \cdots + y_N}{N} - \Bigl(b_1 \times \frac{x_{11} + x_{21} + \cdots + x_{N1}}{N} \\ &\qquad + b_2 \times \frac{x_{12} + x_{22} + \cdots + x_{N2}}{N} + \cdots + b_p \times \frac{x_{1p} + x_{2p} + \cdots + x_{Np}}{N}\Bigr) \\ &= M_y - (M_1 b_1 + M_2 b_2 + \cdots + M_p b_p) \end{aligned}$$

を得る．一方，偏差平方和 q を $b_j\,(j = 1, 2, \ldots, p)$ で偏微分すると

$$\frac{\partial q}{\partial b_j} = 2b_0(x_{1j} + x_{2j} + \cdots + x_{Nj}) - 2(x_{1j}y_1 + x_{2j}y_2 + \cdots + x_{Nj}y_N)$$
$$+ 2b_1(x_{1j}x_{11} + x_{2j}x_{21} + \cdots + x_{Nj}x_{N1}) + 2b_2(x_{1j}x_{12} + x_{2j}x_{22} + \cdots + x_{Nj}x_{N2})$$
$$+ \cdots + 2b_p(x_{1j}x_{1p} + x_{2j}x_{2p} + \cdots + x_{Nj}x_{Np})$$

であるが，平均値と共分散の定義より，$j = 1, 2, \ldots, p$ のそれぞれに対して

$$x_{1j} + x_{2j} + \cdots + x_{Nj} = NM_j$$
$$x_{1j}x_{1k} + x_{2j}x_{2k} + \cdots + x_{Nj}x_{Nk} = N(s_{jk} + M_jM_k) \quad (k = 1, 2, \ldots, p)$$
$$x_{1j}y_1 + x_{2j}y_2 + \cdots + x_{Nj}y_N = N(s_{jy} + M_jM_y)$$

が成り立つから，

$$b_0 = M_y - (M_1b_1 + M_2b_2 + \cdots + M_pb_p)$$

であることに注意すると

$$\frac{\partial q}{\partial b_j} = 2NM_j\left\{M_y - (M_1b_1 + M_2b_2 + \cdots + M_pb_p)\right\} - 2N(s_{jy} + M_jM_y)$$
$$+2Nb_1(s_{j1} + M_jM_1) + 2Nb_2(s_{j2} + M_jM_2) + \cdots + 2Nb_p(s_{jp} + M_jM_p)$$
$$= 2N\left(s_{j1}b_1 + s_{j2}b_2 + \cdots + s_{jp}b_p - s_{jy}\right)$$

を得る．よって，その値を 0 とおくと，

$$s_{j1}b_1 + s_{j2}b_2 + \cdots + s_{jp}b_p = s_{jy} \quad (j = 1, 2, \ldots, p)$$

が成り立つ．これは，正規方程式にほかならない．□

【性質】 偏回帰係数と切片を最小二乗法で定めるとき，予測値の平均値 $M_{\hat{y}}$ と誤差の平均値 M_e は式

$$M_{\hat{y}} = M_y, \quad M_e = 0$$

を満たす．

【証明】 予測値 $\hat{y}_i$ は式

$$\hat{y}_i = b_0 + b_1x_{i1} + b_2x_{i2} + \cdots + b_px_{ip} \quad (i = 1, 2, \ldots, N)$$

により計算できるから，その平均値は

$$M_{\hat{y}} = \frac{\hat{y}_1 + \hat{y}_2 + \cdots + \hat{y}_N}{N}$$
$$= b_0 + b_1 \times \frac{x_{11} + x_{21} + \cdots + x_{N1}}{N} + b_2 \times \frac{x_{12} + x_{22} + \cdots + x_{N2}}{N} + \cdots + b_p \times \frac{x_{1p} + x_{2p} + \cdots + x_{Np}}{N}$$
$$= b_0 + b_1M_1 + b_2M_2 + \cdots + b_pM_p$$
$$= M_y$$

である．ただし，最後の等号は，最小二乗法における切片の計算

$$b_0 = M_y - (M_1b_1 + M_2b_2 + \cdots + M_pb_p)$$

から従う．また，誤差は $e_i = y_i - \hat{y}_i$ で定義されるから，

$$\begin{aligned}
M_e &= \frac{e_1 + e_2 + \cdots + e_p}{N} \\
&= \frac{(y_1 - \hat{y}_1) + (y_2 - \hat{y}_2) + \cdots + (y_N - \hat{y}_N)}{N} \\
&= \frac{y_1 + y_2 + \cdots + y_N}{N} - \frac{\hat{y}_1 + \hat{y}_2 + \cdots + \hat{y}_N}{N} \\
&= M_y - M_{\hat{y}} \\
&= 0
\end{aligned}$$

を得る．□

【性質】 偏回帰係数と切片を最小二乗法で定めるとき，次式が成り立つ．

$$\frac{x_{1j}e_1 + x_{2j}e_2 + \cdots + x_{Nj}e_N}{N} = 0 \quad (j = 1, 2, \ldots, p)$$

【証明】 予測値 $\hat{y}_i$ は式

$$\hat{y}_i = b_0 + b_1 x_{i1} + b_2 x_{i2} + \cdots + b_p x_{ip} \quad (i = 1, 2, \ldots, N)$$

で計算できるから，任意の $j = 1, 2, \ldots, p$ に対して

$$\begin{aligned}
\frac{x_{1j}\hat{y}_1 + x_{2j}\hat{y}_2 + \cdots + x_{Nj}\hat{y}_N}{N} &= b_0 \times \frac{x_{1j} + x_{2j} + \cdots + x_{Nj}}{N} + b_1 \times \frac{x_{1j}x_{11} + x_{2j}x_{21} + \cdots + x_{Nj}x_{N1}}{N} \\
&\quad + b_2 \times \frac{x_{1j}x_{12} + x_{2j}x_{22} + \cdots + x_{Nj}x_{N2}}{N} \\
&\quad + \cdots + b_p \times \frac{x_{1j}x_{1p} + x_{2j}x_{2p} + \cdots + x_{Nj}x_{Np}}{N} \\
&= b_0 M_j + b_1(s_{j1} + M_j M_1) + b_2(s_{j2} + M_j M_2) + \cdots + b_p(s_{jp} + M_j M_p) \\
&= M_j(b_0 + M_1 b_1 + M_2 b_2 + \cdots + M_p b_p) + (s_{j1}b_1 + s_{j2}b_2 + \cdots + s_{jp}b_p) \\
&= M_j M_y + s_{jy}
\end{aligned}$$

を得る．ただし，最後の等号は最小二乗法における切片の計算

$$b_0 = M_y - (M_1 b_1 + M_2 b_2 + \cdots + M_p b_p)$$

と正規方程式

$$s_{j1}b_1 + s_{j2}b_2 + \cdots + s_{jp}b_p = s_{jy} \quad (j = 1, 2, \ldots, p)$$

から従う．よって，任意の $j = 1, 2, \ldots, p$ に対して

$$\begin{aligned}
\frac{x_{1j}e_1 + x_{2j}e_2 + \cdots + x_{Nj}e_N}{N} &= \frac{x_{1j}(y_1 - \hat{y}_1) + x_{2j}(y_2 - \hat{y}_2) + \cdots + x_{Nj}(y_N - \hat{y}_N)}{N} \\
&= \frac{x_{1j}y_1 + x_{2j}y_2 + \cdots + x_{Nj}y_N}{N} - \frac{x_{1j}\hat{y}_1 + x_{2j}\hat{y}_2 + \cdots + x_{Nj}\hat{y}_N}{N} \\
&= \frac{x_{1j}y_1 + x_{2j}y_2 + \cdots + x_{Nj}y_N}{N} - M_j M_y - s_{jy} \\
&= 0
\end{aligned}$$

を得る．□

【性質】 偏回帰係数と切片を最小二乗法で定めるとき，次式が成り立つ．

$$\frac{\hat{y}_1 e_1 + \hat{y}_2 e_2 + \cdots + \hat{y}_N e_N}{N} = 0$$

【証明】予測値 $\hat{y}_i$ は式

$$\hat{y}_i = b_0 + b_1 x_{i1} + b_2 x_{i2} + \cdots + b_p x_{ip} \quad (i = 1, 2, \ldots, N)$$

で計算できるから，

$$M_e = \frac{e_1 + e_2 + \cdots + e_N}{N} = 0$$

と

$$\frac{x_{1j}e_1 + x_{2j}e_2 + \cdots + x_{Nj}e_N}{N} = 0 \quad (j = 1, 2, \ldots, p)$$

より

$$\begin{aligned}\frac{\hat{y}_1 e_1 + \hat{y}_2 e_2 + \cdots + \hat{y}_N e_N}{N} &= b_0 \times \frac{e_1 + e_2 + \cdots + e_N}{N} + b_1 \times \frac{x_{11}e_1 + x_{21}e_2 + \cdots + x_{N1}e_N}{N} \\ &\quad + b_2 \times \frac{x_{12}e_1 + x_{22}e_2 + \cdots + x_{N2}e_N}{N} + \cdots + b_p \times \frac{x_{1p}e_1 + x_{2p}e_2 + \cdots + x_{Np}e_N}{N} \\ &= 0\end{aligned}$$

が成り立つ．□

【性質】 偏回帰係数と切片を最小二乗法で定めるとき，次式が成り立つ．

$$s_y^2 = s_{\hat{y}}^2 + s_e^2$$

【証明】まず，$M_{\hat{y}} = M_y$ より

$$\begin{aligned}s_{\hat{y}}^2 &= \frac{(\hat{y}_1 - M_{\hat{y}})^2 + (\hat{y}_2 - M_{\hat{y}})^2 + \cdots + (\hat{y}_p - M_{\hat{y}})^2}{N} \\ &= \frac{(\hat{y}_1 - M_y)^2 + (\hat{y}_2 - M_y)^2 + \cdots + (\hat{y}_p - M_y)^2}{N}\end{aligned}$$

が成り立つ．また，$M_e = 0$ より

$$s_e^2 = \frac{e_1^2 + e_2^2 + \cdots + e_N^2}{N}$$

である．よって

$$\frac{\hat{y}_1 e_1 + \hat{y}_2 e_2 + \cdots + \hat{y}_N e_N}{N} = 0$$

と

$$M_e = \frac{e_1 + e_2 + \cdots + e_N}{N} = 0$$

より

$$\begin{aligned}s_y^2 &= \frac{(y_1 - M_y)^2 + (y_2 - M_y)^2 + \cdots + (y_N - M_y)^2}{N} \\ &= \frac{(\hat{y}_1 + e_1 - M_y)^2 + (\hat{y}_2 + e_2 - M_y)^2 + \cdots + (\hat{y}_N + e_N - M_y)^2}{N} \\ &= \frac{(\hat{y}_1 - M_y)^2 + (\hat{y}_2 - M_y)^2 + \cdots + (\hat{y}_p - M_y)^2}{N} + \frac{e_1^2 + e_2^2 + \cdots + e_N^2}{N} \\ &\quad + 2 \times \frac{(\hat{y}_1 - M_y)e_1 + (\hat{y}_2 - M_y)e_2 + \cdots + (\hat{y}_p - M_y)e_N}{N} \\ &= s_{\hat{y}}^2 + s_e^2 + 2 \times \frac{\hat{y}_1 e_1 + \hat{y}_2 e_2 + \cdots + \hat{y}_N e_N}{N} - 2M_y \times \frac{e_1 + e_2 + \cdots + e_N}{N} \\ &= s_{\hat{y}}^2 + s_e^2\end{aligned}$$

を得る．□

【性質】 偏回帰係数と切片を最小二乗法で定めるとき，次式が成り立つ．

$$r_{y\hat{y}}^2 = R^2$$

【証明】 測定値 y_i と予測値 $\hat{y}_i$ は式

$$y_i = \hat{y}_i + e_i \quad (i = 1, 2, \ldots, N)$$

を満たす．また，$M_{\hat{y}} = M_y$ であり，

$$\frac{\hat{y}_1 e_1 + \hat{y}_2 e_2 + \cdots + \hat{y}_N e_N}{N} = 0, \quad M_e = \frac{e_1 + e_2 + \cdots + e_N}{N} = 0$$

が成り立つことに注意すると，

$$\begin{aligned}
s_{y\hat{y}} &= \frac{(y_1 - M_y)(\hat{y}_1 - M_{\hat{y}}) + (y_2 - M_y)(\hat{y}_2 - M_{\hat{y}}) + \cdots + (y_N - M_y)(\hat{y}_N - M_{\hat{y}})}{N} \\
&= \frac{(\hat{y}_1 + e_1 - M_{\hat{y}})(\hat{y}_1 - M_{\hat{y}}) + (\hat{y}_2 + e_2 - M_{\hat{y}})(\hat{y}_2 - M_{\hat{y}}) + \cdots + (\hat{y}_N + e_N - M_{\hat{y}})(\hat{y}_N - M_{\hat{y}})}{N} \\
&= \frac{(\hat{y}_1 - M_{\hat{y}})^2 + (\hat{y}_2 - M_{\hat{y}})^2 + \cdots + (\hat{y}_N - M_{\hat{y}})^2}{N} \\
&\qquad + \frac{e_1(\hat{y}_1 - M_{\hat{y}}) + e_2(\hat{y}_2 - M_{\hat{y}}) + \cdots + e_N(\hat{y}_N - M_{\hat{y}})}{N} \\
&= s_{\hat{y}}^2 + \frac{\hat{y}_1 e_1 + \hat{y}_2 e_2 + \cdots + \hat{y}_N e_N}{N} - M_{\hat{y}} \times \frac{e_1 + e_2 + \cdots + e_N}{N} \\
&= s_{\hat{y}}^2
\end{aligned}$$

を得る．よって，

$$r_{y\hat{y}}^2 = \left(\frac{s_{y\hat{y}}}{s_y s_{\hat{y}}}\right)^2 = \left(\frac{s_{\hat{y}}^2}{s_y s_{\hat{y}}}\right)^2 = \frac{s_{\hat{y}}^2}{s_y^2} = R^2$$

が成り立つ．□

【性質】 説明変数が 1 個のとき，回帰係数と切片を最小二乗法で定めるならば，次式が成り立つ．

$$r_{xy}^2 = R^2$$

【証明】 説明変数が 1 個のとき，

$$b_1 = \frac{s_{xy}}{s_x^2}, \quad b_0 = M_y - M_x b_1$$

であるから，$M_{\hat{y}} = M_y$ より

$$\begin{aligned}
s_{\hat{y}}^2 &= \frac{(\hat{y}_1 - M_{\hat{y}})^2 + (\hat{y}_2 - M_{\hat{y}})^2 + \cdots + (\hat{y}_N - M_{\hat{y}})^2}{N} \\
&= \frac{(\hat{y}_1 - M_y)^2 + (\hat{y}_2 - M_y)^2 + \cdots + (\hat{y}_N - M_y)^2}{N} \\
&= \frac{(b_0 + b_1 x_1 - M_y)^2 + (b_0 + b_1 x_2 - M_y)^2 + \cdots + (b_0 + b_1 x_N - M_y)^2}{N} \\
&= \frac{(b_1 x_1 - M_x b_1)^2 + (b_1 x_2 - M_x b_1)^2 + \cdots + (b_1 x_N - M_x b_1)^2}{N} \\
&= b_1^2 \times \frac{(x_1 - M_x)^2 + (x_2 - M_x)^2 + \cdots + (x_N - M_x)^2}{N} \\
&= b_1^2 s_x^2 \\
&= \left(\frac{s_{xy}}{s_x}\right)^2
\end{aligned}$$

を得る．よって，

$$r_{xy}^2 = \left(\frac{s_{xy}}{s_x s_y}\right)^2 = \frac{s_{\hat{y}}^2}{s_y^2} = R^2$$

が成り立つ．□

付録D　正規分布表

つぎの表は，平均値が 0，標準偏差が 1 の正規分布に従う確率変数 Z の値が z 以上になる確率である．

z	0.00	0.01	0.02	0.03	0.04	0.05	0.06	0.07	0.08	0.09
0.0	0.50000	0.49601	0.49202	0.48803	0.48405	0.48006	0.47608	0.47210	0.46812	0.46414
0.1	0.46017	0.45620	0.45224	0.44828	0.44433	0.44038	0.43644	0.43251	0.42858	0.42465
0.2	0.42074	0.41683	0.41294	0.40905	0.40517	0.40129	0.39743	0.39358	0.38974	0.38591
0.3	0.38209	0.37828	0.37448	0.37070	0.36693	0.36317	0.35942	0.35569	0.35197	0.34827
0.4	0.34458	0.34090	0.33724	0.33360	0.32997	0.32636	0.32276	0.31918	0.31561	0.31207
0.5	0.30854	0.30503	0.30153	0.29806	0.29460	0.29116	0.28774	0.28434	0.28096	0.27760
0.6	0.27425	0.27093	0.26763	0.26435	0.26109	0.25785	0.25463	0.25143	0.24825	0.24510
0.7	0.24196	0.23885	0.23576	0.23270	0.22965	0.22663	0.22363	0.22065	0.21770	0.21476
0.8	0.21186	0.20897	0.20611	0.20327	0.20045	0.19766	0.19489	0.19215	0.18943	0.18673
0.9	0.18406	0.18141	0.17879	0.17619	0.17361	0.17106	0.16853	0.16602	0.16354	0.16109
1.0	0.15866	0.15625	0.15386	0.15151	0.14917	0.14686	0.14457	0.14231	0.14007	0.13786
1.1	0.13567	0.13350	0.13136	0.12924	0.12714	0.12507	0.12302	0.12100	0.11900	0.11702
1.2	0.11507	0.11314	0.11123	0.10935	0.10749	0.10565	0.10383	0.10204	0.10027	0.09853
1.3	0.09680	0.09510	0.09342	0.09176	0.09012	0.08851	0.08691	0.08534	0.08379	0.08226
1.4	0.08076	0.07927	0.07780	0.07636	0.07493	0.07353	0.07215	0.07078	0.06944	0.06811
1.5	0.06681	0.06552	0.06426	0.06301	0.06178	0.06057	0.05938	0.05821	0.05705	0.05592
1.6	0.05480	0.05370	0.05262	0.05155	0.05050	0.04947	0.04846	0.04746	0.04648	0.04551
1.7	0.04457	0.04363	0.04272	0.04182	0.04093	0.04006	0.03920	0.03836	0.03754	0.03673
1.8	0.03593	0.03515	0.03438	0.03362	0.03288	0.03216	0.03144	0.03074	0.03005	0.02938
1.9	0.02872	0.02807	0.02743	0.02680	0.02619	0.02559	0.02500	0.02442	0.02385	0.02330
2.0	0.02275	0.02222	0.02169	0.02118	0.02068	0.02018	0.01970	0.01923	0.01876	0.01831
2.1	0.01786	0.01743	0.01700	0.01659	0.01618	0.01578	0.01539	0.01500	0.01463	0.01426
2.2	0.01390	0.01355	0.01321	0.01287	0.01255	0.01222	0.01191	0.01160	0.01130	0.01101
2.3	0.01072	0.01044	0.01017	0.00990	0.00964	0.00939	0.00914	0.00889	0.00866	0.00842
2.4	0.00820	0.00798	0.00776	0.00755	0.00734	0.00714	0.00695	0.00676	0.00657	0.00639
2.5	0.00621	0.00604	0.00587	0.00570	0.00554	0.00539	0.00523	0.00508	0.00494	0.00480
2.6	0.00466	0.00453	0.00440	0.00427	0.00415	0.00402	0.00391	0.00379	0.00368	0.00357
2.7	0.00347	0.00336	0.00326	0.00317	0.00307	0.00298	0.00289	0.00280	0.00272	0.00264
2.8	0.00256	0.00248	0.00240	0.00233	0.00226	0.00219	0.00212	0.00205	0.00199	0.00193
2.9	0.00187	0.00181	0.00175	0.00169	0.00164	0.00159	0.00154	0.00149	0.00144	0.00139
3.0	0.00135	0.00131	0.00126	0.00122	0.00118	0.00114	0.00111	0.00107	0.00104	0.00100
3.1	0.00097	0.00094	0.00090	0.00087	0.00084	0.00082	0.00079	0.00076	0.00074	0.00071
3.2	0.00069	0.00066	0.00064	0.00062	0.00060	0.00058	0.00056	0.00054	0.00052	0.00050
3.3	0.00048	0.00047	0.00045	0.00043	0.00042	0.00040	0.00039	0.00038	0.00036	0.00035
3.4	0.00034	0.00032	0.00031	0.00030	0.00029	0.00028	0.00027	0.00026	0.00025	0.00024
3.5	0.00023	0.00022	0.00022	0.00021	0.00020	0.00019	0.00019	0.00018	0.00017	0.00017
3.6	0.00016	0.00015	0.00015	0.00014	0.00014	0.00013	0.00013	0.00012	0.00012	0.00011
3.7	0.00011	0.00010	0.00010	0.00010	0.00009	0.00009	0.00008	0.00008	0.00008	0.00008
3.8	0.00007	0.00007	0.00007	0.00006	0.00006	0.00006	0.00006	0.00005	0.00005	0.00005
3.9	0.00005	0.00005	0.00004	0.00004	0.00004	0.00004	0.00004	0.00004	0.00003	0.00003

付録E　χ^2 分布表

Y を自由度 n の χ^2 分布に従う確率変数とする．そのとき，$Y \geqq y$ である確率が α になる y の値はつぎの表で与えられる．

$n \diagdown \alpha$	0.995	0.990	0.975	0.950	0.900	0.500	0.100	0.050	0.025	0.010	0.005
1	0.0000	0.0002	0.0010	0.0039	0.0158	0.4549	2.7055	3.8415	5.0239	6.6349	7.8794
2	0.0100	0.0201	0.0506	0.1026	0.2107	1.3863	4.6052	5.9915	7.3778	9.2103	10.597
3	0.0717	0.1148	0.2158	0.3518	0.5844	2.3660	6.2514	7.8147	9.3484	11.345	12.838
4	0.2070	0.2971	0.4844	0.7107	1.0636	3.3567	7.7794	9.4877	11.143	13.277	14.860
5	0.4117	0.5543	0.8312	1.1455	1.6103	4.3515	9.2364	11.070	12.833	15.086	16.750
6	0.6757	0.8721	1.2373	1.6354	2.2041	5.3481	10.645	12.592	14.449	16.812	18.548
7	0.9893	1.2390	1.6899	2.1673	2.8331	6.3458	12.017	14.067	16.013	18.475	20.278
8	1.3444	1.6465	2.1797	2.7326	3.4895	7.3441	13.362	15.507	17.535	20.090	21.955
9	1.7349	2.0879	2.7004	3.3251	4.1682	8.3428	14.684	16.919	19.023	21.666	23.589
10	2.1559	2.5582	3.2470	3.9403	4.8652	9.3418	15.987	18.307	20.483	23.209	25.188
11	2.6032	3.0535	3.8157	4.5748	5.5778	10.341	17.275	19.675	21.920	24.725	26.757
12	3.0738	3.5706	4.4038	5.2260	6.3038	11.340	18.549	21.026	23.337	26.217	28.300
13	3.5650	4.1069	5.0088	5.8919	7.0415	12.340	19.812	22.362	24.736	27.688	29.819
14	4.0747	4.6604	5.6287	6.5706	7.7895	13.339	21.064	23.685	26.119	29.141	31.319
15	4.6009	5.2293	6.2621	7.2609	8.5468	14.339	22.307	24.996	27.488	30.578	32.801
16	5.1422	5.8122	6.9077	7.9616	9.3122	15.338	23.542	26.296	28.845	32.000	34.267
17	5.6972	6.4078	7.5642	8.6718	10.085	16.338	24.769	27.587	30.191	33.409	35.718
18	6.2648	7.0149	8.2307	9.3905	10.865	17.338	25.989	28.869	31.526	34.805	37.156
19	6.8440	7.6327	8.9065	10.117	11.651	18.338	27.204	30.144	32.852	36.191	38.582
20	7.4338	8.2604	9.5908	10.851	12.443	19.337	28.412	31.410	34.170	37.566	39.997
21	8.0337	8.8972	10.283	11.591	13.240	20.337	29.615	32.671	35.479	38.932	41.401
22	8.6427	9.5425	10.982	12.338	14.041	21.337	30.813	33.924	36.781	40.289	42.796
23	9.2604	10.196	11.689	13.091	14.848	22.337	32.007	35.172	38.076	41.638	44.181
24	9.8862	10.856	12.401	13.848	15.659	23.337	33.196	36.415	39.364	42.980	45.559
25	10.520	11.524	13.120	14.611	16.473	24.337	34.382	37.652	40.646	44.314	46.928
26	11.160	12.198	13.844	15.379	17.292	25.336	35.563	38.885	41.923	45.642	48.290
27	11.808	12.879	14.573	16.151	18.114	26.336	36.741	40.113	43.195	46.963	49.645
28	12.461	13.565	15.308	16.928	18.939	27.336	37.916	41.337	44.461	48.278	50.993
29	13.121	14.256	16.047	17.708	19.768	28.336	39.087	42.557	45.722	49.588	52.336
30	13.787	14.953	16.791	18.493	20.599	29.336	40.256	43.773	46.979	50.892	53.672
40	20.707	22.164	24.433	26.509	29.051	39.335	51.805	55.758	59.342	63.691	66.766
50	27.991	29.707	32.357	34.764	37.689	49.335	63.167	67.505	71.420	76.154	79.490
60	35.534	37.485	40.482	43.188	46.459	59.335	74.397	79.082	83.298	88.379	91.952
70	43.275	45.442	48.758	51.739	55.329	69.334	85.527	90.531	95.023	100.43	104.21
80	51.172	53.540	57.153	60.391	64.278	79.334	96.578	101.88	106.63	112.33	116.32
90	59.196	61.754	65.647	69.126	73.291	89.334	107.57	113.15	118.14	124.12	128.30
100	67.328	70.065	74.222	77.929	82.358	99.334	118.50	124.34	129.56	135.81	140.17

付録F　F 分布表

W を自由度 (n_1, n_2) の F 分布に従う確率変数とする．そのとき，$W \geq w$ である確率が α になる w の値はつぎの表で与えられる．

α	$n_2 \diagdown n_1$	1	2	3	4	5	6	7	8	9	10	15	20	30	40	50	100
0.05	1	161.	199.	216.	225.	230.	234.	237.	239.	241.	242.	246.	248.	250.	251.	252.	253.
0.025		648.	799.	864.	900.	922.	937.	948.	957.	963.	969.	985.	993.	1001	1006	1008	1013
0.01		4052	4999	5403	5625	5764	5859	5928	5981	6022	6056	6157	6209	6261	6287	6303	6334
0.005		16211	19999	21615	22500	23056	23437	23715	23925	24091	24224	24630	24836	25044	25148	25211	25337
0.05	2	18.5	19.0	19.2	19.2	19.3	19.3	19.4	19.4	19.4	19.4	19.4	19.4	19.5	19.5	19.5	19.5
0.025		38.5	39.0	39.2	39.2	39.3	39.3	39.4	39.4	39.4	39.4	39.4	39.4	39.5	39.5	39.5	39.5
0.01		98.5	99.0	99.2	99.2	99.3	99.3	99.4	99.4	99.4	99.4	99.4	99.4	99.5	99.5	99.5	99.5
0.005		199.	199.	199.	199.	199.	199.	199.	199.	199.	199.	199.	199.	199.	199.	199.	199.
0.05	3	10.1	9.55	9.28	9.12	9.01	8.94	8.89	8.85	8.81	8.79	8.70	8.66	8.62	8.59	8.58	8.55
0.025		17.4	16.0	15.4	15.1	14.9	14.7	14.6	14.5	14.5	14.4	14.3	14.2	14.1	14.0	14.0	14.0
0.01		34.1	30.8	29.5	28.7	28.2	27.9	27.7	27.5	27.3	27.2	26.9	26.7	26.5	26.4	26.4	26.2
0.005		55.6	49.8	47.5	46.2	45.4	44.8	44.4	44.1	43.9	43.7	43.1	42.8	42.5	42.3	42.2	42.0
0.05	4	7.71	6.94	6.59	6.39	6.26	6.16	6.09	6.04	6.00	5.96	5.86	5.80	5.75	5.72	5.70	5.66
0.025		12.2	10.6	10.0	9.60	9.36	9.20	9.07	8.98	8.90	8.84	8.66	8.56	8.46	8.41	8.38	8.32
0.01		21.2	18.0	16.7	16.0	15.5	15.2	15.0	14.8	14.7	14.5	14.2	14.0	13.8	13.7	13.7	13.6
0.005		31.3	26.3	24.3	23.2	22.5	22.0	21.6	21.4	21.1	21.0	20.4	20.2	19.9	19.8	19.7	19.5
0.05	5	6.61	5.79	5.41	5.19	5.05	4.95	4.88	4.82	4.77	4.74	4.62	4.56	4.50	4.46	4.44	4.41
0.025		10.0	8.43	7.76	7.39	7.15	6.98	6.85	6.76	6.68	6.62	6.43	6.33	6.23	6.18	6.14	6.08
0.01		16.3	13.3	12.1	11.4	11.0	10.7	10.5	10.3	10.2	10.1	9.72	9.55	9.38	9.29	9.24	9.13
0.005		22.8	18.3	16.5	15.6	14.9	14.5	14.2	14.0	13.8	13.6	13.1	12.9	12.7	12.5	12.5	12.3
0.05	6	5.99	5.14	4.76	4.53	4.39	4.28	4.21	4.15	4.10	4.06	3.94	3.87	3.81	3.77	3.75	3.71
0.025		8.81	7.26	6.60	6.23	5.99	5.82	5.70	5.60	5.52	5.46	5.27	5.17	5.07	5.01	4.98	4.92
0.01		13.7	10.9	9.78	9.15	8.75	8.47	8.26	8.10	7.98	7.87	7.56	7.40	7.23	7.14	7.09	6.99
0.005		18.6	14.5	12.9	12.0	11.5	11.1	10.8	10.6	10.4	10.3	9.81	9.59	9.36	9.24	9.17	9.03
0.05	7	5.59	4.74	4.35	4.12	3.97	3.87	3.79	3.73	3.68	3.64	3.51	3.44	3.38	3.34	3.32	3.27
0.025		8.07	6.54	5.89	5.52	5.29	5.12	4.99	4.90	4.82	4.76	4.57	4.47	4.36	4.31	4.28	4.21
0.01		12.2	9.55	8.45	7.85	7.46	7.19	6.99	6.84	6.72	6.62	6.31	6.16	5.99	5.91	5.86	5.75
0.005		16.2	12.4	10.9	10.1	9.52	9.16	8.89	8.68	8.51	8.38	7.97	7.75	7.53	7.42	7.35	7.22
0.05	8	5.32	4.46	4.07	3.84	3.69	3.58	3.50	3.44	3.39	3.35	3.22	3.15	3.08	3.04	3.02	2.97
0.025		7.57	6.06	5.42	5.05	4.82	4.65	4.53	4.43	4.36	4.30	4.10	4.00	3.89	3.84	3.81	3.74
0.01		11.3	8.65	7.59	7.01	6.63	6.37	6.18	6.03	5.91	5.81	5.52	5.36	5.20	5.12	5.07	4.96
0.005		14.7	11.0	9.60	8.81	8.30	7.95	7.69	7.50	7.34	7.21	6.81	6.61	6.40	6.29	6.22	6.09
0.05	9	5.12	4.26	3.86	3.63	3.48	3.37	3.29	3.23	3.18	3.14	3.01	2.94	2.86	2.83	2.80	2.76
0.025		7.21	5.71	5.08	4.72	4.48	4.32	4.20	4.10	4.03	3.96	3.77	3.67	3.56	3.51	3.47	3.40
0.01		10.6	8.02	6.99	6.42	6.06	5.80	5.61	5.47	5.35	5.26	4.96	4.81	4.65	4.57	4.52	4.41
0.005		13.6	10.1	8.72	7.96	7.47	7.13	6.88	6.69	6.54	6.42	6.03	5.83	5.62	5.52	5.45	5.32
0.05	10	4.96	4.10	3.71	3.48	3.33	3.22	3.14	3.07	3.02	2.98	2.85	2.77	2.70	2.66	2.64	2.59
0.025		6.94	5.46	4.83	4.47	4.24	4.07	3.95	3.85	3.78	3.72	3.52	3.42	3.31	3.26	3.22	3.15
0.01		10.0	7.56	6.55	5.99	5.64	5.39	5.20	5.06	4.94	4.85	4.56	4.41	4.25	4.17	4.12	4.01
0.005		12.8	9.43	8.08	7.34	6.87	6.54	6.30	6.12	5.97	5.85	5.47	5.27	5.07	4.97	4.90	4.77

（次頁へ続く）

（前頁の続き）

α	$n_2 \backslash n_1$	1	2	3	4	5	6	7	8	9	10	15	20	30	40	50	100
0.05	11	4.84	3.98	3.59	3.36	3.20	3.09	3.01	2.95	2.90	2.85	2.72	2.65	2.57	2.53	2.51	2.46
0.025		6.72	5.26	4.63	4.28	4.04	3.88	3.76	3.66	3.59	3.53	3.33	3.23	3.12	3.06	3.03	2.96
0.01		9.65	7.21	6.22	5.67	5.32	5.07	4.89	4.74	4.63	4.54	4.25	4.10	3.94	3.86	3.81	3.71
0.005		12.2	8.91	7.60	6.88	6.42	6.10	5.86	5.68	5.54	5.42	5.05	4.86	4.65	4.55	4.49	4.36
0.05	12	4.75	3.89	3.49	3.26	3.11	3.00	2.91	2.85	2.80	2.75	2.62	2.54	2.47	2.43	2.40	2.35
0.025		6.55	5.10	4.47	4.12	3.89	3.73	3.61	3.51	3.44	3.37	3.18	3.07	2.96	2.91	2.87	2.80
0.01		9.33	6.93	5.95	5.41	5.06	4.82	4.64	4.50	4.39	4.30	4.01	3.86	3.70	3.62	3.57	3.47
0.005		11.8	8.51	7.23	6.52	6.07	5.76	5.52	5.35	5.20	5.09	4.72	4.53	4.33	4.23	4.17	4.04
0.05	13	4.67	3.81	3.41	3.18	3.03	2.92	2.83	2.77	2.71	2.67	2.53	2.46	2.38	2.34	2.31	2.26
0.025		6.41	4.97	4.35	4.00	3.77	3.60	3.48	3.39	3.31	3.25	3.05	2.95	2.84	2.78	2.74	2.67
0.01		9.07	6.70	5.74	5.21	4.86	4.62	4.44	4.30	4.19	4.10	3.82	3.66	3.51	3.43	3.38	3.27
0.005		11.4	8.19	6.93	6.23	5.79	5.48	5.25	5.08	4.94	4.82	4.46	4.27	4.07	3.97	3.91	3.78
0.05	14	4.60	3.74	3.34	3.11	2.96	2.85	2.76	2.70	2.65	2.60	2.46	2.39	2.31	2.27	2.24	2.19
0.025		6.30	4.86	4.24	3.89	3.66	3.50	3.38	3.29	3.21	3.15	2.95	2.84	2.73	2.67	2.64	2.56
0.01		8.86	6.51	5.56	5.04	4.69	4.46	4.28	4.14	4.03	3.94	3.66	3.51	3.35	3.27	3.22	3.11
0.005		11.1	7.92	6.68	6.00	5.56	5.26	5.03	4.86	4.72	4.60	4.25	4.06	3.86	3.76	3.70	3.57
0.05	15	4.54	3.68	3.29	3.06	2.90	2.79	2.71	2.64	2.59	2.54	2.40	2.33	2.25	2.20	2.18	2.12
0.025		6.20	4.77	4.15	3.80	3.58	3.41	3.29	3.20	3.12	3.06	2.86	2.76	2.64	2.59	2.55	2.47
0.01		8.68	6.36	5.42	4.89	4.56	4.32	4.14	4.00	3.89	3.80	3.52	3.37	3.21	3.13	3.08	2.98
0.005		10.8	7.70	6.48	5.80	5.37	5.07	4.85	4.67	4.54	4.42	4.07	3.88	3.69	3.58	3.52	3.39
0.05	16	4.49	3.63	3.24	3.01	2.85	2.74	2.66	2.59	2.54	2.49	2.35	2.28	2.19	2.15	2.12	2.07
0.025		6.12	4.69	4.08	3.73	3.50	3.34	3.22	3.12	3.05	2.99	2.79	2.68	2.57	2.51	2.47	2.40
0.01		8.53	6.23	5.29	4.77	4.44	4.20	4.03	3.89	3.78	3.69	3.41	3.26	3.10	3.02	2.97	2.86
0.005		10.6	7.51	6.30	5.64	5.21	4.91	4.69	4.52	4.38	4.27	3.92	3.73	3.54	3.44	3.37	3.25
0.05	17	4.45	3.59	3.20	2.96	2.81	2.70	2.61	2.55	2.49	2.45	2.31	2.23	2.15	2.10	2.08	2.02
0.025		6.04	4.62	4.01	3.66	3.44	3.28	3.16	3.06	2.98	2.92	2.72	2.62	2.50	2.44	2.41	2.33
0.01		8.40	6.11	5.18	4.67	4.34	4.10	3.93	3.79	3.68	3.59	3.31	3.16	3.00	2.92	2.87	2.76
0.005		10.4	7.35	6.16	5.50	5.07	4.78	4.56	4.39	4.25	4.14	3.79	3.61	3.41	3.31	3.25	3.12
0.05	18	4.41	3.55	3.16	2.93	2.77	2.66	2.58	2.51	2.46	2.41	2.27	2.19	2.11	2.06	2.04	1.98
0.025		5.98	4.56	3.95	3.61	3.38	3.22	3.10	3.01	2.93	2.87	2.67	2.56	2.44	2.38	2.35	2.27
0.01		8.29	6.01	5.09	4.58	4.25	4.01	3.84	3.71	3.60	3.51	3.23	3.08	2.92	2.84	2.78	2.68
0.005		10.2	7.21	6.03	5.37	4.96	4.66	4.44	4.28	4.14	4.03	3.68	3.50	3.30	3.20	3.14	3.01
0.05	19	4.38	3.52	3.13	2.90	2.74	2.63	2.54	2.48	2.42	2.38	2.23	2.16	2.07	2.03	2.00	1.94
0.025		5.92	4.51	3.90	3.56	3.33	3.17	3.05	2.96	2.88	2.82	2.62	2.51	2.39	2.33	2.30	2.22
0.01		8.18	5.93	5.01	4.50	4.17	3.94	3.77	3.63	3.52	3.43	3.15	3.00	2.84	2.76	2.71	2.60
0.005		10.1	7.09	5.92	5.27	4.85	4.56	4.34	4.18	4.04	3.93	3.59	3.40	3.21	3.11	3.04	2.91
0.05	20	4.35	3.49	3.10	2.87	2.71	2.60	2.51	2.45	2.39	2.35	2.20	2.12	2.04	1.99	1.97	1.91
0.025		5.87	4.46	3.86	3.51	3.29	3.13	3.01	2.91	2.84	2.77	2.57	2.46	2.35	2.29	2.25	2.17
0.01		8.10	5.85	4.94	4.43	4.10	3.87	3.70	3.56	3.46	3.37	3.09	2.94	2.78	2.69	2.64	2.54
0.005		9.94	6.99	5.82	5.17	4.76	4.47	4.26	4.09	3.96	3.85	3.50	3.32	3.12	3.02	2.96	2.83
0.05	30	4.17	3.32	2.92	2.69	2.53	2.42	2.33	2.27	2.21	2.16	2.01	1.93	1.84	1.79	1.76	1.70
0.025		5.57	4.18	3.59	3.25	3.03	2.87	2.75	2.65	2.57	2.51	2.31	2.20	2.07	2.01	1.97	1.88
0.01		7.56	5.39	4.51	4.02	3.70	3.47	3.30	3.17	3.07	2.98	2.70	2.55	2.39	2.30	2.25	2.13
0.005		9.18	6.35	5.24	4.62	4.23	3.95	3.74	3.58	3.45	3.34	3.01	2.82	2.63	2.52	2.46	2.32
0.05	40	4.08	3.23	2.84	2.61	2.45	2.34	2.25	2.18	2.12	2.08	1.92	1.84	1.74	1.69	1.66	1.59
0.025		5.42	4.05	3.46	3.13	2.90	2.74	2.62	2.53	2.45	2.39	2.18	2.07	1.94	1.88	1.83	1.74
0.01		7.31	5.18	4.31	3.83	3.51	3.29	3.12	2.99	2.89	2.80	2.52	2.37	2.20	2.11	2.06	1.94
0.005		8.83	6.07	4.98	4.37	3.99	3.71	3.51	3.35	3.22	3.12	2.78	2.60	2.40	2.30	2.23	2.09
0.05	50	4.03	3.18	2.79	2.56	2.40	2.29	2.20	2.13	2.07	2.03	1.87	1.78	1.69	1.63	1.60	1.52
0.025		5.34	3.97	3.39	3.05	2.83	2.67	2.55	2.46	2.38	2.32	2.11	1.99	1.87	1.80	1.75	1.66
0.01		7.17	5.06	4.20	3.72	3.41	3.19	3.02	2.89	2.78	2.70	2.42	2.27	2.10	2.01	1.95	1.82
0.005		8.63	5.90	4.83	4.23	3.85	3.58	3.38	3.22	3.09	2.99	2.65	2.47	2.27	2.16	2.10	1.95

付録G　t 分布表

T を自由度 n の t 分布に従う確率変数とする．そのとき，$T \geqq t$ である確率が α になる t の値はつぎの表で与えられる．

片側検定用

$n \diagdown \alpha$	0.2500	0.1000	0.0500	0.0250	0.0100	0.0050	0.0025
1	1.0000	3.0777	6.3138	12.706	31.821	63.657	127.32
2	0.8165	1.8856	2.9200	4.3027	6.9646	9.9248	14.089
3	0.7649	1.6377	2.3534	3.1824	4.5407	5.8409	7.4533
4	0.7407	1.5332	2.1318	2.7764	3.7469	4.6041	5.5976
5	0.7267	1.4759	2.0150	2.5706	3.3649	4.0321	4.7733
6	0.7176	1.4398	1.9432	2.4469	3.1427	3.7074	4.3168
7	0.7111	1.4149	1.8946	2.3646	2.9980	3.4995	4.0293
8	0.7064	1.3968	1.8595	2.3060	2.8965	3.3554	3.8325
9	0.7027	1.3830	1.8331	2.2622	2.8214	3.2498	3.6897
10	0.6998	1.3722	1.8125	2.2281	2.7638	3.1693	3.5814
11	0.6974	1.3634	1.7959	2.2010	2.7181	3.1058	3.4966
12	0.6955	1.3562	1.7823	2.1788	2.6810	3.0545	3.4284
13	0.6938	1.3502	1.7709	2.1604	2.6503	3.0123	3.3725
14	0.6924	1.3450	1.7613	2.1448	2.6245	2.9768	3.3257
15	0.6912	1.3406	1.7531	2.1314	2.6025	2.9467	3.2860
16	0.6901	1.3368	1.7459	2.1199	2.5835	2.9208	3.2520
17	0.6892	1.3334	1.7396	2.1098	2.5669	2.8982	3.2224
18	0.6884	1.3304	1.7341	2.1009	2.5524	2.8784	3.1966
19	0.6876	1.3277	1.7291	2.0930	2.5395	2.8609	3.1737
20	0.6870	1.3253	1.7247	2.0860	2.5280	2.8453	3.1534
21	0.6864	1.3232	1.7207	2.0796	2.5176	2.8314	3.1352
22	0.6858	1.3212	1.7171	2.0739	2.5083	2.8188	3.1188
23	0.6853	1.3195	1.7139	2.0687	2.4999	2.8073	3.1040
24	0.6848	1.3178	1.7109	2.0639	2.4922	2.7969	3.0905
25	0.6844	1.3163	1.7081	2.0595	2.4851	2.7874	3.0782
26	0.6840	1.3150	1.7056	2.0555	2.4786	2.7787	3.0669
27	0.6837	1.3137	1.7033	2.0518	2.4727	2.7707	3.0565
28	0.6834	1.3125	1.7011	2.0484	2.4671	2.7633	3.0469
29	0.6830	1.3114	1.6991	2.0452	2.4620	2.7564	3.0380
30	0.6828	1.3104	1.6973	2.0423	2.4573	2.7500	3.0298
40	0.6807	1.3031	1.6839	2.0211	2.4233	2.7045	2.9712
50	0.6794	1.2987	1.6759	2.0086	2.4033	2.6778	2.9370
60	0.6786	1.2958	1.6706	2.0003	2.3901	2.6603	2.9146
70	0.6780	1.2938	1.6669	1.9944	2.3808	2.6479	2.8987
80	0.6776	1.2922	1.6641	1.9901	2.3739	2.6387	2.8870
90	0.6772	1.2910	1.6620	1.9867	2.3685	2.6316	2.8779
100	0.6770	1.2901	1.6602	1.9840	2.3642	2.6259	2.8707
110	0.6767	1.2893	1.6588	1.9818	2.3607	2.6213	2.8648
120	0.6765	1.2886	1.6577	1.9799	2.3578	2.6174	2.8599
∞	0.6745	1.2816	1.6449	1.9600	2.3263	2.5758	2.8070

一方，$|T| \geqq t$ である確率が α になる t の値はつぎの表で与えられる．

両側検定用

$n \diagdown \alpha$	0.500	0.200	0.100	0.050	0.020	0.010	0.005
1	1.0000	3.0777	6.3138	12.706	31.821	63.657	127.32
2	0.8165	1.8856	2.9200	4.3027	6.9646	9.9248	14.089
3	0.7649	1.6377	2.3534	3.1824	4.5407	5.8409	7.4533
4	0.7407	1.5332	2.1318	2.7764	3.7469	4.6041	5.5976
5	0.7267	1.4759	2.0150	2.5706	3.3649	4.0321	4.7733
6	0.7176	1.4398	1.9432	2.4469	3.1427	3.7074	4.3168
7	0.7111	1.4149	1.8946	2.3646	2.9980	3.4995	4.0293
8	0.7064	1.3968	1.8595	2.3060	2.8965	3.3554	3.8325
9	0.7027	1.3830	1.8331	2.2622	2.8214	3.2498	3.6897
10	0.6998	1.3722	1.8125	2.2281	2.7638	3.1693	3.5814
11	0.6974	1.3634	1.7959	2.2010	2.7181	3.1058	3.4966
12	0.6955	1.3562	1.7823	2.1788	2.6810	3.0545	3.4284
13	0.6938	1.3502	1.7709	2.1604	2.6503	3.0123	3.3725
14	0.6924	1.3450	1.7613	2.1448	2.6245	2.9768	3.3257
15	0.6912	1.3406	1.7531	2.1314	2.6025	2.9467	3.2860
16	0.6901	1.3368	1.7459	2.1199	2.5835	2.9208	3.2520
17	0.6892	1.3334	1.7396	2.1098	2.5669	2.8982	3.2224
18	0.6884	1.3304	1.7341	2.1009	2.5524	2.8784	3.1966
19	0.6876	1.3277	1.7291	2.0930	2.5395	2.8609	3.1737
20	0.6870	1.3253	1.7247	2.0860	2.5280	2.8453	3.1534
21	0.6864	1.3232	1.7207	2.0796	2.5176	2.8314	3.1352
22	0.6858	1.3212	1.7171	2.0739	2.5083	2.8188	3.1188
23	0.6853	1.3195	1.7139	2.0687	2.4999	2.8073	3.1040
24	0.6848	1.3178	1.7109	2.0639	2.4922	2.7969	3.0905
25	0.6844	1.3163	1.7081	2.0595	2.4851	2.7874	3.0782
26	0.6840	1.3150	1.7056	2.0555	2.4786	2.7787	3.0669
27	0.6837	1.3137	1.7033	2.0518	2.4727	2.7707	3.0565
28	0.6834	1.3125	1.7011	2.0484	2.4671	2.7633	3.0469
29	0.6830	1.3114	1.6991	2.0452	2.4620	2.7564	3.0380
30	0.6828	1.3104	1.6973	2.0423	2.4573	2.7500	3.0298
40	0.6807	1.3031	1.6839	2.0211	2.4233	2.7045	2.9712
50	0.6794	1.2987	1.6759	2.0086	2.4033	2.6778	2.9370
60	0.6786	1.2958	1.6706	2.0003	2.3901	2.6603	2.9146
70	0.6780	1.2938	1.6669	1.9944	2.3808	2.6479	2.8987
80	0.6776	1.2922	1.6641	1.9901	2.3739	2.6387	2.8870
90	0.6772	1.2910	1.6620	1.9867	2.3685	2.6316	2.8779
100	0.6770	1.2901	1.6602	1.9840	2.3642	2.6259	2.8707
110	0.6767	1.2893	1.6588	1.9818	2.3607	2.6213	2.8648
120	0.6765	1.2886	1.6577	1.9799	2.3578	2.6174	2.8599
∞	0.6745	1.2816	1.6449	1.9600	2.3263	2.5758	2.8070

索引

記号／数字

F

T

W

X

あ

か

さ

●著者紹介

山川　栄樹（やまかわ　えいき）

1984年　京都大学工学部数理工学科卒業
1986年　京都大学大学院工学研究科修士課程修了（数理工学専攻）
1986年　川崎製鉄株式会社システム部勤務
1992年　株式会社エイ・ティ・アール人間情報通信研究所勤務
1996年　高松大学専任講師
1997年　博士（工学）（京都大学）
2000年　高松大学助教授
2002年　関西大学助教授
2007年　関西大学准教授
2010年　関西大学教授
　　　　現在に至る

社会調査のための確率・統計

2014年 9 月26日　　第 1 版第 1 刷発行

著　者　　山　川　栄　樹
発行者　　田　中　久米四郎

<発　行　所>
株式会社　電 気 書 院
振替口座　00190-5-18837
〒101-0051　東京都千代田区神田神保町 1-3　ミヤタビル 2F
電　話　03-5259-9160
ＦＡＸ　03-5259-9162
URL：http://www.denkishoin.co.jp

ISBN978-4-485-30238-5　C3041
中西印刷株式会社　<Printed in Japan>

乱丁・落丁の節は，送料弊社負担にてお取替えいたします．
上記住所までお送りください．